軍港都市史研究

Ⅴ 佐世保編

北澤　満　編

清文堂

刊行の辞

軍港都市史研究シリーズでは、軍港都市をめぐる様々な問題を、軍港を支えた地域社会の視点から、学際的に研究することを目的としている。その意味では、本シリーズは、いわゆる軍事史研究を目的とするものではなく、軍事的視点を踏まえつつも、より幅広い視点から、軍港都市を総合的に研究することを目的としている。軍港都市史研究は、従来の軍事史研究や近代都市史研究では、本格的に取り上げられなかった分野である。近年、「軍隊と地域」をめぐっては、陸軍の軍都に関する研究が先行しているが、本シリーズではかかる研究状況に対して、海軍の軍都（鎮守府・要港部が置かれた港湾地域）の本格的研究をすすめていくことをめざしている。加えて、本シリーズにおける様々な研究の積み重ねにより、軍港都市という近代都市・現代都市の一つの類型が浮き彫りになることを念じている。

本シリーズの研究対象地域は、鎮守府が置かれた横須賀、呉、佐世保、舞鶴の四軍港を中心に、要港部が置かれた大湊、竹敷などの諸地域である。これらの地域は、明治以来、鎮守府・要港部の設置により、短期間に急激な変化をこうむった地域であり、戦後は海上自衛隊地方隊やその関連施設が置かれている地域である。これらの地域は、共通の問題をもっていると同時に、各地域独特の問題も抱え込んでいる。本シリーズでは、それぞれの軍港都市の分析とともに、軍港都市間の比較分析も課題としている。それらの課題を達成するため、軍港別の巻と課題別の巻という構成をとった。

本シリーズは、軍港都市史研究会の研究成果として刊行される。本シリーズの完結に向け、皆様のご支援・ご鞭撻を賜れば幸甚である。

軍港都市史研究会

軍港都市史研究Ⅴ　佐世保編

目次

装幀／森本良成

序章

産業構造からみる
軍港都市佐世保

戦前期の佐世保の街並み（1934 年〈昭和 9〉）

（出典）絵はがき

北澤　満

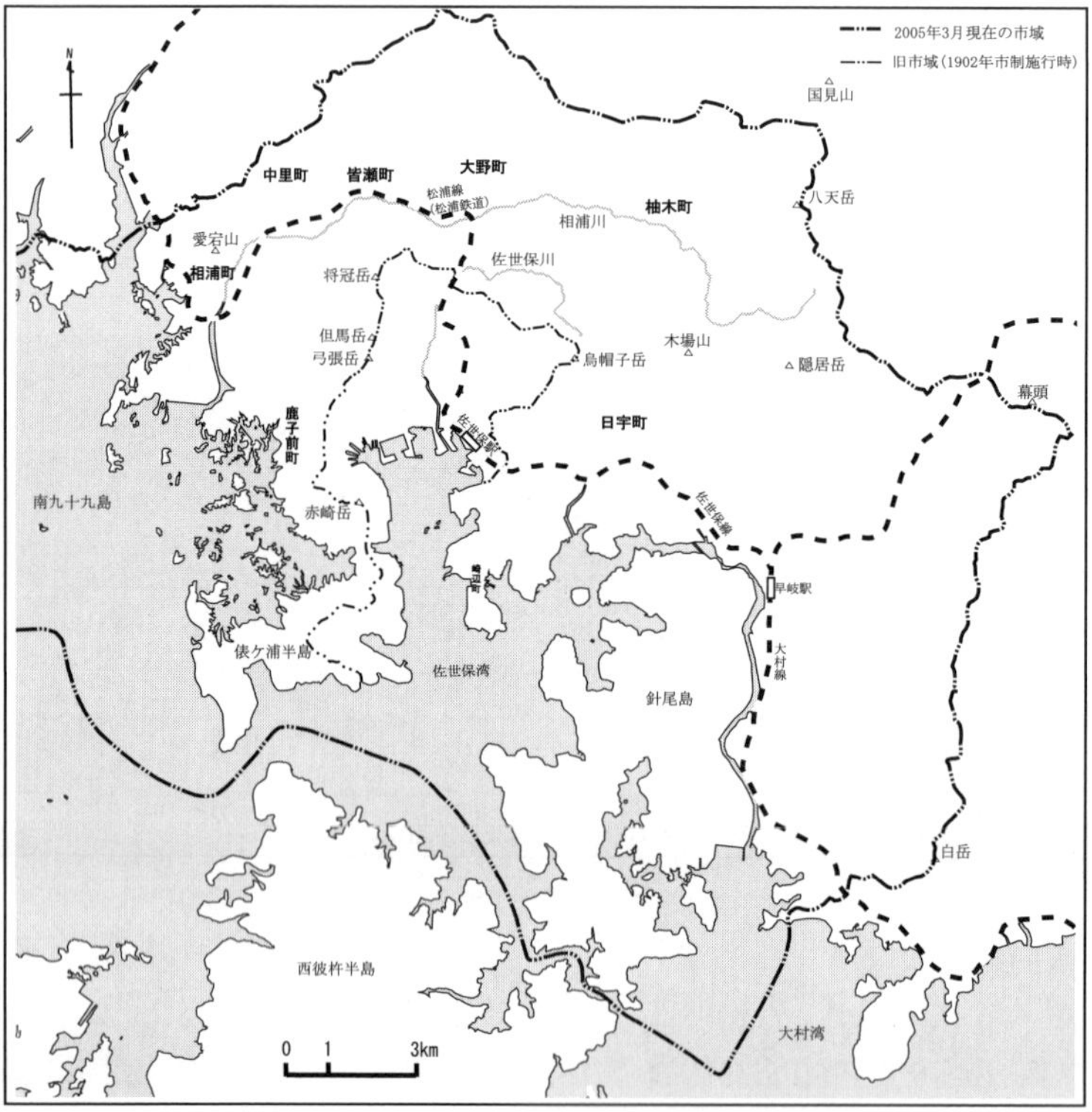

佐世保市全域

作成：山本理佳氏

第一節　軍港都市の産業構造

本編では、佐世保の戦前期~戦後期における都市史について、多面的に論じていく。それに先立ち、本来であれば一八八九年（明治二二）に佐世保に鎮守府が設置され、軍港として展開していく過程について概観を示すべきなのかもしれないが、こうした史実については『佐世保市史』をはじめとする先行研究において十分に論じ尽くされており、今さらここに繰り返すまでもない(1)。

他方で、軍港都市が拠って立つ産業構造については、特定の地域の、特定の時代について断片的にふれられることは多いものの、ある程度長期の時間軸をとり、軍港都市間の比較を交えつつ論じているものはほとんど存在しない(2)。そこで序章では、本編における諸研究の背景となる軍港都市・佐世保の産業構造について、他軍港都市との比較を交えつつ概観し、その後に本書の構成を提示する。

まず、軍港都市の人口推移、および就業別人口について確認する。人口推移については、本シリーズ第Ⅰ巻において坂根嘉弘が詳細に論じているので、これに依拠する(3)。まず、一八八九年（明治二二）から一九一八年（大正七）にかけては、全国都市人口の伸びが二倍であったのに対して、横須賀は約三倍、呉は約七倍、佐世保は約一六倍と、とりわけ呉と佐世保の人口増加が大きかったことが指摘されている。これに対し、一九二〇~四〇年については表序-1のとおりであった。市域を固定した人口推移を確認すると、軍縮のあった一九二〇年代はやや抑制的であり、それと比較して三〇年代は一〇%程度伸びが大きくなった。表示した三軍港都市では、もともと人口規模の大きい呉の伸びは小さい。また一九二〇年代における横須賀の伸びも小さいが、これには関東大震災の影響も大きかっただろう(4)。市域を固定した場合も、そうでない場合も、佐世保の伸びは安

表序-1　軍港都市の人口推移（1920～40年）

	国勢調査報告			増加率			人口密度
	1920年	1930年	1940年	1920→30年	1930→40年	1920→40年	1㎢当
横須賀	89,879	110,301	193,358	23%	75%	115%	9,336
呉	130,362	190,282	238,195	46%	25%	83%	3,912
佐世保	87,022	133,174	205,989	53%	55%	137%	2,622
東舞鶴			49,810				
舞鶴	10,385	12,285	29,903	18%	143%	188%	
横須賀	117,999	147,151	193,358	25%	31%	64%	4,625
呉	177,986	212,350	276,085	19%	30%	55%	3,022
佐世保	127,138	165,377	233,984	30%	41%	84%	1,695
東舞鶴	47,696	38,866	56,154	−19%	44%	18%	398
舞鶴	21,499	24,799	29,903	15%	21%	39%	327

出所：坂根嘉弘「軍港都市と地域社会」坂根嘉弘編『軍港都市史研究Ⅰ　舞鶴編』清文堂出版、2010年、11頁。
注1：上段は国勢調査時点の行政区域の人口、下段は1942年（昭和17）10月1日現在市域により調整済の人口。
注2：人口密度は、上段は1930年（昭和5）、下段は1940年（昭和15）の数値。

定して大きく、一九四〇年（昭和一五）には二〇万都市へと成長している。

次に、就業人口について確認していこう。表序-2は、佐世保・呉・横須賀の三軍港都市の職業別人口について、国勢調査（大分類）による推移を示したものである(5)。「全国」の数値と比較すると一目瞭然であるし、また既に先行研究によって指摘されていることであるが、軍港都市の特徴として「工業」・「公務自由業」（陸海軍人を含む）の比率が高く、第一次産業の比率が低いことが挙げられる。「公務自由業」に占める陸海軍人の比率は、例えば一九二〇年（大正九）の佐世保で約八五%と圧倒的であり、ほかも戦時期までは同様であった。ただし、佐世保と呉の規模がほぼ同様であるのに対し、一九二〇年における横須賀はその一・四倍程度の人数であった。一九三〇年（昭和五）にはその差は縮小したが、横須賀の比率は五割を超えていた(6)。

それ以外の職業についても、三軍港都市の間で小さくない差異がある。特に「工業」については、一九二〇年（大正九）の時点で呉が五割近い値を示すのに対し、佐世保と横須賀は三割程度に過ぎない。これは、一つには各海軍工廠における職工数の差があるだろう。一九二〇年において、呉海軍工廠の職工数は三万二七八三人であったが、横須賀は一万九四二一人、佐世保は一万一五九一人であった。(7) 以上のような陸海軍人数における横須賀の優位、および海軍工廠職工数における呉の優位は、両者が佐世保よりも「格上」の軍港であることを示すものであるが、(8) 同時に、海軍工廠の職工数では横須賀に大きく劣る佐世保が、「工業」人口の比率では上回っていたことも注目に値する。

周知の通り、一九二〇年代における軍縮によって各海軍工廠の職工数は大きく減少していく。例えば、横須賀は一九三〇年には一万四二六人（二〇年と比較して、約四六％減少）、佐世保は七三四八人（同、約三七％減少）であった。(9) これが主たる原因となって、呉・横須賀の「工業」人口は、比率、絶対数とも減少している。しかし佐世保は、（「公務自由業」の増加などもあって）比率を減少させながらも、絶対数は増加している。これについては、上述の通り海軍工廠職工数の削減率が低く、工廠職工の多くが含まれる中分類「金属工業」・「機械器具製造業」従事者数の減少の度合いが小さかったことにもよる（一九二〇年には合計七九七八人であったものが、一九三〇年には七七四九人であり、微減であった）が、(10) 同じく「工業」人口に含まれる「飲食料品工場」が二〇年の七七七人から一〇〇九名となり、「土木建築業」は同じく一三一八名から二三〇三名へと増加していることも貢献しているだろう。いずれも、「公務自由業」人口の増加≒海軍軍人数の増加とリンクしている。ただし、こうした傾向については、呉・横須賀も同様であった。

「工業」とは反対に、「商業」の比率は一貫して佐世保が高い。その内訳としては、例えば一九三〇年には物品販売業（七五九二人）、接客業（三二四二人）がそのほとんどを占めていた。こうした傾向は呉・横須賀も同様であり、軍港都市について、しばしば「消費都市」としての性格が指摘されているが、(11) 佐世保についてはそれがとりわけ色濃く出ているということができる。

佐世保は「その他有業者」の数値もやや大きいが、このカテゴリーに「鉱業」を含めたことによる。少数ではあるが、佐世保市域には炭鉱が所在しており、その鉱夫数が計上されている。これも、佐世保の特徴といってよいだろう。

以上、各軍港都市の就業人口の構造を確認したが、特に工業に関しては就業人口のみでその在り方を考察することはできない。その産業の特性により、少ない就業者数でも多額の生産がある部門も存在する。また、海軍工廠の存在によって軍港都市は「重工業都市」であるかのようにみえるが、では工廠を除外し、民間工業のみをみた場合はどうなのか。この点まで含めて考察しないことには、軍港「都市」の産業構造を確認したことにはならない。

そこで次に、各都市における工業生産額（海軍工廠分を除く）について確認しておこう（表序-3）。同表は、三軍港都市の統計書、および所在する県の統計書などを使用して作成した。ただ、一九二〇年（大正九）と三五年（昭和一〇）では産業の大分類項目が多少異なっているため、これについては三五年のものを使用した。佐世保と呉に関しては、統計書類に大分類項目の内訳が示されているので、一九三五年の区分に従いつつ再集計した。他方、横須賀についてはいずれも内訳が一部しか示されていないため、二一年分については同年における区分に従わざるを得ない。このため、一九二一年における横須賀の「金属」などについては生産がなかったのではなく、「機械および器具」工業に含まれているものと推測される。こうしたデータ整理の問題以前に、府県・市統計書の細かい数値については、疑問が残る部分も多々ある。(12) 結局のところ、二時点間での生産額や、軍

（単位：人）

その他有業者	(%)	有業者計	(%)
2,045	4.9	41,463	100.0
2,697	4.3	62,582	100.0
5,012	5.8	85,880	100.0
985	1.7	57,913	100.0
1,573	2.0	79,013	100.0
3,327	3.8	88,451	100.0
585	1.3	46,248	100.0
2,633	4.7	56,287	100.0
1,967	2.6	76,498	100.0
972,230	3.7	26,626,224	100.0
1,603,505	5.4	29,619,640	100.0
1,519,159	4.7	32,230,745	100.0

れる。
のみを取り上げている。

表序-2　軍港都市における就業人口の推移

都市	年	農林水産業	(%)	工業	(%)	商業	(%)	交通業	(%)	公務自由業	(%)
佐世保	1920	1,292	3.1	13,633	32.9	6,733	16.2	1,740	4.2	16,020	38.6
	1930	3,995	6.4	13,899	22.2	11,879	19.0	1,529	2.4	28,583	45.7
	1940	6,433	7.5	40,956	47.7	18,497	21.5	5,253	6.1	9,729	11.3
呉	1920	1,893	3.3	28,609	49.4	8,190	14.1	1,857	3.2	16,379	28.3
	1930	3,559	4.5	27,791	35.2	14,062	17.8	2,042	2.6	29,986	38.0
	1940	2,953	3.3	54,463	61.6	15,753	17.8	3,194	3.6	8,761	9.9
横須賀	1920	585	1.3	14,528	31.4	5,550	12.0	1,577	3.4	23,423	50.6
	1930	477	0.8	10,865	19.3	9,956	17.7	1,903	3.4	30,453	54.1
	1940	1,872	2.4	47,540	62.1	13,495	17.6	3,188	4.2	8,436	11.0
全国	1920	14,686,674	55.2	5,300,248	19.9	3,188,002	12.0	1,037,238	3.9	1,441,832	5.4
	1930	14,686,731	49.6	5,699,581	19.2	4,478,098	15.1	1,107,574	3.7	2,044,151	6.9
	1940	14,192,441	44.0	8,109,988	25.2	4,864,229	15.1	1,359,713	4.2	2,185,214	6.8

出所：『国勢調査報告』各年。
注１：「農林水産業」には「農業」・「水産業」が、「その他」には「その他有業者」・「家事使用人」・「鉱業」が含ま
注２：「有業者」のみを取り上げ、「無業者」は除外している。また、1920年については「有業者」のうち「本業者」

港都市間での生産額の比較については、軽々に行うことはできそうにない。そうした点には注意を払いつつ、全体の傾向のみ確認していこう。

上述したような統計上の問題があるにせよ、国勢調査における「工業」従事人口の多さを反映して、はやり呉の生産額が抜けており、それに佐世保・横須賀が続く（ただし、横須賀市の統計は特に不正確な部分が多く、脱落も多いことが推測される）。

共通する傾向として、軽工業品では「食料品」の比重が圧倒的に大きく、「繊維」が小さいことが特徴として挙げられよう。また、必ずしも高い比率とはいえないが、「印刷・製本」の数値が大きいのは、やはり軍が所在していることとの関連がうかがえる。

海軍工廠そのものの生産（表序-3には含まれていない）を除くと、全体として重化学工業関連の比率はそれほど高くないが、その内訳はやや異なる。佐世保と横須賀は「機械および器具」の比率が高いが、呉は「金属」の数値が高くなっている。

さらにその内訳を確認すると、佐世保の場合「鉄工業

（単位：円、%）

製材・木製品	(%)	印刷・製本	(%)	食料品	(%)	雑工業	(%)	合計	電力・ガス
377,000	5.1	345,000	4.7	1,862,384	25.3	1,862,950	25.3	7,350,265	−
199,545	3.3	333,370	5.5	2,375,385	39.0	1,906,412	31.3	6,097,501	212,495
639,234	5.8	115,500	1.1	4,966,501	45.2	3,383,253	30.8	10,988,694	333,106
621,104	4.4	572,350	4.1	5,699,052	40.6	4,613,041	32.9	14,035,282	−
−	−	−	−	1,745,823	71.8	575,774	23.7	2,430,154	196,376
288,979	5.2	137,370	2.5	2,977,764	53.2	904,366	16.2	5,599,571	546,310

和11年版。

製品」の生産額が圧倒的に多い。一九二〇年（大正九）については二〇〇万円ちょうどで、数字の切りの良さからも正確性が強く疑われるが、三五年（昭和一〇）においても七八万一五〇〇円であり、「機械および器具」のほとんどを占めていることにかわりはない。その内実についてはよくわからないが、一九二三年（大正一二）の『佐世保市統計書』に記載されている佐世保の主要工場に関する一覧（本書第三章表3-4を参照）によると、野田鉄工所（製品種別は汽機・機関、製造価額一三万二八〇円）、井上鉄工所（機械類、同六万五〇〇二円）をはじめとして、八工場（総製造価額二五万一四四八円）が登場している。それぞれの製品種別から、ある程度軍需とも関わりがあったことがわかる[13]。ただし、最大の生産価額であった野田鉄工所にしても、大和屋洋服店、丸善醤油醸造所などには及んでおらず、全体として規模は零細であった。一九三八年（昭和一三）の『佐世保商工人名録』によって鉄工業者を確認しても、同年度の営業収益税はいずれも二〇〇円以下であり、一九三〇年代にも傾向は変わらなかった[14]。

また、背後に北松炭田が控えていることもあり、鉱山関係の機械を生産している工場も散見される。一九二〇年（大正九）時点で、井上鉄工場、野田鉄工所、福田鉄工所、佐世保鉄工所、鶴崎第二鉄工場が、主要製品名に「鉱山用機械・器具」を挙げている[15]。

呉の「金属」の内訳についても偏りがあり、ほとんど（約一二四万円）

表序-3　各軍港都市における工業生産額

	年	繊維	(%)	金属	(%)	機械および器具	(%)	窯業	(%)	化学	(%)
佐世保	1920	215,959	2.9	262,000	3.6	2,219,400	30.2	39,612	0.5	165,960	2.3
	1935	126,880	2.1	157,550	2.6	889,058	14.6	4,820	0.1	104,481	1.7
呉	1920	108,263	1.0	1,298,600	11.8	18,530	0.2	−	−	458,813	4.2
	1935	294,974	2.1	753,839	5.4	32,270	0.2	−	−	1,448,652	10.3
横須賀	1921	22,970	0.9	−	−	39,389	1.6	−	−	46,198	1.9
	1935	127,849	2.3	107,423	1.9	383,952	6.9	9,323	0.2	116,235	2.1

出所：『長崎県統計書』各年、『広島県統計書』各年、『横須賀市統計書』大正14年版、『横須賀市勢要覧』昭
注1：「電力・ガス」については、供給区域と市域が一致しているわけではないので、合計に含めていない。
注2：「−」は、そのカテゴリーに関する数値が記載されていないことを示す。

が「其他ノ金属製品」である。こちらもその内訳は不明だが、一九二六年（昭和元）において「画鋲」の生産額が約一六万円、一九二二年において「金ペン」の生産が約三五万円とされている一方、いずれも『広島県統計書』の内訳項目には存在しないので、これらが「其他ノ金属製品」の中心であったのではないかと推測する。[16]「金属」工業ではあっても、直接的な軍需との関連はうかがえない。なお、「機械および器具」部門が佐世保と比較してあまりに少額なので、この部分が脱落、または上述した「其他ノ金属」に含まれていることも可能性としてはありうる。しかし、一九二〇年時点において『工場通覧』に記載されている呉の機械器具関連工場は一軒のみであり、規模も小さかった（職工数一四名）[17]。この部門が、少なくとも佐世保と比較して低位に留まっていたことは確実と思われる。

前述の通り、表序-3のうちで最も信頼度が低いのが横須賀の数値だが、一九二一年については「機械および器具」（「金属」も含まれると推測される）全体で約四万円にすぎなかった。さすがに過小とは思われるが、一九二〇年（大正九）の状況を示す『工場通覧』には原造船鉄工所（職工数一二六名）、若松鉄工所、碌々商店が掲載されており、原以外はいずれも小規模であった[18]。また、一九二五年における職工数五名以上の工場は一工場（職工数五名）となっており[19]、これについては関東大震災の影響もありうるものの、佐世保・呉と比較しても、とりわけ当該期における民間重工業が

不活発であったことは事実であろう。ただし、一九三〇年代にはこの分野もそれなりの伸びを示している。一九三三年（昭和八）の状況を記した『工場通覧』には、門松鉄工場（一九一二年〈明治四五〉設立、艦船要品）、軍港製作所（一九二五年〈大正一四〉設立、兵器格納柵）、合資会社横須賀製作所（一九三〇年〈昭和五〉設立、兵器）など、軍需関連製品の生産を目的とする機械器具工場の存在が確認できる。また、浦田自動車工場（一九二五年〈大正一四〉設立）、長澤自動車工場（一九二六年〈大正一五〉設立）、ミスター自動車横須賀修繕工場（一九三一年〈昭和六〉設立）といった自動車修理工場も設立されており、こうした都市型の工場の増加もこのカテゴリーの増産につながっていたと思われる[20]。

一様に高い比率を示す「食料品」についても、内訳をみると各都市それぞれの特徴がある。最も「食料品」生産額の多い呉において、最大の数値を示す製品は「酒類」である（一九二〇年約二四〇万円、三五年二九五万円）。これに「醤油」・「味噌」を加えた醸造業関係で、呉の場合は「食料品」部門の半分を超える（一九二〇年約二八二万円、三五年三三五万円）。佐世保もこれほどではないにせよ、それなりの数値（「醤油」・「味噌」・「酒」の合計で、一九二〇年には七六万円、三五年には六九万円）を示すが、横須賀については一九三三年において、醤油一万九五〇〇円、味噌二万二二七二円でしかない（酒類は、統計に記載なし）[21]。例によって統計の精度の問題もあるが、醤油・味噌についていえば、都市圏に所在し、また大醸造企業が近隣に存在する横須賀と、それ以外との違いがあらわれているとみることもできる[22]。

とりわけ「食料品」の比重が高い横須賀において、把握できるなかで最も生産額が多いのは「菓子類」であり、一九二一年で約八七万円、三三年で約六四万円であった。これに次ぐのが「漬物」で、一九二一年に約一三万円、三三年には約九万円であった[23]。この両者については「食料品工業の大なるは製菓、漬物類にして海軍納入品あるためなり」と解説されている[24]。

佐世保も、横須賀同様に菓子類の生産額が最も多かったが（佐世保の菓子については、第三章コラムを参照のこと）、次いでいるのが前述した「醤油」・「漬物」・「酒類」といった商品であり、佐世保は呉と横須賀の中間型であったといえる。

以上、三軍港都市の産業構造における共通点と差異、および、そのなかでの佐世保の特徴を確認してきた。差異のなかで、とりわけ重要なのが海軍（工廠）と民間重工業との関わりである。海軍工廠の規模が相対的には小さい佐世保・横須賀においては「機械および器具」製造工業が一定の成長をみせており、また軍需関連の製品生産を目的として掲げる工場も多くみられた。これに対し、海軍工廠については最大の規模を誇る呉では、同工業の比率は低く、また軍需関連生産を目的とする工場もほとんどなかった。また、生産額の多い「金属」工業も、直接的には軍需と関連しない製品が多額を占めていたことが推測される[25]。ここで、各海軍工廠の生産システムの在り方によって、各軍港都市における民間重工業発展の方向性も異なったのではないか、という仮説が浮かぶ。ただし、各海軍工廠の経営についてほぼ何も明らかにできないので、この点は仮説に留め、今後の研究の進展を待つほかない[26]。

以上の構造について、戦後はどのように変化したのだろうか。これも大雑把なものながら、主として就業人口について比較しておこう（序表-4）。戦後復興期の一九五〇年（昭和二五）をみると、まず人口の規模が戦前期とは異なり、横須賀、佐世保、呉の順番となっており、ちょうど戦前期とは反対である。周辺町村の合併などがありながら、この序列は一九六〇年（昭和三五）においても変化がなかった。

次に、各項目について確認する。一九五〇年（昭和二五）の数値をみると、軍隊が所在しなくなったために当然のことながら「公務」の比重は低下しているが、それでも全国平均よりは高い。これについては、いずれの地域も「進駐軍事務」によるものが大きい（佐世保の場合、五二〇二人。「公務」全体の約六割を占める）。一九

（単位：人、％）

(％)	運輸･通信、その他公益事業	(％)	サービス	(％)	公務	(％)	分類不能	(％)	合計	人口
1.6	8,383	11.5	11,086	15.2	8,246	11.3	22	0.0	72,977	194,453
2.3	7,985	7.5	19,531	18.5	9,309	8.8	10	0.0	105,817	262,484
1.3	5,913	9.1	8,328	12.8	10,716	16.5	32	0.0	64,905	187,775
2.2	6,803	7.5	12,404	13.6	8,140	8.9	17	0.0	91,117	210,032
1.1	8,112	9.1	15,910	17.9	19,777	22.3	35	0.0	88,820	250,533
1.7	8,638	7.0	26,219	21.1	17,344	14.0	8	0.0	124,160	287,309
1.0	1810567	5.1	3,056,188	8.6	1,376,277	3.9	36,918	0.1	35,625,790	83,199,637
1.8	2,474,405	5.7	5,176,746	11.8	1,328,191	3.0	8,088	0.0	43,691,069	93,418,501

松浦郡柚木村、黒島村、東彼杵郡折尾瀬村、江上村、崎針尾村、宮村が編入された。横須賀市には、1943年には、1941年賀茂郡仁方町、広村、1956年に安芸郡天応町、昭和村、賀茂郡郷原村が編入された。

六〇年には、この部分が恐らくは自衛隊関係と入れ替わりつつ全体として比率を下げているが、それでも全国平均よりは大分高い水準にあった。

その他では、「卸売業・小売業」・「サービス業」の比率が戦前期同様に高い、というのが共通の傾向であった。ただし、呉についてはいずれも相対的に低位であり、六〇年には全国平均と大差なくなっている。

他方で、各地域で異なる部分もやはり多い。佐世保の「製造業」の就業人口は、呉・横須賀のみでなく、全国平均と比較しても低位にあった。「建設業」が分離独立しているとはいえ、戦前期の佐世保と比較しても低水準である。一九五〇年（昭和二五）についてその内訳を確認すると「造船及び船舶修理業」が三二二六人、「食料品」が二二五〇人であり、この二つで「製造業」の約六五％を占めた。言うまでもなく、前者は佐世保海軍工廠を引き継いだ佐世保重工業株式会社の人員がほとんどなので、「製造業」については戦前期に近い構造であった。一九六〇年（昭和三五）に至っても、この構造に大きな変化はなかった。呉・横須賀も、両産業が一定の比率を占めることは佐世保と同様であったが、一九六〇年の呉の場合、「金属製品、

表序-4　戦後における佐世保・呉・横須賀の就業人口

	年	農林水産業	(%)	鉱業	(%)	建設業	(%)	製造業	(%)	卸売・小売	(%)	金融・保険・不動産
佐世保	1950	12,168	16.7	3,993	5.5	5,437	7.5	8,478	11.6	13,989	19.2	1,175
	1960	17,464	16.5	4,488	4.2	7,750	7.3	12,200	11.5	24,654	23.3	2,426
呉	1950	6,820	10.5	87	0.1	9,213	14.2	12,495	19.3	10,482	16.1	819
	1960	5,675	6.2	181	0.2	11,312	12.4	29,293	32.1	15,329	16.8	1,963
横須賀	1950	8,811	9.9	40	0.0	5,144	5.8	17,846	20.1	12,147	13.7	998
	1960	6,491	5.2	95	0.1	8,733	7.0	31,089	25.0	23,398	18.8	2,145
全国	1950	17,208,447	48.3	590,986	1.7	1,531,404	4.3	5,689,560	16.0	3,963,141	11.1	362,302
	1960	14,236,727	32.6	537,498	1.2	2,673,770	6.1	9,552,556	21.9	6,920,122	15.8	782,966

出所：『国勢調査報告』各年。
注1：「電気・ガス」については、いずれの年も「運輸・通信、その他公益事業」に含めている。
注2：1940〜50年において、佐世保市に北松浦郡大野町、皆瀬村、中里村、東彼杵郡早岐町が編入され、51〜60年に北に三浦郡浦賀町、大楠町、逗子町、長井町、北下浦村、武山村が編入された（逗子町は、1950年に分離）。呉市

鉄鋼業・非鉄金属」（八六〇三人）、「機械武器製造」（三七五一人）といった部門でも就業人口を伸ばした。横須賀も同様に「金属製品」（二三二五人）、「電気機械器具」（五五一六人）、「機械製造」（二六七二人）などが伸びており、また「輸送機械器具」の就業人口は一万一二五二人に上り、造船業のみでなく、自動車製造業の就業数も増加している(27)。

ほかの部門では、「鉱業」、「運輸・通信」、そして「農林水産業」の数値に関しては、佐世保がいずれも大きい。「鉱業」の増加は、要塞地帯の解除や周辺自治体の編入により、佐世保市内での炭鉱の稼行が増加したためである（この点については、第三章の記述を参照）。「運輸・通信」について一九五〇年の小分類を確認すると、「水運業」が二九七五人で三分の一以上を占める。これは、上述の「鉱業」の増加と関係しており、周辺炭鉱の出炭量の増加と、その海運を利用した移出が増加したことによると推測する。一時的であるにせよ、旧軍港都市から「炭都」へと移行しつつあったことが、数字の変化から読み取れる。

「農林水産業」の中心となったのは「農業」であり、一九五〇年の一万一〇七九人から六〇年の一万五二七三人へと、三都

市のなかでは唯一増加していた。これは、佐世保周辺の北松浦郡《きたまつうら》、東彼杵郡《ひがしそのぎ》が農業地帯であり、そうした周辺の自治体を編入していったことが一因であろう。(28)

以上の通り、「公務」や「サービス」、また「製造業」のうちの「輸送機械器具」部門に関する比率の高さにみられるように、三都市が戦前からの傾向を引き継いでいる部分もあるが、一九六〇年代へと進むにつれ、都市間の差異が大きくなっていったことがわかる。旧軍港都市としての性質に加え、空襲被害の程度や、旧軍施設の跡地利用のあり方、そして、その都市が所在する地域の特性（横須賀と呉は、それぞれ京浜地域、瀬戸内地域の重化学工業化の進展、佐世保の場合は炭田の存在や、周辺地域が農業地帯であること）からの影響も大きく受けていることが見てとれる。(29)

のちのハウステンボスの創業に典型的にあらわれているように、戦後の佐世保は観光業への傾斜を深めていくが、その背景として、上述したような産業構造の推移があったのである。(30)

第二節　本巻の構成

本巻は、六章から成り、第一章～第三章が戦前期、第四章～第六章が戦後期を対象としている。

まず、第一章「佐世保の『商港』機能」では、明治期～昭和戦前期の比較的長い期間を対象とし、鎮守府設置～日露戦争期、第一次世界大戦期～大正軍縮期、昭和初期～一九三〇年代半ばまでの、それぞれの時期について物流構造を概観し、その変化の在り方について、解明している。さらにこうした分析を基礎としつつ、軍港都市佐世保が周辺地域に与えた経済的影響について考察している。

第二章「海軍練習兵たちの日常──新兵教育から遠洋航海まで──」では、これまであまり注目されてこなかった海軍練習兵たちの平時における教育について、大正期における佐世保海兵団の事例を取りあげつつ、検証している。当時、実施されていた基礎教育や、練習艦隊による公開訓練について、主として一次資料（「江島資料」）を利用しながら分析し、非常時における軍隊との対比を行っている。

第三章「軍港都市佐世保におけるエネルギー需給―石炭を中心として―」は、軍港都市におけるエネルギー需給について、石炭を中心としつつ、考察している。石炭需要については、佐世保鎮守府の艦船類、佐世保海軍工廠、および都市佐世保の民間需要がそれぞれ存在するが、その内実を明らかにし、さらにどういった主体がこの需要に応じていたのかを探っている。

第四章「せめぎあう『戦後復興』言説―佐世保に見る「旧軍港市転換法」の時代―」は、軍港都市における戦後復興を対象としている。一九五〇年（昭和二五）前後における佐世保市行政、およびその周辺で発信される復興論について、特に旧軍港市転換法に関わる議論を中心として、「平和産業都市」構想の在り方を検討している。本章では、軍転法の成立過程のみでなく、成立後の動きにも着目している点に特色がある。

第五章「旧軍港市の都市公園整備と旧軍用地の転用―佐世保市と横須賀市の事例から―」は、戦後日本における旧軍用地転用の位置づけを行い、さらに横須賀市と佐世保市を事例として旧軍用地を活用した公園整備の実態、および景観変化について言及し、両市それぞれの状態について比較分析している。戦後における軍港都市からの転換について、第四章とは異なるアプローチから迫っている。

第六章「一九六八：エンタープライズ事件の再定置」は、従来の研究史において、必ずしも出来事そのものとしては大きく取り上げられてこなかったエンタープライズ入港問題について、一九六〇年代後半の日本社会全体の状況と、佐世保を巡る状況との接合点として、考察している。とりわけ、エンタープライズ入港以前の原子力潜水艦入港に対しては全体として無関心であった佐世保市民が、なぜこの時には反対運動に強く同調したのか、「経済的要因」・「政治的および社会的要因」・「象徴的要因」のそれぞれについて検討している。

さらに、本論では取り上げきれなかったが、重要と思われるトピックについては、「コラム」として各章に配置している。

（1）佐世保市史編さん委員会編『佐世保市史・通史編』上下、佐世保市、二〇〇二～三年が最新の市史であり、同時期に『軍港史編』も刊行されている（佐世保市史編さん委員会編『佐世保市史・軍港史編』上下、佐世保市、二〇〇二～三年）。また、自治体史以外でも軍港都市・佐世保を対象とした研究があらわれはじめている。軍港都市としての佐世保とキールを比較した谷澤毅『佐世保とキール・海軍の記憶』塙書房、二〇一三年や、佐世保における旧軍施設について「近代化遺産」化の視点から論じた山本理佳『「近代化遺産」にみる国家と地域の関係性』古今書院、二〇一三年などが挙げられる。
（2）軍港都市を対象とした近代都市史研究については、坂根嘉弘が整理している（坂根嘉弘「軍港都市と地域社会」坂根嘉弘編『軍港都市史研究Ⅰ　舞鶴編』清文堂出版、二〇一〇年、六～七頁）。それら先行諸研究も、軍港都市間の産業構造を比較しているわけではない。
（3）前掲坂根「軍港都市と地域社会」、八～一二頁。
（4）横須賀市編『新横須賀市史・通史編近現代』、四七三～四八八頁を参照のこと。
（5）舞鶴については、本シリーズ舞鶴編において数値が示されている（山神達也「近代以降の舞鶴の人口」前掲坂根編『軍港都市史研究Ⅰ』、三一九～三二〇頁）。
（6）横須賀における海軍軍人数の推移については、鈴木淳「横須賀海軍の人的構成」上山和雄編『軍港都市史研究Ⅳ　横須賀編』清文堂出版、二〇一七年、一八五～二一六頁を参照。
（7）海軍大臣官房『海軍省年報・大正九年度』、一九二三年により作成。なお、同様の数値は『日本帝国統計年鑑』にも記載されているが、一九二〇年度と二一年度の横須賀海軍工廠の職工数が全く同一であること、その数値が『横須賀海軍工廠外史』の数値と大きく乖離していることから、『海軍省年報』の数値を用いた。前掲『新横須賀市史』、三七二頁も参照のこと。

（8）前掲坂根「軍港都市と地域社会」、四四頁。
（9）一九三〇年（昭和五）の数値については、横須賀は前掲『新横須賀市史』、三七二頁、佐世保は佐世保鎮守府「佐世保鎮守府沿革史」〔一九四〇年七月四日（①中央―沿革史―一三五、防衛省防衛研究所所蔵）〕。
（10）一九三〇年『国勢調査報告』の中分類では、「機械器具製造業」が、「機械器具製造装置業」・「造船業運搬用具製造業」・「精巧工業」の三種に区分されているので、これらを合計した。
（11）山口日都志・中島眞澄「日本海軍と佐世保」林博史編『地域のなかの軍隊6・九州・沖縄』吉川弘文館、九六～九七頁、などを参照のこと。
（12）この点に関しては、例えば呉市の事例について、呉市史編さん委員会編『呉市史・第四巻』呉市役所、一九七六年、二六九頁を参照のこと。『神奈川県統計書』の横須賀市分の数値も、『横須賀市統計書』との乖離が大きく、後者の方が信頼性が高いと判断したため、その数値を用いている。このため、横須賀のみ一九二〇年ではなく一九二一年（大正一〇）の数値となっている。
（13）『工場通覧』を確認すると、一九二〇年（大正九）については野田鉄工所、佐世保鉄工所・山領鉄工場が軍需に関わる生産をしており、一九三三年（昭和八）についても佐世保鉄工所（二〇年記載のものとは別会社と推測される）が「艦船」、佐世保市方面事業期成会授産局が「軍艦」を生産していたことが判明する（農商務省工務局工務課編『工場通覧』日本工業倶楽部、一九二一年、商工省編『全国工場通覧』昭和一〇年版、日刊工業新聞社、一九三五年）。
（14）川原慶一編『佐世保商工人名録』佐世保商工会議所、一九三八年、一一九～一二〇頁。
（15）前掲『工場通覧』（大正九年版）、六四六、七一五頁。なお、「井上鉄工場」は、『佐世保市統計書』記載の「井上鉄工所」と同一と推測される（工場主が同一人物であるため）。ただし、いずれが正式名称かは不明である。
（16）前掲『呉市史・第四巻』二七六、二七八頁に記載の数値を参照。なお、一九三五年については「金ペン」という項目が独立して存在しており、同年は約一二九万円であった（表序-3では、出所資料にしたがって「雑工業」項目に含んでいる）。一九三二年（昭和七）にセーラー万年筆株式会社へと改組される阪田製作所がその中心である。この点、河西英通「序章　呉と軍港」河西英通編『軍港都市史研究Ⅲ　呉編』清文堂出版、四頁、も参照のこと。
（17）前掲『工場通覧』（大正九年版）、六六三頁。
（18）前掲『新横須賀市史』、三四〇頁、前掲『工場通覧』（大正九年版）、六四二頁。
（19）前掲『新横須賀市史』、三四一頁。原資料は、横須賀市役所編『横須賀市統計書』大正一四年版、一九二七年。なお、

この数値に、浦賀町に所在していた浦賀船渠株式会社の分は含まれていない。
(20) 前掲『全国工場通覧』昭和一〇年版、一一五、一二三、一四六頁。
(21) 横須賀市役所編『横須賀市統計書』昭和八年版、一九三五年、一九〇～一九一頁。横須賀の一九三五年分については、信頼に足る内訳が判明しない。
(22) 明治後期においては、千葉県君津郡の醤油醸造業者が横須賀を主たる市場としていたほか、総武鉄道の銚子到達(一八九七年〈明治三〇〉)以降は、ヤマサ醤油が横須賀に送荷していたことが明らかにされている(井奥成彦『一九世紀日本の商品生産と流通』日本経済評論社、二〇〇六年、一五八～一六二頁)。
(23) 一九二一年(大正一〇)については表序-3と同じ出所だが、三三年(昭和八)については前掲『横須賀市統計書』昭和八年版、一八九～一九〇頁を参照している。
(24) 横須賀市統計課総務係編『横須賀市勢要覧』昭和一一年版、一九三七年、三七頁。
(25) 一九二〇年(大正九)、一九三三年(昭和八)の状態を示した『工場通覧』では、主たる製品として軍需関係品を挙げている工場は、呉市では一軒もなかった。ただ周知の通り、『工場通覧』は一定規模以上の工場のみしか取り扱っていない(一九二〇年は職工一〇人以上、三三年は五人以上)ことに留意する必要はあろう。
(26) 佐世保市の場合、一九二八年(昭和三)において今後の工業発展の方針をまとめている。そのなかに「小規模造船所ノ創設」を挙げ、理由として「本市及近接町村ニ於ケル漁船其ノ他ノ木造船ノ建造並修理ノ如キ其ノ数夥多ニ及ブノミナラズ海軍当局ヨリ雑役船其ノ他ノ建造並修理艦船ノ修理部品ノ製作等之ヲ民間工場ニ請負ハシムルモノモ相当多額ニ上ル趣ナルモ本市ニ遺憾ナガラ之ニ応ジ得ル組織的造船所ナキ為メ殆ド大部分ハ長崎其ノ他ノ造船所ニ依頼シツツ、アルノ状態ナリ依テ本市ニ組織的造船所ヲ創設スルコトハ最モ適切ナル事項ト認ムルモノナリ」とし、そうした事業への奨励・援助を打ち出している(佐世保市『産業方針調査書』、一九二九年、商工一一二頁)。一九三〇年代の生産額をみても、上記方針が大々的に成功したとは言い難いが、そうした努力が存在したこと自体は注目されて良い。なお、佐世保市における商工業振興策については、第一章を参照のこと。
(27) 呉の場合、一九四六年(昭和二一)に呉海軍工廠跡に進出した株式会社播磨造船所呉船渠(現在はジャパンマリンユナイテッド株式会社に所属)、尼崎製鉄株式会社呉作業所のほか、一九五一年(昭和二六)に日亜製鋼株式会社(現・日新製鋼株式会社)呉製鉄所が設立され、一九五四年(昭和二九)には株式会社淀川製鋼所の工場が完成した(呉市史編纂委員会編『呉市史』第七巻、呉市役所、一九九三年、七～一四頁)。横須賀の戦後における工業発展については、前掲『新横須賀市史』、九〇九〜九一七頁を参照。一九五〇年代までに、のちの株式会社日立田浦工場、東芝ライテック株式会社、関東自動車工業株式会社の諸工場などが設立されたことが示されている。また、一九四三年（昭和一八）に浦賀町を横須賀市に編入したため、浦賀船渠株式会社の数値も「輸送機械器具」部門に含まれるようになっている。

（28）舞鶴地域も、同様に一九五〇〜六〇年代において農林水産業人口が増加している（前掲山上「近代以降の舞鶴の人口」、三二九頁）。

（29）佐世保の戦時期〜戦後復興期における産業構造の転換は、本書第四章で分析している「戦後復興」言説の背景となっており、戦災の程度の問題や、それに起因する産業構造の違いは、第五章が分析している都市公園整備の佐世保と横須賀との違いと関係している。さらに、一九六〇年以降における変化（炭鉱業の衰退と、農林業への打撃）は第六章の分析と関わっている。

（30）神武景気直前の不景気にあえぐ一九五四年（昭和二九）において「一一月一八日技術の粋を集めた世界第三位の固定アーチ鉄橋「西海橋」がデビューするや西海国立公園の一偉観として、内外観光客の誘因となり」というように、早くもこの時期には、現状打破の好材料の第一として、観光を挙げていた点に注目すべきである（佐世保市長山中辰四郎編『佐世保市勢要覧』佐世保市総務部庶務課、三〇頁）。

第一章
佐世保の「商港」機能

1907 年頃の佐世保川
佐世保川を挟んで写真左側が海兵団、写真右側が湊町。
（出典）平岡昭利編著『地図でみる佐世保』芸文堂、1997 年

木庭俊彦

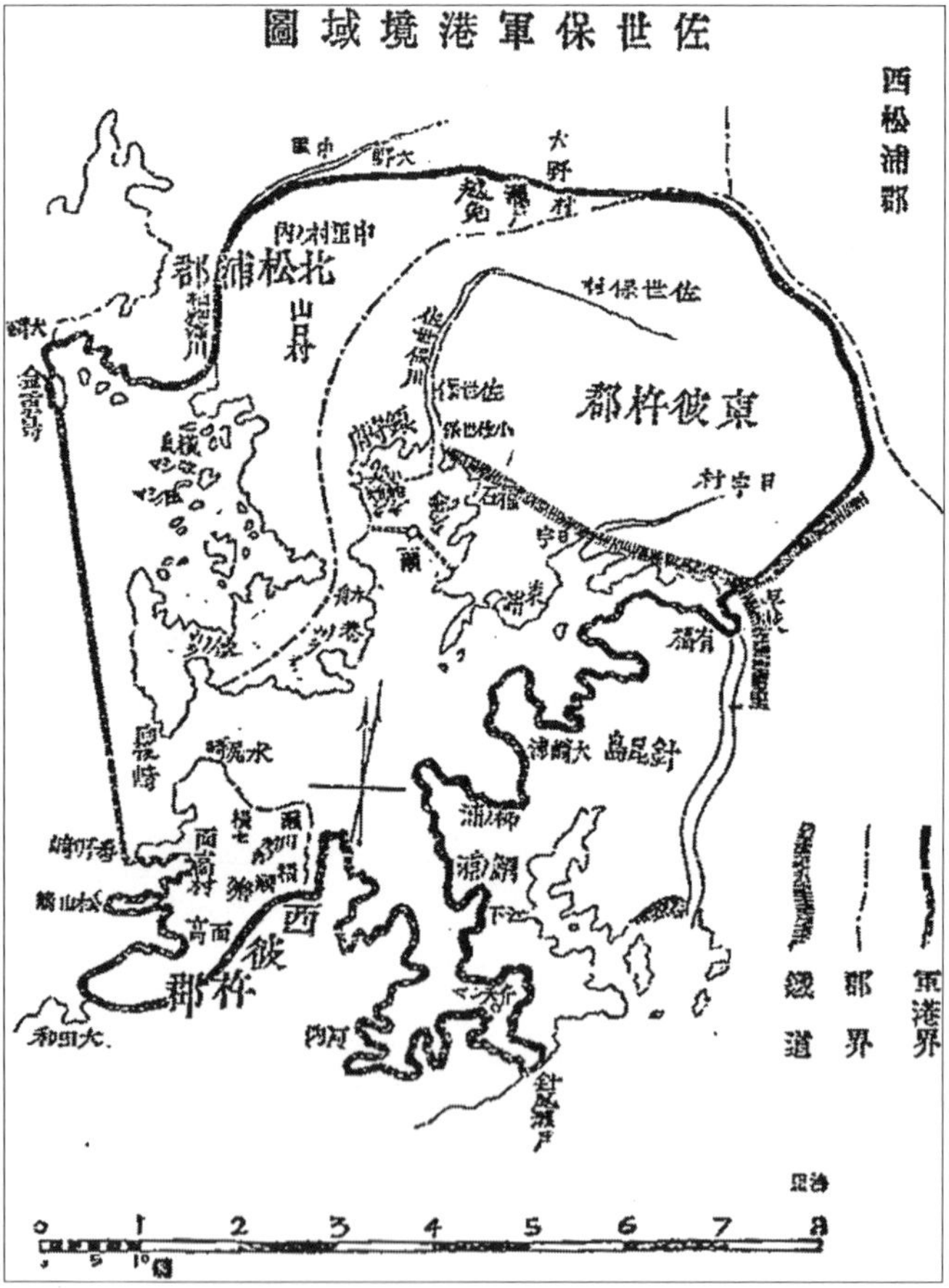

佐世保軍港境域図（1900 年）

出典：内閣官報局『明治年間法令全書』第 33 巻ノ 5

はじめに

本章の目的は、戦前期の佐世保市における物流構造の変化を解明し、軍港都市佐世保の特徴を明確にすることを通じて、海軍が周辺地域にどのような経済的影響を与えたのかを考察することにある。

近年、軍都・軍港に対する関心が高まり、軍隊の設置が地域経済に与えた影響を具体的な事例にもとづいて分析する研究が蓄積されている[1]。四軍港の一つである佐世保に関しても、海軍と佐世保市との関係はこれまで盛んに議論されてきた。一九五〇年代に刊行された『佐世保市史』では、都市のインフラ整備、石炭産業・農業・商工業など諸産業の発展の様相が概観され、海軍とともに成長する佐世保市の姿が描写されている[2]。最近の研究成果でも、佐世保市は海軍と後背地の北松《ほくしょう》炭田に支えられた「消費都市」として位置づけられており、人口と貨物の増加にともなって、民間利用の可能な「商港」部分が次第に整備されたことが指摘されている[3]。また、土地および海面の利用規制にみられるように、佐世保鎮守府は民間の経済活動に大きな制約を課しており、佐世保市の行財政運営や地域の経済動向が、海軍の意向によって左右される傾向にあったことも強調されてきた。『佐世保市史』（産業経済篇）では、そうした状況下にあった佐世保市が、大正期に入ると民間産業の振興に力を入れて、産業都市の方向性を模索し、「従来の盲目的な軍依存から脱却しようとして、産業立市の旗じるしのもとに諸政策（港湾の改良工事など：引用者）を実施」したとされている[4]。

これらの研究蓄積を踏まえると、海軍が佐世保市とその周辺地域にもたらした影響として、経済的な効果と自立的発展の抑制という二つの側面を指摘することができる。ただし、そのこと自体は軍港都市に共通してみられる特徴である。例えば、呉や舞鶴でも鎮守府設置後の人口の急増とともに巨大な消費市場が形成され、市ないし町の経済的基盤が海軍の存在に支えられていたことは明らかである。呉市は「産業立市」、舞鶴町は「産業立町是」のスローガンを掲げて、一九二〇年代に海軍からの自立を図っている(5)。そこで、本章では、軍港都市佐世保の特徴を明確にするために、佐世保の「商港」部分の整備過程に焦点をあてて、次の二つの課題について考察をすすめていきたい(6)。

第一に、船舶と鉄道の貨物統計を整理し、佐世保市における物流構造の変化を具体的に明らかにする。佐世保市は「消費経済中心の性格」を持つとされてきたが、これまで佐世保港および佐世保駅の出入貨物を把握するような作業はなされていない(7)。佐世保市営魚市場（一九二〇年〈大正九〉設立）が集散市場として機能したとする市場史研究の成果を考慮に入れつつ(8)、農漁村や炭鉱を後背地にもつ佐世保の「商港」機能を検証していく必要がある。

第二に、佐世保市が民間産業の振興をすすめていくなかで、いかに海軍の存在が制約となったのかを考察する。軍港都市が海軍からの自立を企図して推進した産業振興策の多くは、軍事上の利害と対立したため、海軍の手によって阻まれたことが指摘されている。舞鶴町では日露戦争後に開港運動がわき上がったものの、陸海軍に反対され、第一次世界大戦後の要港部への格下げをきっかけに、商港都市・工業都市としての成長がみられるようになった(9)。また、一九三〇年代に呉市が計画・推進した企業誘致は海軍に拒否されて頓挫している(10)。本論で述べるとおり、佐世保市は一九二〇年代半ばから産業奨励策の一環として「商港」機能の拡充を図っていくが、軍港都市としての発展のあり方を理解するためにも、そうした軍港内での経済活動が引き起こす海軍との利害衝突に注目すべきである。

以下、主な分析対象の時期を鎮守府設置から日露戦争後まで（第一節）、佐世保の築港工事が本格的に計画される第一次世界大戦期から軍縮に入る一九二〇年代半ばまで（第二節）、佐世保市の産業振興策が展開される一九二〇年代半ばから経済活動への制約が強まる一九三〇年代まで（第三節）に区分して議論をすすめる。

第一節　軍港都市の形成

（一）軍港境域の設定と交通網

一八八六年（明治一九）五月、佐世保村への鎮守府設置が決定し、八九年七月に佐世保鎮守府が開庁した。翌年には軍港境域が設定され（扉図）、丸瀬から佐世保川河口にかけての西側の海面が海軍専用区に、東側の海面が海軍専用区外に定められた[11]。それにともなって「佐世保軍港規則」が制定され、第五條で「海軍専用区外ニ於テハ航路ノ妨ト為ラサルニ於テハ艦船自由ニ錨地ヲ定ムルコトヲ得」るとされた[12]。

その後、一八九六年（明治二九）に軍港境域が変更されると[13]、あわせて「佐世保軍港規則」も改正された。そこでは、図1-1のとおり、軍港内の海面は丸瀬以内の第一区とそれ以外の第二区に区分され、第一区に進入しようとするすべての艦船は鎮守府司令長官の許可を必要とした[14]。このように出入船舶を厳重に管理する一方で、おそらくは柔軟な制度の運用を図るために、翌年三月に「佐世保軍港細則」が制定された[15]。同細則第一條で第一区を第一、第二、第三、第四の小区に分け（図1-2）、第五條で「第三小区内ニ於テハ船舶自由ニ碇泊スルコトヲ得」るとして、丸瀬から佐世保川河口付近までの港内東側部分を民間船舶が自由に航海できる海面に定めた。

一九〇〇年（明治三三）四月になると、軍港ごとの規則を一本化した「軍港要港規則」が制定され、佐世保軍港は丸瀬以内が第一区（鎮守府前方の海面）と第二区（第一区以外の海面）、丸瀬より外側の部分が第三区と

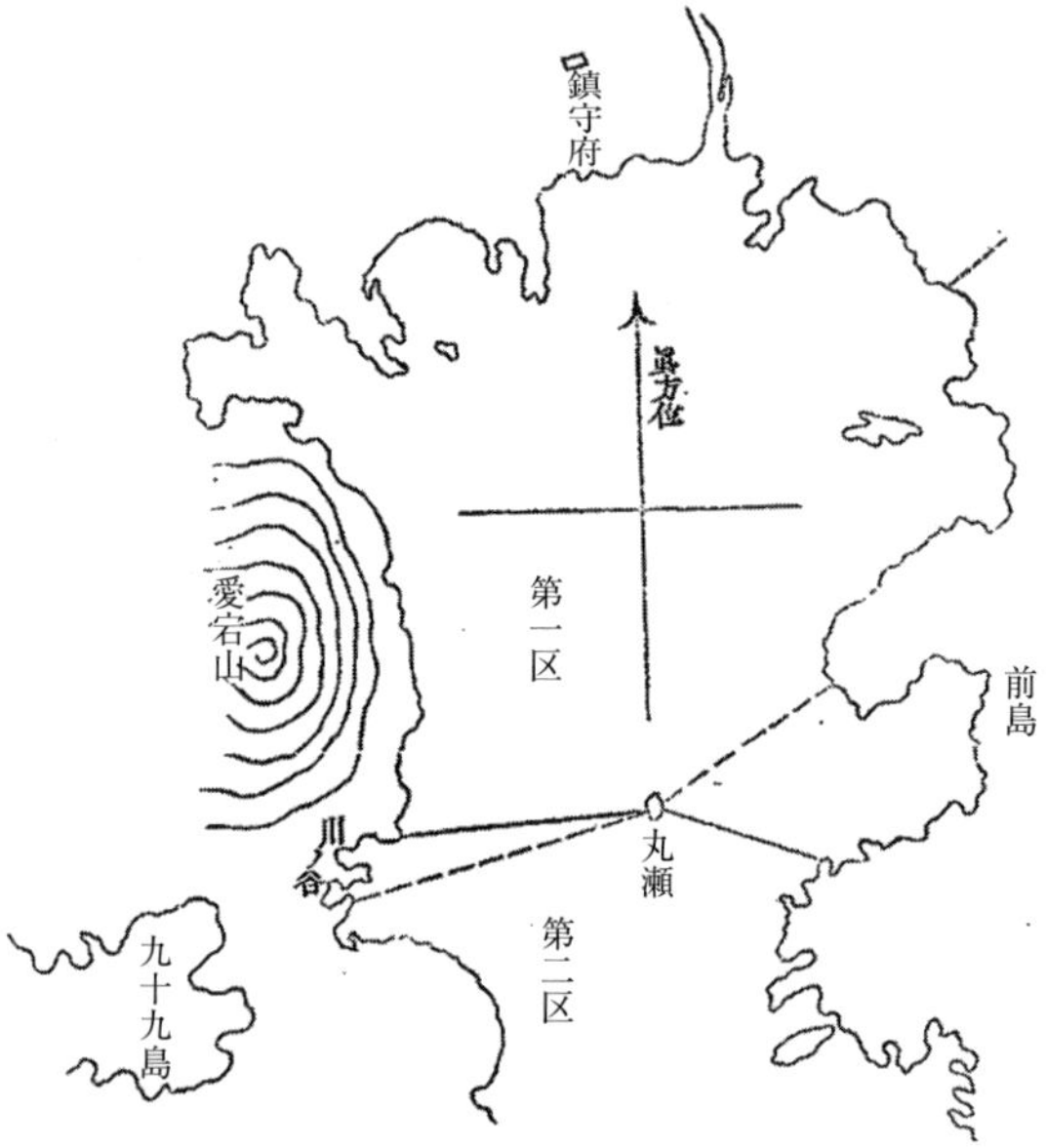

図１－１　1897年（明治30）の佐世保軍港
出典：内閣官報局『明治年間法令全書』第30巻ノ４
備考：丸瀬を中心とする点線は1896年（明治29）時の境界線。実線は1897年改正時の境界線。

なった。そのうち、第一区と第二区では普通船舶の自由航行が禁じられた。翌年改正の「佐世保軍港細則」においても、第二区以内に進入しようとする海軍所属外の船舶は入港理由を記載した願書を海軍鎮守府に提出し、その許可を受けることが定められた[16]。ただし、同細則の第七條で「第二区ノ佐世保川口西角点ト大瀬ノ中心ト黒崎トヲ連結シタル想像線以内ノ海面ニ限リ、帝国海軍ニ属スル艦船ノ外地方長官ノ認可ヲ得テ海運ヲ営業トスル船舶、船舟ハ丸瀬以東ノ航路ヲ取リ自由ニ出入錨泊スルコトヲ得」るとされた。すなわち、おおよそ丸瀬から佐世保川河口にかけての東側の海面については、地方長官の認可を得た海運業者はこれまでどおり自由に出入できると規定したのである。この第七條（後に第八條に

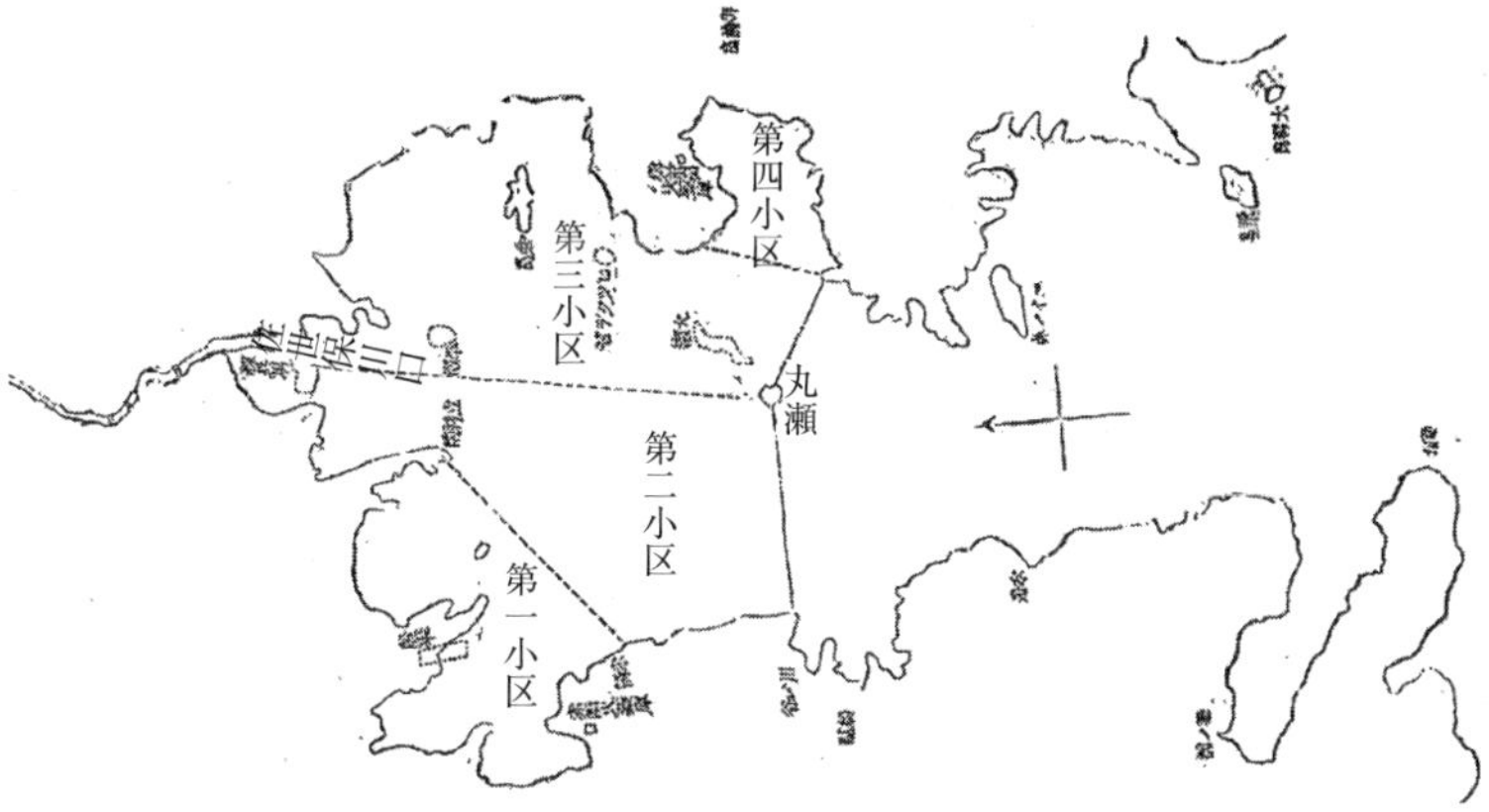

図１－２　佐世保軍港細則で定められた小区域（1897年）
出典：「官報」1897年３月11日

変更）は、改正により表現を変えつつも、その基本的な内容は戦時期まで維持され、限定的とはいえ商船の自由な経済活動を認める条文として運用されていくことになる。

　こうした制度のもとで、鎮守府開庁後に佐世保と各地を結ぶ交通網がつぎつぎと整備されていった。一八八九年には深川汽船の大阪～佐世保間（大阪、若松、佐世保、長崎の四港に寄港）の定期航路が、一八九七年（明治三〇）には尼崎汽船が経営する大阪～若津間の航路（佐世保には月二回寄港、大正末からは月一五回ほど寄港）が開設された[17]。また、明治半ば頃には、長崎～佐世保～平戸や佐世保～松島を結ぶ汽船航路、若津・三角・島原・長崎・平戸・唐津・博多・門司・今治・多度津・神戸などに寄港する佐世保～大阪間の汽船航路も開かれており、多くの貨客船が佐世保に就航するようになった[18]。

　その後、一九一〇年（明治四三）には深川汽船の経営で佐世保～五島間航路が開設され、翌年から市の補助金をうけて九州商船が同航路を引き継いだ。

この航路では、三〇〇～四〇〇tの汽船四隻がそれぞれ毎月七回以上佐世保に寄港し、五島と佐世保との間の乗客・物資の交流は頻繁になっていった。[19]一九〇〇年時点で佐世保に入港した商船は、汽船一五二一隻・約一九万t、和船一四三三隻・約三万tであったが、一九一一年には汽船三一三五隻・約二五万t、帆船一一二〇隻・約四万六〇〇〇t、和船二九八〇隻・約一万八〇〇〇tにまで増加している。[20]

陸路に関しては、一八九七年（明治三〇）に九州鉄道（現・九州旅客鉄道）が武雄《たけお》～早岐《はいき》間の工事を竣工させ、翌年に早岐～佐世保間を開通させた。一九〇〇年における佐世保駅の年間乗降客延人数は約五〇万人（乗車・降車ともに約二五万人）、到着貨物は二万t弱に達した。[21]一九〇三年には、海軍鎮守府構内と佐世保停車場との間の連絡運転が始まり、軍需貨物の円滑な輸送が図られている。

(二) 市街地の成立

鎮守府開庁以後、交通網が整備されていくなかで、近隣地域から佐世保村に多くの人々が流入し、同村の人口は一八八四年（明治一七）の四〇〇〇人弱から、一八九七年（明治三〇）の二万人、一九〇一年の約四万八〇〇〇人にまで増えた。[22]そのような急激な人口増にともなって、市制施行論がわきおこり、一九〇二年（明治三五）には周辺農山村との調整のうえで佐世保市が発足した。[23]市制施行時の佐世保市の財政規模は全国的にみても大きく、歳出予算額の一戸平均額は横浜、久留米、門司、富山、小倉、長崎に次いで七番目に位置していた。[24]

他の軍港都市と同様に、佐世保市でも教育、衛生、土木に関する支出がかさみ、歳入の多くを市債に依存していた。[25]特に歳出に占める教育費の比重は大きく、児童の増加に対応するため、明治末までに四つの小学校を新設し、その他にも女学校や県立中学校を開校している。また、一九〇二年にコレラが、一九〇六年から一九

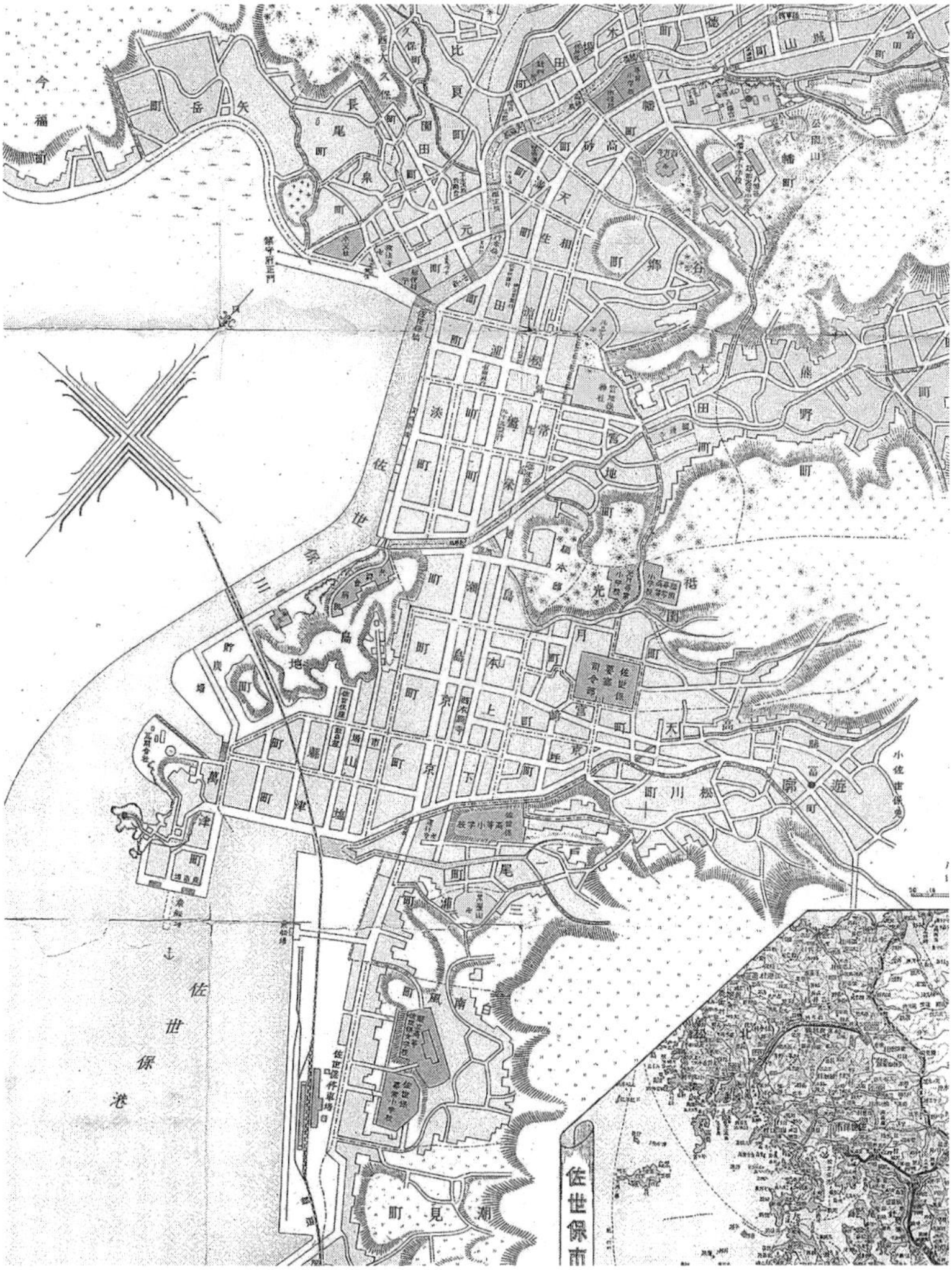

図１－３　1920年の佐世保市街図（部分）
出典：佐世保市街地図、1920年、駿々堂旅行案内部発行
備考：塩津町とあるが塩浜町の誤りと思われる。

〇七年にかけてペストが発生し、衛生施設の充実や感染症の予防駆除に関する費用も財政運営の大きな負担となった[26]。さらに、一九〇四年と一九一二年には大洪水のため市内の河川が氾濫し、橋や道路に甚大な被害をおよぼした。そのため、長崎県から補助を受けつつも、佐世保市は多額の復旧工事費の捻出を余儀なくされた[27]。

そうした厳しい財政事情の下でも、道路や水道など各種インフラ整備はすすめられ[28]、定期航路の開設と鉄道の開通にともなって食料品、生活雑貨など貨物の移入量が増加し、それらを取り扱う商人の開業、移住が広くみられるようになった。海軍鎮守府の設置決定後、まず元町の北部付近を中心に市街地が形成され、その後、佐世保駅から宮田町にかけて、住宅や商店が立ち並ぶようになった[29]（図1-3）。特に、宮田町より南に位置する八幡町、天満町、元町、濱田町に米、酒などの食料品や生活雑貨を扱う商人、呉服店、菓子店、回漕店などが集中した[30]。なお、佐世保市の主要貨物となる魚介類を取り扱う問屋は、一八九一年（明治二四）に木下屋が開業するまで定着しなかったといわれる[31]。鎮守府設置前後においては、大村湾の魚場が最大の供給源であり、佐世保と早岐《はいき》の魚市場の売買金額を示した表1-1のとおり、一九〇〇年頃まで大村湾口の早岐が魚類の陸揚げ港として優位な位置にあった。

日露戦争後になると、海軍や市内での需要増によって大量の食料、資材などが佐世保川河口から流入し、相生町、濱田町、松浦町、常盤町、栄町に官庁、銀行、会社が集まり、衣料や食料をあつかう商店、飲食店も立ち並ぶようになった[32]。対馬や五島からの生鮮魚の移入も増え、早岐の魚問屋が佐世保川付近に移ってきた[33]。ただ、表1-1に示されているとおり、佐世保での売買金額が明治末に増大しているとはいえ、依然として早岐の魚市場が重要であることに変わりはなかった。

三 貨物の移出入状況

ここで日露戦争後までの貨物の移出入状況について確認しておきたい。船舶貨物に関しては金額ベースで一八九六年（明治二九）から、重量ベースでは一九一五年（大正六）から、佐世保駅の品目別発着貨物に関しては一九〇一年（明治三四）から判明する。[34]

船舶による移入金額は一八九六年約九万円、九七年約一二万円、九八年約二七万円、九九年約一七六万円（移出は約一〇万円）、一九〇〇年一三五万円（移出は約三一万円）と推移した。[35]船舶貨物の価格上位五品目を示した表1-2によると、一九〇一年時点では肥前と肥後地方の米、大阪や筑後地方の酒、対馬や五島の魚類が主要な貨物として流入している。移出の大部分は長崎港向けの石炭が占めている。一九一一年に関しては、魚類が計上されていないため移入額は減少しているが、その他の貨物の仕入先に大きな変化はなく、周辺地域か

表1-1　魚市場の売買金額

（単位：円）

	佐世保	早岐
1889年（明治22）	3,669	15,000
1891年（明治24）	2,376	17,560
1893年（明治26）	1,900	18,000
1900年（明治33）	18,400	150,000
1902年（明治35）	116,223	130,196
1911年（明治44）	99,972	132,827
1912年（明治45）	203,154	131,291
1913年（大正２）	294,917	116,550
1916年（大正５）	400,491	92,500
1918年（大正７）	463,778	156,615
1920年（大正９）	1,478,517	233,617
1922年（大正11）	1,842,227	208,908

出典：『長崎県統計書』各年。

備考：

１）1889～1902年、1916～1920年は問屋の売買金額。

２）1911～1913年、1922年は仲買の売買金額。

３）佐世保、早岐の内訳は下記の通り。

（佐世保）1889年～1893年は古川市場、1900年は西川市場と木下屋市場、1902年は木下屋市場、加布里屋市場、1911年は木下屋市場、加布里屋市場、西徳屋市場、1912～1916年は大村湾水産組合魚類共同販売所、1918～1920年は株式会社万津魚市場、1922年は佐世保魚市場。

（早岐）1889年は森市場、1891～1893年は森市場と富田市場、1900～1902年は森市場と山本市場、1911、1912年は生月屋市場、加布里屋市場、ヤマセ市場、1913～1918年は大村湾水産組合魚類共同販売所早岐出張所、1920、1922年は早岐魚市場株式会社。

らの米、大阪や彼杵《そのぎ》郡の酒など、生活物資の移入が目立っている。[36] 他方で、少額とはいえ南松浦《みなみまつうら》郡（五島列島）に向けての米、酒、醤油の移出もみられる。

ここで、佐世保に魚類を移出した五島（有川と福江）[37]、後に炭鉱開発がすすむ西彼杵郡の崎戸[38]、佐世保近隣の早岐における貨物の移出入状況を確認しておこう。表1-3によれば、一九〇七年時点において、有川は多くの生活食料品や雑貨を佐世保と早岐から移入しており、それに対して鯨肉や魚類を早岐に移出している。福江には米、麦、大豆の一部が佐世保から、その他の食料品、生活雑貨が主に佐賀や長崎から移入され、農産物や魚介類が下関、長崎、佐賀に送られている。[39] 採炭が本格的になる以前の崎戸の主要な移出品は肥料であり、米や酒を長崎と早岐から移入している。ここからは集散港としての長崎と早岐の重要性がみてとれる。

さて、佐世保駅の発着貨物については、表1-4のとおり、到着貨物の量が圧倒的に多く、一九〇一年の約二万tから四年後の一九〇五年に約八万tまで増加している。この時期の到着貨物のうち重量の大きなものは石炭、米、木材で、その他にも藁製品や野菜、果物類の増加が確認できる。都市化の進展と日露戦争の影響によって、生活物資や資材の移入が著しく増大したことをうかがわせる。

表1-5は一九一〇年に佐世保駅を経由した貨物の発着高と消費状況を示している。佐世保駅から発送された一〇〇〇t以上の貨物は坑木と鮮魚、塩魚のみであった。帆船で佐世保に運ばれた坑木は海軍炭田の新原《しんばる》と

（単位：円）

5	総額
醤油 6,000	315,711
材木 100,940	2,353,685
	113,832
呉服 103,000 4% 大阪	2,441,170
石炭 1,250 南松浦郡	100,882
石油 69,260 4% 長崎（66%） 神戸（32%）	1,564,645

帝国港湾統計』。

がない。
載されている。
の金額として掲げた。

表1－2　船舶貨物の価格上位五品目（1900～1911年）

			1	2	3	4
1900年（明治33）	移出	品目	米	石炭	清酒	石油
		価格	148,500	102,017	35,700	18,560
	移入	品目	米	清酒	魚類	石油
		価格	798,700	524,300	192,050	140,800
1901年（明治34）	移出	品目	石炭	硝子器	石油	
		価格	103,232	9,000	1,600	
		仕向先	長崎	佐賀	五島	
	移入	品目	米	清酒	魚類	石油
		価格	894,000	532,000	253,100	153,600
		比率	37%	22%	10%	6%
		仕入先	肥前、肥後	大阪、筑後	対馬、五島	長崎、大阪
1911年（明治44）	移出	品目	白米	清酒	醤油	石油
		価格	53,380	36,000	8,440	1,380
		仕向先	南松浦郡	南松浦郡	南松浦郡	南松浦郡
	移入	品目	米	清酒	砂糖	食塩
		価格	684,500	330,000	171,124	76,500
		比率	44%	21%	11%	5%
		仕入先	東彼杵郡（41%） 北松浦郡（32%） 西彼杵郡（27%）	彼杵郡（36%） 堺（36%） 宮村（27%）	長崎（42%） 大阪（37%） 奄美大島（21%）	中国地方

出典：1900年は『長崎県統計書』、1901年は『佐世保志』下巻（1915年、214～216頁）、1911年は『大日本
備考：
1）米はもち米を含む。
2）1906年（明治39）～1911年（明治43）の『大日本帝国港湾統計』の佐世保の欄には鮮魚、塩魚の記録
3）1901年は『佐世保志』に拠るが、同書では1902年（明治35）の移出入金額、仕入先、仕向先として掲
しかし、1901年の『長崎県統計書』の移出入品目・価格と合致するため、ここでは1901年（明治34）

直方など筑豊の諸炭鉱へ送られ、五島や平戸から船で移入してきた鮮魚、塩魚は熊本、久留米、佐賀、大牟田などの周辺市域にむけて発送された。鉄道以外の魚類七六九二tの多くが、佐世保市内での消費と考えられる。

佐世保駅到着高のもっとも多かった石炭については、発送駅が相知《おうち》であり、唐津炭が佐世保海軍内で消費されていたことが分かる。佐世保停車場より海軍用地赤崎石炭庫までは団平船（艀《はしけ》船）で輸送された。木材に関しては主に熊本と秋田から船舶で移入しており、佐世保駅にいったん到着した後、荷車で佐世保市内、海軍工廠に運搬され

ている。当時は借家不足の影響から家屋の新増築が盛んで、海軍工廠へ納入されたのは全体の約三分の一であった。[40] 米については、佐賀県と福岡県の米が佐世保駅に到着後、主に市民の消費米および陸海軍の納入品と

（単位：円）

崎戸			早岐		
品目	金額	仕向港	品目	金額	仕向港
肥料	65,600	佐賀、広島、大阪	煉瓦	31,000	佐世保
甘藷	8,680	佐賀	食塩	30,000	五島、平戸、西彼杵
麦	900	佐賀	菜種油	19,800	五島、平戸、西彼杵
			清酒	19,250	五島、平戸、西彼杵
			米	18,750	五島、平戸、佐世保
			絹織物	7,250	五島、平戸、西彼杵
			綿糸	7,200	五島、平戸、西彼杵
			松板	5,400	佐世保
			醤油	3,600	五島、平戸、西彼杵
			陶器	3,500	佐世保、五島、西彼杵
			杉板	3,000	佐世保
			綿織物	2,500	五島、平戸、西彼杵
			茶	1,980	五島、平戸、西彼杵
			雑品	1,677	五島、平戸、西彼杵、佐世保
			薪	1,216	五島、平戸、西彼杵
			石油	1,140	五島、平戸、西彼杵
			洋織物	1,100	五島、平戸、西彼杵
			大豆	1,080	五島、平戸、佐世保
			白砂糖	1,060	五島、平戸、西彼杵
			麦	1,050	五島、平戸、佐世保
			黒砂糖	1,050	五島、平戸、西彼杵
計	75,180		計	162,603	
品目	金額	仕出港	品目	金額	仕出港
米	13,500	長崎、早岐	生魚	94,000	五島、平戸、西彼杵
茶	1,400	長崎、早岐	塩魚	42,500	五島、平戸、西彼杵
清酒	9,000	長崎、早岐	干魚	11,000	五島、平戸、西彼杵
石油	8,400	長崎、早岐	食塩	10,800	郡内
綿織物	5,600	長崎、早岐	杉板	5,800	対馬、北海道
雑品	1,788	長崎、早岐	清酒	3,500	郡内、川棚
			雑品	3,437	郡内
			甘藷	2,500	郡内
			醤油	2,400	筑前
			米	2,250	郡内
			薪	2,250	郡内
			石油	1,900	長崎
			白砂糖	1,562	長崎
			黒砂糖	1,400	長崎
			陶器	1,250	伊万里
			松板	1,080	対馬、北海道
計	39,688		計	187,629	

表1－3　有川、福江、崎戸、早岐の移出入貨物（1907年）

	有川			福江		
	品目	金額	仕向港	品目	金額	仕向港
移出	鯨肉	36,000	早岐、大阪、大村、博多等	麦	67,680	下関、長崎
	乾鰮	6,600	早岐	大豆	42,840	下関、長崎
	鰑	5,250	長崎	粟	40,000	下関、長崎
	雑品	4,140	佐世保、長崎、早岐等	生魚	9,651	長崎
	塩鮓	2,800	早岐	肥料	5,589	佐賀県、鹿児島
	塩鰭	2,000	大阪	鶏	4,890	長崎
	焼飛魚	1,800	唐津	椿油	2,340	大阪
	塩飛魚	1,000	門司	塩魚	2,336	佐賀県、筑後
	目刺鰮	1,000	早岐	鶏卵	20	長崎
	乾きびなご	1,000	早岐			
	鱵	800	大阪			
	計	62,390		計	175,346	
移入	品目	金額	仕出港	品目	金額	仕出港
	葉煙草	20,224	長崎	綿織物	175,100	大阪、筑前、筑後
	石油	15,000	佐世保、長崎	米	39,000	佐世保、肥後、筑前
	清酒	14,000	早岐、佐世保	清酒	32,000	佐賀県、筑後、神戸
	絹織物	13,000	佐世保	瓦	12,600	佐賀県
	食塩	8,000	早岐	藍玉	12,024	大阪、阿波
	苧麻	5,760	肥後	和紙	11,124	佐賀県、長崎
	紡績糸	5,040	佐世保	石油	9,620	佐賀県、大阪
	素麺	4,050	佐世保、早岐	食塩	6,408	赤穂、小豆島、大阪
	雑品	3,948	佐世保、早岐、平戸	麦	6,090	佐世保、肥後、筑前
	履物	3,500	早岐	大豆	5,700	佐世保、肥後、筑前
	醤油	3,000	大村、佐世保、平戸	煙草	4,999	島原、鹿児島
	巻煙草	2,400	長崎	綿	3,531	長崎
	饂飩	2,100	肥後	畳表	3,025	佐賀県、備後
	菜種油	2,025	早岐	綿糸	2,280	大阪
	大豆	2,000	宇久島、早岐	雑品	1,812	大阪、佐賀県、長崎
	綿	1,750	佐世保	砂糖	1,240	長崎
	麦	1,600	肥後	鉄釘	1,038	大阪
	砂糖	1,600	早岐、佐世保	木材	795	肥後
	米	1,500	早岐	陶磁器	750	佐賀県
	麦粉	1,500	佐世保	菜種油	680	佐賀県
	焼酎	1,500	早岐			
	玻璃	1,500	早岐			
	莫蓙	1,400	佐世保			
	木炭	1,080	津吉			
	藍玉	1,040	平戸			
	鯨肉	855	博多			
	計	119,372		計	329,816	

出典：『日本帝国港湾統計』明治40年。

備考：崎戸は蠣ノ浦と崎戸の合計。

して馬車で運搬されている。また、八幡製鉄所の鉄および鋼が軍艦製造材料として消費されている。

鎮守府の設置から日露戦争までの期間において、佐世保市では社会インフラが整備され、新たな市街地が形成された。それがさらなる人口増、貨物の移入増を促し、軍港佐世保の消費都市化が進行していったのである。次節では、第一次世界大戦前後に港湾整備をすすめ、公設市場の開設など市営事業を展開した佐世保市において、どのような物流の変化がみられたのかを検討していく。

表1－4　佐世保駅の主要発着貨物

（単位：t）

	品目	1901年(明治34)	1903年(明治36)	1905(明治38)
到着	石炭	11,834	17,888	29,094
	米	2,620	3,738	11,736
	木材坑木	1,634	4,647	6,353
	和洋酒	694	1,108	1,898
	藁類及其製品		2,364	8,607
	金属及その製品	133	670	1,811
	煉瓦及瓦	1,143	589	1,567
	蔬菜甘藷及果物	57	815	2,514
	味噌醤油	202	595	1,215
	その他食品		289	1,243
	麦		422	875
	雑穀穀粉	344	362	762
	砂糖		160	587
	家具		62	575
	空器		607	261
	兵器		173	856
	雑貨		566	1,582
	到着貨物合計	18,975	36,969	78,537
発送	雑貨		137	1,225
	発送貨物合計	440	1,444	6,328

出典：『鉄道局年報』各年。

備考：

1）いずれかの年で500tを超える貨物を示した。

2）1903年（明治36）は貸切扱のみ。

3）米は外国米を含む。

表1－5　1910年（明治43）における佐世保駅の発着貨物　（単位：t）

	品目	鉄道便	鉄道以外	主な消費先	備考
発送	坑木	1,240		新原、直方、鯰江、金田	生産地の針尾、東彼杵郡、西彼杵郡、大串村などから佐世保までは帆船で輸送。鉄道便以外では荷車、馬により近隣の小規模炭鉱へ発送。
	鮮魚、塩魚	1,201	7,692	熊本･久留米･佐賀市内、柳川、大牟田方面、尾道など	五島列島、平戸の各島嶼部より汽船、和船で輸送。鉄道以外は佐世保市での消費および鉄道が敷設されてない場所へ発送したもの。
到着	石炭	27,000		佐世保海軍部内	相知よりすべて鉄道便。停車場前海岸より海軍用地赤崎石炭庫までは艀で輸送。
	セメント	129	9,927	佐世保海軍部内	大部分が門司セメント会社から門司港経由で帆船で輸送されて佐世保駅に到着。停車場前海岸より海軍用地の赤崎まで再び帆船で輸送。
	木材	1,484	7,150	佐世保市内、佐世保海軍工廠	鉄道での到着便は人吉駅からの発送分。鉄道以外は主に熊本と秋田より船舶で移入後、佐世保駅に到着。駅から消費地までは荷車で運搬。
	米	5,524		佐世保市内、陸海軍の納入品	生産地は佐賀県（神崎、山口、武雄など）、福岡県大牟田。消費地までは馬車運搬。
	鉄材および鋼材	2,998		佐世保海軍工廠	八幡製鉄所から佐世保駅まで鉄道で輸送。主に軍艦製造材料として納入。
	麦酒および酒	1,015	1,800	佐世保市内（全体の3分1を海軍部内で消費）	麦酒は大阪より船舶で輸送。酒は佐賀市、三瀦郡（鐘ヶ江）および杵島郡（荒木村、住吉村、武内村、武雄町）より輸送。
	木炭	212	1,938	佐世保市内、海軍部内	対馬、西彼杵郡、東彼杵郡、熊本（八代付近）から佐世保までは船舶で輸送、熊本県の一部（人吉）からは鉄道便で輸送。

出典：九州鉄道管理局営業課『未定稿　駅勢一覧　長崎線』1911年。
備考：鉄道便と鉄道以外の発送高、到着高のいずれかが1,000t以上のもの。

第二節　集散地化する佐世保

(一)　港湾整備の開始

海から運ばれてくる貨物は、明治末まで佐世保川沿いの湊町付近で荷揚げされていた。[41]しかし、佐世保川河口における土砂の滞留、塵埃の流入が著しくなり、その一方で入港船舶の規模は大きくなっていた。そこで、佐世保市は一九一〇年（明治四三）に万津町の岸壁の水面約二二二坪を埋め立て、貨物の揚げ降ろし場とする工事に着手した。[42]また、一九一四年（大正三）になると、佐世保川での汚物の堆積が目立つようになり、繋船場所を確保するために佐世保橋以南を浚渫し、湊町から島地町にかけての護岸・埋立工事を開始した。工事を終えた土地（島地町）の一部は海軍用地に編入されたが、埋立地を利用して市街地の造成と海陸連絡の便益向上を図っていった。[43]その翌年には、市会で万津町地先の浚渫・埋立計画が議決され、五〇〇総ｔ級船舶が繋留可能となる約一一五ｍの岸壁が完成した。[44]

こうした佐世保川河口の浚渫・埋立工事と併行して、佐世保市は一九一三年（大正二）に内務省技師を招いて「築港計画」の検討をスタートさせており、商港部分の拡充を構想し始めていた。[45]この計画は「財政ノ許サザル為メ遂ニ実行ノ運ニ至」らなかったものの、「海軍ノ拡張ニ伴フ港内及沿岸ニ於ケル諸般ノ施設ハ着々トシテ実行セラレ、大小船舶ノ繋船区域ハ日ニ月ニ蚕食セラルルノ実況ニ」あり、「佐世保港カ物資吞吐スルコト日ニ月ニ多キヲ加フルニ反シ海岸線」が縮小しているという現状を踏まえて、一九一九年に測量を開始した。また、市会議員および財界有力者の中から佐世保市勢振興調査委員を選出し、築港事業のための本格的な調査と立案をすすめていった。この調査委員のもとで、次のような築港計画がつくられ、海軍省、内務省との折衝のため、同年七月に市長と調査委員が上京し、国庫補助を申請している。(46)

第一に塩浜町（前掲図1-3）の海岸部分が小佐世保川より流出する泥土で埋没しているため、その一帯を浚渫して艀《はしけ》などの小船の繋留場所とする。第二に佐世保川尻沿岸を整理するために、島地町から万津町にかけて浚渫・埋立工事を行って約三六〇m（幅約九〇m）の突堤岸壁を築造し、「商船ノ繋留ニ便ナラシメ」るというものであった。(47)また、佐世保停車場～鎮守府間の既存の連絡線から分岐して万津町の岸壁にいたる鉄道を敷設するとともに、佐世保停車場の沿岸を埋め立てて倉庫地として利用するという比較的規模の大きな計画であった。

海軍省としては、佐世保市の人口増加が著しく、「平戸、五島、壱岐、其他附近ノ離島ニ対シテ交通上形勝ノ地点ニ位置スルノ事実ハ、佐世保商港ノ設備ヲ永ク現在ノ如キ不備ノ状況ニ放置スルヲ許サス」という認識であった。軍港という側面を考えると「現在ノ商港ヲ廃シ、日宇若クハ尚ホ一歩ヲ進メ、相ノ浦ヲ以テ之レニ代ユルコト」が望ましいが、その場合には佐世保市の負担が大きくなるため、築港計画に異議はないという結論に達した。

佐世保鎮守府の財部彪司令長官は、長崎県知事に対して、佐世保築港計画の「決行ハ目下ノ要件ト認メラレ候ニ付、此機会ニ於テ相当補助ノ下ニ本件速カニ達成ノコトニ御配慮ヲ得度」と申し伝えている。しかし、予算編成に間に合わず、県費補助および国庫補助は認められなかったため、佐世保市は翌年に設置した臨時築港部を中心に総工費一五〇万円の設計書をあらためて策定し、再び申請運動を行っている。

その顛末は明らかでないが、佐世保市の歳入に国庫補助ないし県費補助の記録がないため、この運動は実を結ばなかったものと推測される。(48)結局、市営事業として塩浜町沿岸（小佐世保川の河口部分）約四五〇〇坪の浚渫のみが起工し、一九二三年には万津町の岸壁に市営桟橋が完成した[49]。第一次世界大戦期に構想された築港計画は実現しなかったが、佐世保市の発展とともに増大する貨客の出入に対応するため、「商港」の整備は部分的にすすめられていったのである。

(二) 市営事業の展開

第一次世界大戦の勃発は、佐世保市に好景気をもたらし、多くの労働者や商工業者を流入させた。市制施行時の一九〇二年(明治三五)に人口約五万人であったのが、一九一三年(大正二)には九万人弱まで増大し、その後も、一六年一〇万六六七六人、一九年一一万五四六二人、二二年一一万七五四〇人と推移した。こうした人口増に加えて、大戦後の物価騰貴にともなう都市問題に対応するため、佐世保市は公設市場の開設、住宅の建造、職業紹介所の設置といった市営事業を開始した。なかでも市財政の予算が重点的に割り当てられたのは、「本邦に於ける市営食料品卸売市場の鼻祖」と評価された公設市場と魚市場であった[50]。

一九一九年(大正八)、日用食料品の円滑な供給と価格の調整のため、松浦町に公設小売市場一棟が、湊町に公設卸売市場二棟が新設された[51]。小売市場においては、佐世保市社会勧業課の監督のもと、指定された販売人が米、酒、肉類など新鮮で優良な日用食料品を市民に販売した。湊町地先の市有埋立地(前述の一九一四年の埋立工事)に建設された卸売市場では、市から認可を与えられた複数の問屋が市場内で取引を行なった[52]。卸売市場の商品は主に蔬菜と果実であり、その他に海藻や干物、鶏卵なども取り扱われた。

魚類については、明治末には大村湾水産組合魚類共同販売所が各問屋の取引の場となっていたが、一九一三年(大正二)になると、問屋間競争の抑制と価格の維持を目的に、田中丸善蔵《たなかまるぜんぞう》(田中丸商店、のちの玉屋)、市会議員の田中規三や原口徳太郎らが中心となって株式会社万津《よろづ》魚市場を設立した[53]。同社は大村湾水産組合との協定のもと、万津町の新しい市場に多数の問屋を集合させ、その取引を監督することとなった。しかし、問屋間の対立がおさまらなかったため、佐世保市は一九二〇年（大正九）に市営魚市場を開設し、問屋が合同して設立した株式会社佐世保魚市場（一九二一年設立）に委託売買業者としての認可を与えた。[54]佐世保市の監督のもと、佐世保魚市場が仲買人に水産物の卸売を行うこととなった。

公設小売・卸市場が「新鮮優良ナル日用品ヲ正確ナル量目、公正ナル価格ヲ以テ市民ニ供給」した結果、市内の日用品取引は改善されて価格も安定したとされている。[55]その売上金額は年々増加し、一九一九年から一九二四年にかけて小売市場の新増設がすすめられた。市営魚市場についても、漁業組合に対する交付金の支出、市場における共同宿泊所の設置、委託売買業者（佐世保魚市場）による漁業者への資金融通といった出荷奨励策が功を奏し、鮮魚の取扱高は年々増大していった。前掲表1-1からは、第一次世界大戦前後に佐世保市が魚類集荷地としての地位を高めた様子が読み取れる。

(三) 貨物の移出入状況

次に一九二〇年代半ばまでの貨物の移出入状況について確認していこう。船舶貨物は第一次世界大戦期に増加をみせ、一九一七年（大正六）に移入約六万三〇〇〇t、移出約一万三〇〇〇tであったのが、一九一九（大正八）には移入約二〇万t、移出約六万四〇〇〇tに達した。[56]

船舶貨物の価格上位五品目を示した表1-6のとおり、一九一四年時点においては魚類と米で移入額の約四割を占めていた。魚類の多くは北松浦郡の平戸と南松浦郡の福江（五島）から運ばれ、清酒、米、醤油が福江に移出されている。一九一九年においては、木材が最も金額の多い移入貨物となり、合計で二五％を占める魚類、三池と長崎からの石炭がつづいている。移出に関しては長崎向けの米、塩魚・乾魚が増えている（一九三

○年代初頭まで毎年数百tの水産加工品が長崎に運ばれている)。一九二四年には五島と平戸の魚類のほか、近隣からの薪および木炭、大阪や熊本からの木材の移入が目立つ。この時期に南松浦郡の漁獲高が増加したとされており、[57]魚類の最大の移入先は平戸から五島に移っている。移出に関しては、五島、平戸、大手炭鉱企業が所在する松島や崎戸(蠣ノ浦島)への米、酒、織物、砂糖が確認できる。

佐世保駅の発着貨物を示した表1-7によると、一九一二年と一九一九年・二四年の資料が異なるため単純な比較は避けねばならないが、近隣県からの米、野菜果物、砂糖、酒、木材、鉄及鋼の移入増が目立つこと、唐津からの石炭移入が減少していることが分かる。明治期まで主要な船舶貨物であった米、酒、砂糖が鉄道での移入に切り替わりつつあったことを窺わせる。逆に、この時期の石炭に関しては三池、唐津、長崎からの船舶移入が増えており、鉄路での移入が減少したことを示している。発送貨物の多くは生鮮魚および塩干魚で、鮮魚は近隣県、塩干魚は主に東京や大阪などの遠隔の大都市へ輸送されている。

以上の動向をふまえつつ、米、魚介類、清酒、砂糖、木材をとりあげて、佐世保市における貨物の集散状況を長崎港と比較しながら検討してみたい。表1-8は、門司鉄道局運輸課が刊行した『産物と其の移動』をも

(単位：t、円)

5	総額
	360,211
木材 89,250 7% 大村(48%) 大串(46%)	 1,215,110
清酒 247,500 859 五島(67%)	 5,771,298 63,923
米 1,215,000 8% 4,049 長崎(26%) 唐津(14%) 瀬川(13%)	 15,505,220 197,951
砂糖 179,375 4% 478 五島(40%) 平戸(18%) 松島(8%)	 4,113,409 48,105
木材 442,500 5% 10,208 大阪(47%) 八代(28%)	 8,817,095 141,577

表1－6　船舶貨物の価格上位五品目（1914～1924年）

			1	2	3	4
1914年（大正3）	移出	品目	清酒	米	醤油	
		価格	198,000	81,900	43,500	
		比率	55%	23%	12%	
		仕向先	福江	福江	福江	
	移入	品目	生魚	米	塩魚・乾魚	セメント
		価格	260,876	186,225	126,881	98,000
		比率	21%	15%	10%	8%
		仕入先	平戸（60%） 福江（30%）	平戸（38%） 大村（31%） 瀬川（19%）	平戸（63%） 福江（20%）	大牟田
1919年（大正8）	移出	品目	米	塩魚・乾魚	石炭	木材
		価格	1,365,000	981,540	685,440	409,800
		比率	24%	17%	12%	
		数量	4,549	2,907	36,267	7,304
		仕向先	五島（52%） 長崎市（19%）	長崎（47%） 大阪（36%） 門司（17%）	長崎（61%） 大阪（33%）	五島（64%） 松島（28%） 崎戸（8%）
	移入	品目	木材	塩魚・乾魚	生魚	石炭
		価格	2,971,450	1,939,530	1,824,240	1,414,400
		比率	19%	13%	12%	9%
		数量	54,814	5,696	5,183	43,318
		仕入先	秋田49% 八代（27%） 大牟田（15%）	五島（49%） 平戸（33%）	五島（69%） 平戸（31%）	三池（52%） 長崎（29%） 唐津（10%）
1924年（大正13）	移出	品目	米	和酒	石炭	絹・綿織物
		価格	735,120	471,400	312,520	231,000
		比率	18%	11%	8%	6%
		数量	3,403	1,778	24,040	150
		仕向先	五島（39%） 蠣浦（23%） 松島（16%）	五島（37%） 平戸（14%） 松島（12%）	長崎（62%） 大阪（37%）	平戸（43%） 蠣浦（16%） 五島（14%）
	移入	品目	生魚	塩魚・乾魚	薪および木炭	米
		価格	1,405,800	1,123,160	498,400	452,520
		比率	16%	13%	6%	5%
		数量	4,260	5,646	48,967	2,095
		仕入先	五島（30%） 平戸（27%） 小値賀（17%）	五島（56%） 平戸（25%）	対馬（22%） 大村（16%） 平戸（14%）	瀬川（20%） 唐津（17%） 江迎（17%）

出所：『大日本帝国港湾統計』各年。
備考：
1）1924年の塩魚・乾魚にはその他漁獲物を含む。
2）木材には板を含む。
3）平戸、小値賀、江迎は北松浦郡、大村は東彼杵郡、蠣浦島と松島は西彼杵郡、八代、瀬川は熊本県。

表1－7　佐世保駅の主要発着貨物（1912～1924年）　　（単位：t）

		1912年（大正元）		1919年（大正8）	1924年（大正13）
		数量	仕向先/仕入先		
発送	米	249	福岡（81%）、広島（12%）	2,057	-
	甘藷	77	福岡	1,216	-
	生鮮魚	930	佐賀（51%）、福岡（32%）	1,658	6,832
	塩干魚	1,014	愛知、佐賀、東京、大阪など	2,404	1,750
	機械類	74	佐賀（70%）	-	1,371
	海産肥料	-		1,287	-
	木材	433	福岡（50%）、佐賀（41%）	1,834	3,209
	薪	18	佐賀	-	1,277
	鉄及鋼	795	福岡、佐賀	1,218	3,185
	石炭	45	佐賀、福岡、熊本	-	1,254
	合計	10,472		21,646	38,622
到着	米	4,875	佐賀（88%）、福岡（11%）	18,379	21,406
	麦類	786	岡山（36%）、広島（21%）	1,090	4,897
	大豆	47	福岡	743	1,321
	雑穀雑粉	202	福岡	1,261	1,328
	蔬菜果物	839	福岡（44%）、佐賀（32%）	1,184	4,078
	砂糖	414	福岡（86%）、鹿児島（11%）	2,594	3,585
	和酒	1,824	佐賀（68%）、福岡（31%）	4,496	4,298
	洋酒	103	福岡	1,681	-
	石油	4	福岡	2,295	2,830
	藁類及其製品	-		1,014	754
	木材	1,522	熊本（41%）、福岡（29%）	11,365	12,124
	木炭	21	福岡	1,092	822
	鉄及鋼	3,119	福岡	8,235	5,433
	石炭	34,932	佐賀	10,253	-
	機械類	254	福岡、東京、大阪	-	2,655
	合計	70,130		88,633	100,113

出典：1912年は「港湾貨物船舶及鉄道貨物統計表」（『長崎県産業施設調査』付録、1914年）、1919年と1924年は「鉄道局年報」（『近代日本商品流通史資料』第11巻）。到着合計および発送合計は『佐世保市統計書』各年。

備考：

1）いずれかの年で1000t以上の貨物のみ（「-」は記録なし）。

2）1912年（大正元）の出典資料の単位は斤。10,000斤＝6tとして換算した。

3）1912年の麦類は小麦粉、加工麦、栗蕎麦を含む。

4）1912年の雑穀雑粉は雑穀のみ。

5）1912年の蔬菜果物は甘藷を除いた数値。

6）1912年の洋酒は麦酒を含む。

7）1912年の機械類は「機械及器具類」全般。

8）1919年（大正8）の蔬菜果物は「生果」。

9）1924年（大正13）の蔬菜果物は「生野菜」、「柑橘」、「その他果物類」の合計。

10）1924年の麦類は小麦粉を含む。

11）1924年の鉄及鋼は同製品を含む。

とに作成した(58)。同資料には、九州における主要産物の駅別発送高・到着高、港別移出入高が記録されており、一九二〇年代の九州沿線地方の物流構造を把握することができる。ただし、不足するデータもあるので『大日本帝国港湾統計』と鉄道省発行の諸統計で補っている。

まず米については、一九二三年に鉄道で二万五〇〇〇t弱（その多くは佐賀米）が佐世保市に流入しており、そのほかにも船舶で五五四t、車馬その他で四〇〇〇tが運ばれている。[59] それらの多くは市内で消費され、全体の約五分の一が船舶によって他地域へ移出されている。表1-8の数値と異なるが、同年の『大日本帝国港湾統計』によれば、佐世保から船舶で移出された米三一五〇tのうち、五島に一二五〇t、長崎に七〇〇t、松島に五八三t、蠣ノ浦島に五〇〇tが運ばれた。それに対して、長崎港の米移出高は四四六二tであり、主な仕向地は五島一九一六t、天草七一七tであった。[60]

魚介類については、佐世保に移入した大部分が鉄道で移出されており、市内での消費量は全体の四%に過ぎない。ただし、別の資料によると、一九二四年に市営魚市場で取引された魚介類のうち市内向けの取引金額が全体の約三五%、海軍向けは六%を占めていた。[61] 表1-8の魚介類には肥料や缶詰なども含まれているため、同表の鉄道移出高が鉄道省の統計

表1-8　佐世保市の貨物集散状況（1922～23年）　（単位：t）

		米（1923年）	魚介類（1923年）	清酒（1923年）	砂糖（1923年）	木材（1922年）
生産高(a)		513	97	273	-	-
移入(b)	鉄道	24,787	2,430	4,044	3,460	11,340
	船舶	554	20,539	1,081	41	16,817
	車馬その他	4,000	0	-	-	-
小計（a+b）		29,854	23,066	5,398	3,501	28,157
醸造用消費(c)		232	-	-	-	-
移出(d)	鉄道	328	21,840	-	-	4,534
	船舶	5,289	397	1,561	284	4,675
	車馬その他	0	0	-	-	-
小計（c+d）		5,848	22,237	1,561	284	9,209
市内消費高(a+b-c-d)		24,006	859	3,837	3,217	18,948

出典：米と魚介類は『産物と其の移動』上巻（1925年、225頁）、中巻（1926年、414頁）。清酒の生産高は『佐世保市統計書』（1石＝0.18tで換算）、それ以外の清酒の数値は『産物と其の移動』下巻（1927年、197、200、201頁）。砂糖は『産物と其の移動』下巻（338、340、341頁）。木材の鉄道移入は『産物と其の移動』中巻（104頁）、鉄道移出は鉄道省運輸局『鉄道輸送主要貨物統計表』（1922年）、船舶移出・移入は『大日本帝国港湾統計』。

備考：
1）「-」は不明。
2）米6石＝1tで換算した。
3）魚介類は1,000貫＝3.75tとして換算した。
4）魚介類には肥料や缶詰製品なども含まれる。
5）魚介類の消費高は差引合計（生産高と移入の合計から移出を差し引いた数量）と合致しないが原典どおり。
6）清酒の船舶移出入には焼酎、麦酒を含む。
7）清酒、砂糖、木材の消費高は生産高と移入の合計から移出を引いた数値。

（前掲表1-7、一九二四年の生鮮魚と塩干魚の数値）に比べて過大となり、その結果として市内消費量が少なく算出された可能性もある。いずれにしても、大量の魚介類が佐世保駅から発送されており、前掲表1-7の一九二四年鮮魚発送高六八三二tのうち、主要な到着駅は大牟田八三一t、梅小路八二六t、久留米七〇五t、熊本六九九tであった。[62]その他、佐賀五八六t、飯塚二七二t、直方二八五tなど北部九州の産炭地域にも輸送されている。

清酒、砂糖、木材についいては市内消費高が資料に記載されていないため、表1-8では、生産高と移入高の合計から移出高を引いた数量を消費高としている。清酒については、鉄道移入高四〇四四tのうち発送駅は福岡の矢部川、久留米、佐賀の武雄、久保田であり、船舶移入高一〇八一tのうち主要な仕出港は長崎、門司、大阪であった（船舶移出入には焼酎と麦酒を含む）。移入した酒の多くは市内とその周辺で消費されたものとみられる。他方で、佐世保から和洋酒一五六一tが船舶で五島（六六四t）、平戸（三六九t）、松島（二五三t）などに運ばれている。同年の長崎港の和洋酒移出高は二〇四二tで、主な移出先は五島一二一二t、佐世保二三七t、蠣ノ浦島一四一tであった。

砂糖については、鉄道移入の三四六〇tのうち主要な発送駅が門司一〇六七t、荒木四五六t、大里四一九t、大牟田四〇六tであった。佐世保からの船舶移出二八四tは五島、平戸、松島に向けられたものである。長崎港の場合、同年の砂糖移出高四六九tのうち三〇〇tが五島に運ばれている（天草が八二t）。

木材に関しては、一九二二年の鉄道移入高一万一三四〇tのうち、主な発送駅が久留米二二七八t、鹿児島七〇八t、羽犬塚五九〇t、吉塚五四〇tであり、船舶による移入高一万六八一七tのうち主な仕出港は八代、大牟田、能代であった。[63]佐世保からの船舶移出高は、四六七五tのうち五島行き一八三三t、松島行き二三七五tであったのに対し、長崎港の木材移出は五島行き一五三八t、その他四三三tと少量であった。

以上のとおり、一九二〇年代において、佐世保市は北松浦郡（平戸）と南松浦郡（五島）から魚介類を移入し、その一部を九州の都市部や炭鉱、遠隔の大都市に移出していた。また、陸海路で運ばれてきた米などの食料品、酒、建築用・坑木用木材を、北・南松浦郡や西彼杵郡の漁村、炭鉱に移出するようになっており、九州屈指の貿易港であった長崎を補完する集散地としての側面を持つようになったと考えられる。[64]

第三節　「商港」機能の拡充

㈠　佐世保市の産業振興策

集散地化の様相を見せ始めた佐世保市は、軍縮期の一九二〇年代半ば頃から道路建設など都市計画事業に乗り出すとともに、「『産業立市』の旗幟を鮮やかに振り翳し」、新たな市営事業の開始、各種産業に対する調査などに取り組んでいった。この「産業立市」の理念を明確に示すことはできないが、それは海軍の存在を前提としつつ、「物資の集散、呑吐の意味を含む産業都市」を目指すというものであった。[65]

一九二六年（大正一五）、佐世保市は「将来ノ産業奨励方針」を策定するために産業調査会を組織し、京阪神地方および平戸や五島方面の視察を行うなど、農業・水産業・林業・商工業に関する調査をすすめた。[66] 産業調査会の報告書によれば、佐世保市の根本方針は「商工併進主義ニ依リ発展策ヲ講」じ、「商工相関聯シテ産業の隆盛を導くことにあった。[67]

すなわち「商業ノ繁盛ヲ図」るため、港湾施設の完備、海陸交通機関の整備、倉庫の設置などをすすめ、「本市ノ商圏扶植拡張ニ努力」するというもので、佐世保市を「理想的大工業都市タラシムベキ具体的方策」

はないが、「商業ノ発展ト相俟テ将来或程度迄ハ之（工業：引用者）ヲ発達」させることができるという考えであった。港湾施設の改善と航路の整備を重視し、「将来一層仲継港トシテ物資ノ集散呑吐場」としての地位を高め、「近海ニ於ケル豊富ナル水産物ヲ本市ニ吸集スルト同時ニ離島ヲ本市商品ノ主タル販路トシ、更ニ満鮮トノ取引増進ヲ図ルハ本市商工発展ノ第一要件ナリ」とした。

離島との取引については、船舶の出入の円滑化を図るべく関係筋に協力を求め、調査や宣伝を行うなど、取引増進、販路拡張の必要性が指摘されている。朝鮮との直接取引については、産業調査会の働きかけによって、すでに一九二六年に釜山～佐世保航路が開設されていた。釜山航路は長崎～壱岐～対馬を経て釜山に至る航路で、佐世保市が「朝鮮本土トノ取引ヲ密接ナラシムルベク」対馬商船と交渉し、年額三〇〇〇円の補助金を交付することで年一二回の寄港が決定していた。産業調査会によれば、朝鮮本土との取引開始は「本市ノ蒙ル利益相当大ナルモノ」になったと評価されている。それに対して、この調査時点で満洲方面との取引はほとんどなく、同地の「豊富ナル物資ノ直移入」のために大連航路の開設が求められた。

また、港湾施設の改善に関して、佐世保市は一九二六年に小佐世保川《こさせぼがわ》河口（塩浜町と三浦町間の干潟）の浚渫・埋立と市営魚市場の新築を決定している。市営魚市場は取引高を年々増大させており、万津町の建物が狭隘となったため、三浦町の佐世保停車場裏に移転して規模を拡張することが計画された。その際、小佐世保川河口の三浦町の沿岸は「雨毎ニ土砂ノ流出顆シケレバ海面ハ浚渫ヲナスニアラサレバ漁船ノ出入ニ支障ヲキタス」という問題が浮上した。そこで、鎮守府の了解を得たうえで、三浦町地先と塩浜町地先の浚渫・埋立工事を開始し、一九二九年（昭和四）には繋留岸壁を完成させ、埋立地に魚市場を移転させた(68)。その翌年には、船の繋留地を確保するため、佐世保川沿岸（万津町岸壁）の浚渫・護岸工事を鎮守府に申請し、繋留岸壁を築造していくことになる(69)。

産業調査会が提言したとおり、佐世保市は「将来ニ備フル為須ク港湾設備ヲ完成スルト共ニ航路ノ整備ニ努力」し、商工業の発展を企図したのである。(70)

(二) 貨物の移出入状況

次に貨物の移出入状況についてまとめておく。佐世保駅の貨物量は第一次世界大戦後から一九三〇年代前半まで停滞的に推移し、到着高は約七〜一〇万t台、発送高は約四〜五万t台であった。船舶貨物に関しては、一九二〇年代半ばから三〇年代初頭まで移出四〜五万t、移入一四万〜一七万t台で推移したが、昭和恐慌後に再び増加しはじめ、一九三五年(昭和一〇)に移出は約一〇万t、移入は約三〇万tに達した。(71)

一九二八年、三二年、三六年における船舶貨物の価格上位五品目を示した表1-9によると、一九二八年の移入に関しては生魚、塩魚・乾魚が金額ベースで三割弱を占めており、魚介類の主要な供給地は南松浦郡の五島と北松浦郡の平戸と小値賀となっている。また、金属ないし金属製品の移入額の増加、一九二六年に定期航路が開設された釜山からの朝鮮米の移入が注目される。移出に関しては五島列島や周辺炭鉱(崎戸・蠣浦島や松島)への米、酒、生活物資のほか、崎戸への金属・同製品が確認できる。昭和恐慌からの回復過程に入った一九三二年、そして一九三六年においては、大阪からの金属・同製品、衣料品関係の移入が急増しており、全体に占める魚介類の地位が低下している。移出に関しても、最大の貨物が金属・同製品(主に大阪向け)に移り変わっている。

表1-10は、一九二九年、三二年、三六年の佐世保駅発着貨物を示している。到着に関しては、第一次世界大戦期と同様に米が最重量貨物であり、木材、鉄および鋼製品の移入高も多い。一九二九年と一九三二年の間には、航空機の移入をのぞくと大きな変化が見られないが、一九三六年になると米、木材に加えて、機械、人

造肥料、石炭、セメント、石油、丸太類の移入増が著しい。発送に関しては、魚介類（活鮮魚介蝦類と塩乾魚介蝦類の合計）が減少していることが特徴としてあげられる。その後の魚介類の発送高は、一九三七年二九〇九t、一九三八年三八九二tと推移しており、停滞ないし減少の傾向をみせている[72]。一九三〇年代から貨物自動車が普及しはじめ、有田や武雄などの佐賀県各地、久留米や大牟田など筑後方面への輸送に自動車が利用されるようになったことが、鉄道輸送量の減少要因の一つとして考えられる[73]。

魚介類にかわって発送量を増加させたのは人造肥料で、その他にも石炭と鉱物、鉄および鋼製品の増加傾向が顕著である。人造肥料は一九二七年から生産高が急増しており、佐世保市において大きな位置を占める工業部門となっていた[74]。満洲事変後には、海軍工廠で部署の新設や工場の拡張がみられたこと、それにともなって民間の鉄工場が発展していったことが指摘されており[75]、貨物の移出入状況の変化は佐世保の工業化を示すものと捉えることができる。

（単位：t、円）

5	総額
綿および綿織物	
210,885	5,032,649
4%	
132	48,809
平戸（33%）	
五島（14%）	
松島（8%）	
米	
421,039	9,073,835
5%	
2,165	163,382
釜山（28%）	
瀬川（11%）	
江迎（11%）	
製造煙草	
543,583	7,769,315
7%	
1,035	66,867
瀬戸（27%）	
平戸（26%）	
福江（21%）	
衣類同附属品	
692,841	13,578,453
5%	
676	259,741
大阪（88%）	
製造煙草	
598,996	12,177,412
5%	
1,033	99,815
瀬戸（33%）	
平戸（17%）	
衣類同附属品	
852,245	22,903,485
4%	
690	327,192
大阪（83%）	
その他	

表1－9　船舶貨物の価格上位五品目（1928～1936年）

			1	2	3	4
1928年（昭和3）	移出	品目	米	和酒および洋酒	石炭	金属・同製品
		価格	739,035	671,069	247,680	220,953
		比率	15%	13%	5%	4%
		数量	3,734	2,927	20,640	850
		仕向先	蠣浦（15%）	崎戸（16%）	長崎（51%）	崎戸（25%）
			松島（11%）	福江（12%）	大阪（48%）	平戸（10%）
			崎戸（11%）	蠣浦（9%）		その他
	移入	品目	生魚	塩魚・乾魚	金属・同製品	薪
		価格	1,508,794	775,645	685,511	433,850
		比率	17%	9%	8%	5%
		数量	4,013	3,090	2,874	62,300
		仕入先	五島（41%）	五島（57%）	大阪（85%）	対馬（16%）
			小値賀（13%）	平戸（16%）	八幡（8%）	大村（13%）
			平戸（10%）	小値賀（12%）		八代（9%）
1932年（昭和7）	移出	品目	金属・同製品	米	和酒および洋酒	衣類同附属品
		価格	706,132	630,476	618,796	549,095
		比率	9%	8%	8%	7%
		数量	3,125	4,776	2,724	669
		仕向先	大阪（38%）	五島（34%）	五島（22%）	五島（16%）
			崎戸（8%）	崎戸（14%）	崎戸（15%）	その他
			平戸（8%）	松島（9%）	松島（11%）	
	移入	品目	生魚	金属・同製品	米	木材
		価格	1,578,384	1,378,676	841,780	775,072
		比率	12%	10%	6%	6%
		数量	5,480	6,732	6,540	30,757
		仕入先	五島（34%）	大阪（93%）	釜山（43%）	大阪（45%）
			長崎（11%）		平戸（8%）	八代（8%）
			小値賀（7%）			
1936年（昭和11）	移出	品目	金属・同製品	米	和酒および洋酒	絹および綿織物
		価格	1,382,772	874,740	811,126	609,908
		比率	11%	7%	7%	5%
		数量	4,899	4,780	3,048	422
		仕向先	大阪（31%）	五島（29%）	五島（27%）	平戸（23%）
			その他	崎戸（18%）	崎戸（12%）	五島（16%）
	移入	品目	金属・同製品	生魚	米	絹および綿織物
		価格	3,089,307	1,781,598	1,455,339	1,038,086
		比率	13%	8%	6%	5%
		数量	15,128	5,710	7,904	681
		仕入先	大阪（84%）	小値賀（7%）	釜山（60%）	大阪（78%）
			門司（4%）	青方（7%）	内地（39%）	その他
			その他	その他		

出典：『大日本帝国港湾統計』各年。
備考：
1）1928年（昭和3）の塩魚・乾魚にはその他海産物を含む。
2）米は内地米と朝鮮米の合計。
3）1936年（昭和11）の金属・同製品は、鉄類、銅、銅鉄錬鉄、金属管の合計。

表1-10　佐世保駅の主要発着貨物（1929〜1936年）

到着　（単位：t）

品目	1929年（昭和4）	1932年（昭和7）	1936年（昭和11）
米	17,608	18,583	26,154
木材類	9,770	11,089	19,522
鉄及び鋼製品	4,420	2,208	4,497
砂糖類	4,188	4,083	4,341
機械類	2,427	2,092	5,140
小麦粉	2,414	2,502	2,770
人造肥料	2,299	3,119	5,401
木炭	2,101	3,794	3,709
清酒	2,042	1,583	1,472
果物類	1,785	2,440	2,867
藁及び藁製品	1,755	1,528	1,455
麦	1,614	1,340	1,513
薬品類	1,412	1,356	2,109
機械油	1,339	1,289	1,195
麦酒	1,266	1,374	2,336
生野菜	1,222	1,579	1,825
雑穀	1,026	667	640
醤油	957	659	1,579
鉄及鋼	923	1,055	1,575
硝子類及びその製品	919	1,010	1,161
石炭	917	847	4,532
石油類	892	1,686	5,558
石灰	624	826	1,716
銅線	501	431	1,403
煙草	443	882	1,189
セメント	227	152	2,305
活鮮魚介蝦類	195	494	1,340
丸太類	-	1,192	4,722
航空機	-	1,250	3,119
合計	96,183	111,434	166,962

発送　（単位：t）

品目	1929年（昭和4）	1932年（昭和7）	1936年（昭和11）
人造肥料	10,065	14,593	10,788
活鮮魚介蝦類	6,072	4,848	2,753
石材	2,460	726	-
魚肥	1,909	1,794	2,176
塩乾魚介蝦類	1,284	1,128	813
鉄及び鋼製品	803	543	2,239
石炭	509	1,510	3,913
生甘藷	502	7	1,395
機械類	451	524	1,660
鉱物	173	1,111	3,815
石油類	56	72	1,264
合計	40,894	41,382	49,589

出典：1929年の内訳は門司鉄道局『主要貨物発著関係駅別年報』（昭和4年分）、合計は『佐世保市統計書』1929年。1932、36年は『主要貨物統計年報』門司鉄道局分。

備考：いずれかの年で1,000tをこえる貨物のみ（「-」は記録なし）。

(三) 相浦港への「商港」移転

以上のとおり、満洲事変後の佐世保市では、魚介類、米、木材といった食料品および資材類に加えて、鉄鋼製品や機械、人造肥料などの重化学工業品の移出入が増加していた。こうした状況下において、佐世保市と海軍との間で港湾利用をめぐる利害対立が表面化した。

一九三二年(昭和七)、物資を「集散、呑吐」する産業都市を目指していた佐世保市は、前述の産業調査会の提言を容れて、満洲方面との直接取引のために大連航路の開設を企図した。佐世保商工会議所の後押しをうけ、市会は大連航路を経営する北九州商船に対して年間七〇〇〇円(うち一〇〇〇円は佐世保商工会議所の負担)の補助金交付を決議し、佐世保への寄港を促すこととなった(76)。佐世保鎮守府に対しては、「本市ヲシテ大連方面ニ於ケル物資ノ集散地タラシムルト共ニ本市生産品拡強ニ資セン」とする目的をもって、大連航路開設(外国貿易船の入港)の許可をもとめた(77)。

市の要望をうけた佐世保鎮守府は、不許可の方針を示すため、(一)「出入許可部外船舶ノ最大噸数ヲ千噸(全長二〇〇呎以内)ト限定シ之ヲ佐世保市ニ通告スルコト」、(二)「相ノ浦港ニ條件附外国貿易船ノ入港ヲ容認スルコト」という案を策定している(78)。鎮守府としては、佐世保は不開港場であり、外国貿易船の入港は関税の問題から実現困難とみていた。しかし、大蔵省が内地貿易船への資格変更(朝鮮での資格変更手続き)を許可することも想定された。その場合、軍港要港規則をもって、このような望ましくない船舶の「入港ヲ拒否スルコトハ正面ノ理由」とならないため、「部外船舶ノ出入ヲ合理的ニ制限シ得ル根拠」を用意しなければならないと考えていた(79)。そこで、「現在部外船舶錨地トシテ許可シアル海面(俗称商港)ハ之レ以上拡大スルコトハ絶対ニ不可能ナリ、又其出入航路モ現在以上之ヲ拡大スルコトモ亦絶対ニ不可能ナリ」という方針を打ち出した。商港部分の海面および航路の拡張は限界に達しているため、「入港許可汽船ハ千屯級（全長二〇〇呎内外）ヲ以テ限度トシ其ノ同時入泊隻数ハ二隻以内ナルヲ要ス」と定め、船舶規模の側面から大連航路汽船の入港を制限しようとしたと思われる。

また、船舶出入制限を設けた場合、佐世保市は商港を他の地に求めざるをえないので、佐世保鎮守府としては何らかの措置が必要であろうとも考えていた[80]。一九二〇年代から移転候補地にあがっていた日宇は、佐世保航空隊の建設地であり、佐世保港口を通過するため「絶対ニ之ヲ避クルヲ要ス」とされた。それに対して、佐世保の北西部に位置する相浦《あいのうら》港は、一九三〇年（昭和五）時点で軍港境域外に設定されており、佐世保市の「外港トシテ恰好ノ位置ニ」あることから、同地への寄港を認めることとした[81]。

第一の方針が実施されたのか定かではないが、大連航路の開設は佐世保鎮守府の意向によって取りやめとなり、方針を転換した佐世保市は、相浦町と連携協力して「相ノ浦寄港運動」を展開していった。その結果、一九三三年八月から北九州商船の大連航路汽船が毎月三回のペースで相浦港に寄港することが決定した[82]。相浦港も不開港場であるため、仁川から博多に向かう際には沿海通航船に、仁川から大連に向かう際には外国貿易船に、朝鮮総督府がそれぞれ資格変更の手続きを行った。

すでに相浦港は一九一六年（大正五）に築港工事が竣工しており、北松炭田の石炭積出港として整備されつつあった。また、一九一八年には佐世保～相浦間の定期自動車路線が、一九二〇、二一年には相浦～柚木間、佐世保～大野間の佐世保軽便鉄道が開通し、佐世保市と相浦港を結ぶ交通網が形成されていた[83]。一九三一年（昭和六）時点で相浦港の石炭移出高は約六〇万ｔに達し、平戸や五島方面からの客船、漁船の入港も増加していた[84]。一九三三年（昭和八）、大連航路を開設した相浦町は、長崎県との共同事業として相浦港修築工事に着手し、浚渫・埋立工事、岸壁の延長工事などをすすめていった[85]。

その一方で、佐世保市においては、満洲事変後に軍事施設が拡充されるとともに、軍港内での測量やスケッチの禁止区域が拡大されるなど、海軍による各種制限が厳しくなっていた。古老の回顧によれば、一九三四年頃には、従来まで自由に出入していた漁船も港口の向後崎で調べられ、許可証の所持を義務付けられたという。[86]それを裏付ける資料は未見であるが、一九三三年に「佐世保軍港細則」第八条（前述の第七条）が改正され、自由に出入錨泊できた海運を営業とする船舶についても、向後崎通過時および第二区内においては港務部の検印をうけた「旗章」を掲揚することが定められている。[87]こうした大連航路開設の失敗、重化学工業化の進展、軍港としての強化が契機となって、佐世保の商港移転が現実味を帯びていく。

一九三六年（昭和一一）頃になると、佐世保市と相浦町は臨時の調査委員を設置し、市町村合併に乗り出していった。[88]二年後の一九三八年、佐世保市への相浦町の合併編入が成立し、翌年四月から国、県、市の共同事業として大規模な相浦港改修工事が開始された。一九四五年四月に物揚場の増築、防波堤の築造などの工事がほぼ完了し、市営魚市場をはじめとする商港関係施設が、佐世保から相浦に次々と移転していったが、間もなく終戦を迎えたのである。[89]

おわりに

本章では、「商港」部分の整備過程に注目し、佐世保市における物流構造の変化を明らかにしてきた。最後に、軍港都市佐世保の特徴をまとめることで、海軍が地域経済に及ぼした影響について考察したい。

佐世保鎮守府の開庁後、軍港境域が設定され、港内での経済活動には制限が課されることとなった。ただし、佐世保川河口より東側の海面部分については、一定程度の自由な航海が民間船舶に許可された。そうした前提のもと、日露戦争の前後には、北・南松浦郡の魚介類、近隣地方の米や酒、九州南部や東北地方の木材など、大量の貨物が陸海路をつうじて市内に流入し、佐世保は消費都市として急速に発展していった。

第一次世界大戦後になると、佐世保市は食料品と魚類の公設市場を開設するとともに、「商港」部分の改修をすすめていくなかで、移入した魚介類を九州各地および本州の大都市に、生活物資と木材を近隣の島嶼部や炭鉱に移出する集散地としての性格を持ち始めた。その後の軍縮期において、佐世保市は過度な海軍依存から脱却するため、「商工併進主義」のもと、港湾施設の改善と海陸交通機関の整備を推進し、朝鮮半島、満洲方面との取引の増進を図っていった。しかし、一九三二年の大連航路開設（外国貿易船入港）問題という形で、港湾利用をめぐる海軍との利害対立が顕在化した。軍事機密を優先する海軍の意向に規定されるなかで、重化学工業化が進展するという状況下では、交易拡大を産業振興策の根本に据えた佐世保市の構想は挫折せざるを得なかったと考えられる。

以上の検討を踏まえると、鎮守府の設置をきっかけに形成された軍港都市佐世保は、両大戦間期において、周辺地域の産業発展を支える中継港の役割を果すようになったと捉えることができる。とりわけ、佐世保から食料品や資材を供給していた五島（南松浦郡）では漁獲高が増大し、大炭鉱である西彼杵郡の九州炭礦汽船（崎戸）および松島炭礦は不況下でも出炭量を維持・増加させていた。そうした意味で、海軍の存在は佐世保市のみならず、その周辺を含めた地域経済の規模拡大をもたらしたといえよう。佐世保の「商港」機能に焦点をあてた本章の分析結果は、軍港都市としての発展のあり方が、地理的環境や後背地の産業構造によって異なることを示唆している。また、佐世保市の産業振興策が鎮守府の掣肘をうけて修正され、戦時体制下での商港移転に結実したように、海軍が地域経済の自立的な発展を妨げる側面もみられた。こうした軍港都市に共通してみられる特徴は、すでに多くの研究で指摘されているが、佐世保の実例としてあらためて強調しておきたい。

（1）舞鶴に関しては、軍隊の存在に左右される人口動態と就業構造、鎮守府開設後の高額所得者の拡大と物流構造の変化が詳細なデータから裏付けられている（坂根嘉弘「舞鶴軍港と地域経済の変容」、山神達也「近代以降の舞鶴の人口」坂根嘉弘編『軍港都市史研究Ⅰ　舞鶴編』清文堂、二〇一〇年、第二章、第五章）。また、呉に関しては、鎮守府設置にともなう資産家・企業家層の成長、その後の民間軍需工場の拡大、建設業や缶詰業といった地場産業の発展が確認され、軍事施設は諸産業の活性化をもたらしたとされている（坂根嘉弘「鎮守府設置と資産家の成長」河西英通編『軍港都市史研究Ⅲ　呉編』清文堂、二〇一四年、第二章、同「陸海軍と中国・四国・瀬戸内の経済成長」（坂根嘉弘編『地域のなかの軍隊五　中国・四国』吉川弘文館、二〇一四年）。

（2）佐世保市役所『佐世保市史』総説篇（一九五五年）、産業経済篇（一九五六年）、政治行政篇（一九五七年）。

（3）佐世保市史編さん委員会『佐世保市史　通史編下巻』（二〇〇三年）、山口日都志・中島眞澄「日本海軍と佐世保」林博史編『地域のなかの軍隊6　九州・沖縄』（吉川弘文館、二〇一五年）。坂根嘉弘は、佐世保鎮守府設置後の急激な人口流入と所得上昇を明らかにしている（坂根嘉弘「軍港都市と地域社会」坂根編前掲『軍港都市史研究Ⅰ　舞鶴編』序章、前掲「鎮守府設置と資産家の成長」）。

（4）前掲『佐世保市史』産業経済篇、六九〇頁。

（5）『呉市史』第四巻、一九七六年、二六〇頁、『舞鶴市史　通史編（下）』一九八二年、八八頁。

（6）佐世保軍港内の「商港」部分とは、本論で示すとおり、民間船舶の利用が許可されていた佐世保川の東岸壁部分と佐世保駅裏の海面部分を指している（後掲図1-1、1-2、1-3を参照）。

（7）『長崎県史・近代編』（一九七六年、三八〇頁）は、一九一二年（大正元）の船舶貨物のみを取り上げて、佐世保市は「軍港基地としての消費経済中心の性格」を持つとしている。

（8）原田政美「大正期都市の市場構造」（同志社大学大学院『商学論叢』一八巻、一九八三年）、三浦忍『近代地方交通の発達と市場』（日本経済評論社、一九九六年、第一章）。

（9）飯塚一幸「日露戦後の舞鶴鎮守府と舞鶴港」（坂根編前掲『軍港都市史研究Ⅰ　舞鶴編』第一章）、同「軍拡・軍縮と舞鶴鎮守府」（原田敬一編『地域のなかの軍隊四　古都・商都の軍隊』吉川弘文館、二〇一五年）。なお、兒玉州平「戦間期商業港としての舞鶴港についての基礎的研究」(『海港都市研究』第一〇号、二〇一五年三月)は、舞鶴港のハブ港としての機能について論じている。

(10) 『呉市史』第五巻(一九八七年、第三章第五節)、林美和「軍港都市呉における海軍受容」(『年報 日本現代史 軍隊と地域』第一七号、二〇一二年)。

(11) 勅令八四「佐世保軍港境域ノ件」一八九〇年五月二一日(海軍省『海軍制度沿革』巻一五、一九四二年、二一～二二頁)。丸瀬については図1-1、図1-2を参照。

(12) 省令一〇「佐世保軍港規則」一八九〇年七月一二日(前掲『海軍制度沿革』四一頁)。

(13) 勅令三八(前掲『海軍制度沿革』二二頁)。

(14) 省令八「佐世保軍港規則」一八九六年四月一日(前掲『海軍制度沿革』四二～四三頁)。

(15) 佐世保軍港細則については「官報」第四一〇三号、一八九七年三月一〇、一一日。

(16) 「官報」第五四三五号、一九〇一年八月一四日。排水量一五t以上の「船舶」は鎮守府司令長官の許可を、排水量一五t未満の「船舟」は港務部長の許可を必要とした。

(17) 前掲『佐世保市史』産業経済篇、六八八～六八九頁。なお、深川汽船の大阪～佐世保間航路は一九二八年(昭和三)から飯野海運が経営する。

(18) 近藤鉠『佐世保繁昌記』一八九六年、四一～四五頁。

(19) 前掲『佐世保市史』産業経済篇、六八九頁。

(20) 一九〇〇年は『長崎県統計書』、一九一一年は『大日本帝国港湾統計』。なお、長崎に入港した商船は、一九〇〇年時点で汽船二七三六隻・約一四〇万t、和船一六八八隻・約二〇万t、一九一一年時点で汽船二七八〇隻・約四〇〇万t、帆船一四二隻・約一万二〇〇〇t、和船一五八五隻・約一五万tであった。船舶の規模は小さいものの、長崎をこえる隻数の商船が佐世保で活動していたことがうかがえる。

(21) 『長崎県統計書』。

(22) 以下、本章での人口に関する記述は、前掲『佐世保市史』総説篇、二三～二四頁、前掲『佐世保市史 通史編下巻』九三～九四頁を参照。

(23) 佐世保村の一部(北部)を佐世村として分離した(前掲『佐世保市史 通史編下巻』八二～八七頁)。

(24) 佐世保市役所『佐世保志』下巻、一九一五年、一五九～一六三頁。

(25) 以下、財政歳出に関しては各年の『長崎県統計書』、『佐世保市統計書』。当該期の佐世保市政については『佐世保市史』政治行政篇(一七~一一三頁)、本田三郎「市制施行当時の佐世保の実態」(佐世保史談会『談林』第一六号、一九七三年)を参照。
(26) 歳出に占める衛生費の割合は一九〇二年一四%、一九〇六年三三%、一九〇七年四五%であった。
(27) 歳出に占める土木費の割合は一九〇四年が二六%、一九一二年が一七%であった。
(28) 佐世保市は、一九〇三年(明治三六)に海軍から分水をうけ、市直営の事業として水道水の配給を開始した。二年後には海軍からの分水を前提に市営水道の敷設に着手した。電気については一九〇六年(明治三九)に大阪電燈株式会社が、ガスについては一九一二年(明治四五)に佐世保瓦斯株式会社が供給を開始している(佐世保市史編さん委員会『佐世保市史　軍港史編下巻』二〇〇三年、二六〇~二七二頁、前掲『佐世保市史』政治行政篇、八六~九五頁)。
(29) 中野健「『軍港都市』佐世保の都市形成」前掲『談林』第二九号、一九八八年、前掲『佐世保市史　通史編下巻』七五、七八頁。
(30) 前掲『佐世保繁昌記』七~九頁。
(31) 一八八八年(明治二一)に伊万里の魚問屋西徳屋が佐世保に出店したが、その二年後には相浦に移っている(前掲『佐世保市史』産業経済篇、三九一頁)。
(32) 前掲『佐世保市史』産業経済篇、一〇三頁、前掲『佐世保市史　通史編下巻』九八頁。
(33) 相浦に移住していた西徳屋、早岐で勢力をもっていた加布里屋が佐世保で開業した(前掲『佐世保市史』産業経済篇、三九六頁)。
(34) 本章では貨物統計として、おもに内務省土木局『大日本帝国港湾統計』と鉄道院(局)発行の各種統計を使用する。『大日本帝国港湾統計』では、原則として船舶に積載された貨物はすべて調査対象とされている。しかし、貨物の掲載基準は一定でなく、海軍用貨物について調査、掲載されているのかは不明である。鉄道院(局)の諸統計も同様であり、海軍の貨物を含む物流構造の全容を把握することは困難である。
(35) 『長崎県統計書』。早岐における船舶貨物の移入額は一八九六年二万円、九七年五万円、九八年一〇万円、九九年一〇万円、一九〇〇年四万円と推移している。佐世保の貨物移入量が急増したことを窺わせる。ただし、長崎港は同じ時期に約一五〇万円、一三〇万円、一六二二万円、二二五五万円、三一四一万円と推移しており、九州で指折りの貿易港であった長崎には及ばない。

(36) 一九〇六年から一九一一年までの『大日本帝国港湾統計』には、佐世保港および長崎港における鮮魚、塩干魚の移出入高が記されていない。そのため、表1-2には魚類が含まれていないが、前後の移出入状況から推察すれば、五島や平戸から相当の移入があったものと考えられる(後掲表1-5、1-6参照)。
(37) 五島のうち合計の移出額、移入額のいずれかが一〇万円を超える港として、下五島に位置する有川と福江を取り上げる。
(38) 崎戸での炭鉱開発は、明治三十年代末における調査、試錐の結果をうけて、一九〇七年一一月に九州炭礦汽船株式会社が設立されたことに始まる。崎戸で採掘された石炭は三菱合資会社(のちに三菱商事)の一手販売となり、その後、一九四〇年(昭和一五)に九州炭礦汽船は三菱鉱業に合併される(『三菱鉱業社史』一九七六年、二二六~二二七頁)。
(39) 注(36)のとおり、一九〇七年の『大日本帝国港湾統計』には佐世保港と長崎港の魚類移入高は記されていない。ただ、表1-3の福江の移出先(長崎行き生魚九六五一円)に示されているとおり、仕出港の移出先としては長崎が記録されている。
(40) 九州鉄道管理局営業課『未定稿 駅勢一覧 長崎線』一九一一年、四四二~四五四頁。
(41) 前掲『佐世保市史』産業経済篇、四〇頁。
(42) 「埋立 二 止(二)」JACAR、アジア歴史資料センター、Ref. C07090044300、明治四三年、「公文備考 土木 一九 巻一〇三」防衛省防衛研究所。
(43) 「整理(一)」JACAR、アジア歴史資料センター、Ref. C08020496100、大正三年、「公文備考 巻八六 土木一八」防衛省防衛研究所。
(44) 佐世保市『佐世保年表』(二〇〇二年)、前掲『佐世保市史』産業経済篇、六九〇頁。
(45) 「埋立(三)」JACAR、アジア歴史資料センター、Ref. C08021681800、大正九年、「公文備考 巻一〇三 土木二九」防衛省防衛研究所。以下の引用部分は佐世保市の作成した「佐世保築港起工稟申書」、「軍港内築港ニ付県費補助申請理由書」。
(46) 「佐世保港の埋築運動着手」『大阪朝日新聞』大正八年七月二九日、「佐世保港修築運動経過」『大阪朝日新聞』大正八年八月六日。
(47) 以下の築港計画に関する記述は「佐世保市商港修築に関する件(一)」JACAR、アジア歴史資料センター、Ref. C08021459300、大正八年、「公文備考 巻一〇〇の二 土木二一-二」防衛省防衛研究所、「埋立(三)」JACAR、アジア歴史資料センター、Ref. C08021681800、大正九年、「公文備考　巻一〇三　土木二九」防衛省防衛研究所。

(48)『佐世保市統計書』。

(49)「浚渫、桟橋」JACAR、アジア歴史資料センター、Ref. C08021682000、大正九年、「公文備考　巻一〇三　土木二九」、防衛省防衛研究所、「工事施行」JACAR、アジア歴史資料センター、Ref. C08050921000、大正一一年、「公文備考　巻一二四　土木」防衛省研究所。

(50)『市場年鑑』一九三五年、三六六頁。

(51)公設小売市場・卸売市場については、断りのない限り、佐世保市役所『佐世保市々営市場概要』一九二九年。

(52)その後、同業者間の競争が弊害となり、佐世保市の慫慂もあって、一九二九年（昭和四）に委託売買業者を合同した佐世保青果卸売株式会社が設立された。

(53)以下、魚市場については、前掲『佐世保市史　通史下巻』九八頁、前掲『佐世保市史』産業経済篇、四〇三～四〇八頁、佐世保市役所勧業課『佐世保市中央卸売市場指定区域内食料品卸売市場ノ状況』一九三三年、一三四頁。

(54)佐世保市が市営魚市場を開設するにあたって、委託売買業者をめぐる問屋間の争いが生じ、株式会社万津魚市場から一部の問屋が離反して佐世保魚問屋株式会社を組織した。その後、県会議員による斡旋によって両社の合併が成立し、一九二一年に株式会社佐世保魚市場が発足した。

(55)引用部分は前掲『佐世保市々営市場概要』卸一〇～一一頁。

(56)『大日本帝国港湾統計』。

(57)三浦前掲書『近代地方交通の発達と市場』第一章。

(58)門司鉄道局運輸課『産物と其の移動』上巻、中巻、下巻（一九二五、一九二六、一九二七年）。

(59)前年の一九二二年に到着した米二万三六六tの主な発送駅は、肥前山口三九八五t、佐賀二〇六五t、神崎一四九四t、北方一四八九tであった（前掲『産物と其の移動』上巻、二三六頁）。なお、一九二三年の『大日本帝国港湾統計』によれば、長崎や大牟田などから二三〇八tの米が移入しており、表1-8の船舶移入高は少なすぎるように思われる。

(60)五島と天草以外は三〇〇t未満であり、松島や蠣ノ浦島は記録されていない。なお、長崎港の数値は内国移出のみを示している。以下、船舶移出の内訳に関しては『大日本帝国港湾統計』。

(61)佐賀県が二五%、福岡県が一二%、大阪府が七%とつづく（前掲『佐世保市中央卸売市場指定区域内食料品卸売市場ノ状況』一四九～一五一頁）。

(62) 前掲『産物と其の移動』中巻（四一七～四一九頁）。
(63) 木材には坑木を含むと考えられる。
(64) 時期は下るが、昭和初期の公設市場で取引された果実および野菜も、西彼杵郡の崎戸、松島、北松浦郡の世知原、佐々といった炭鉱地域、隣接の離島方面に移出された（前掲『佐世保市々営市場概要』卸五頁）。なお、北・南松浦郡、西彼杵郡諸港の船舶移出入高が判明しないため、佐世保港と長崎港が、具体的どのような補完関係にあったのかという点について論じることはできない。ここでは仮説を提示するに留めたい。
(65) 佐世保市役所『佐世保の今昔』一九三四年、一九二頁。
(66)『佐世保市事務報告』一九二八年。なお、佐世保市は一九一八年に勧業調査会を設置し、一九二一年に七郡産業共進会を開催するなど、すでに第一次世界大戦後から産業振興に取り組んでいた（七郡は北松浦郡、南松浦郡、西彼杵郡、東彼杵郡、藤津郡、杵島郡、西松浦郡）。
(67) 以下の記述および引用は、断りのない限り、佐世保市『産業方針調査』一九二九年、商工九、三四、一〇九頁。同調査書でも海軍工廠の重要性は指摘されており、「当海軍工廠ニ建艦ヲ誘致セラルル様努力ヲ払フコトモ忘ルベカラザル重大事項ナリトス」と記されている（商工九頁）。なお、同調査書は農業・水産業・林業に関しても詳細な調査結果をまとめているが、ここでは佐世保市の基本方針となる商工業のみを取り上げる。
(68) 大正一五年六月「佐世保市塩浜町及三浦町地先埋立の件」JACAR、アジア歴史資料センター、Ref. C04015336900、大正一五年、「公文備考　土木四巻八五　海岸海面及河川四」防衛省防衛研究所、前掲『産業方針調査』（引用部分は水三五頁）。
(69)「佐世保川沿岸埋立に関する件」JACAR、アジア歴史資料センター、Ref. C05021337600、昭和五年、「公文備考　J警戒計画　巻4」、防衛省防衛研究所。一九三五年に約三〇〇ｍの岸壁が完成した（前掲『佐世保市史』産業経済篇、四三頁）。
(70) 前掲『産業方針調査書』商工三四頁。
(71)『佐世保市統計書』、『大日本帝国港湾統計』。
(72)『主要貨物統計年報』門司鉄道局分。なお、佐世保市営魚市場の出荷金額は一九二四年から一九三六年まで二百万円台であり、金額ベースで大きな変化はみられない。また、出荷金額のうち、海軍と市内の取引額が占める割合は四～五割前後を推移している（三浦前掲『近代地方交通の発達と市場』三六～三七頁）。魚介類の発送が減少した要因を、海軍および市内での消費量の増大に求めることはできないと思われる。
(73) 一九二八年の佐世保市においては、自動車四輌が貸切営業を行っており、近隣の有田、武雄地方へ鮮魚、陶器、穀物、日用雑貨品を運んでいる。また、佐世保市外からの集荷に貨物自動車が利用されるようになり、北松浦郡の相浦(山口村)や佐々村に向けて鮮魚、肥料、農産物などが輸送されていた(門司鉄道局運輸課『貨物自動車に関する調査』一九二八年、一〇五頁、佐世保市役所『佐世保市々営市場概要』一九三七年、七九頁)。
(74) 『長崎県統計書』によれば、大正末期まで生産高三七五t、三〜四万円であったのが、一九二七年に約一万七〇〇〇t、一〇〇万円にまで増大した(一〇〇〇貫＝三・七五tで換算)。『佐世保市統計書』では一九二七年から人造肥料の製造高が記されており、一九三五年まで製造高一万数千t、金額五〇〜七〇万円で推移している(一九二九年を除く)。
(75) 一九三四年(昭和九)には海軍工廠に航空機部が設置されている。また、同年には第五船渠の延長工事が完了し、その翌年に第七船渠の築造が開始された(前掲『佐世保市史』産業経済篇、一八七、一九二頁、前掲『佐世保市史　通史編下巻』二一三〜二一四頁)。
(76) 佐世保商工会議所「所報」第二一号、一九三二年五月一〇日。
(77) 佐世保市社会勧業課『佐世保市勧業施設要覧』一九三二年五月、二〇頁。
(78) 以下の記述および引用は、「佐世保軍港に於ける部外船舶出入制限と之に関連し相ノ浦港の取扱に関する件」JACAR、アジア歴史資料センター、Ref. C05023093000、昭和八年、「公文備考　J　警戒計画　巻一」防衛省防衛研究所。この方針案は、一九三二年六月五日に佐世保鎮守府参謀長から海軍省軍務局長に送られており、同年七月二二日に軍務局長は「御意見ノ通処理セラレ異存無之候」と回答している。
(79) なお、回覧をうけた軍務局員は、この引用箇所の上部に「軍事上必要アラバ総テノ部外船ヲ拒否シ得ルモノナリ」と書き記している。
(80) 史料本文には「海軍トシテハ之ニ対シ軍事上支障ナキ範囲ニ於テ相当之ヲ援助スルノ義務ヲ有ス」と記されている。ただし、当該箇所の上部には、「佐世保市ハ軍港ノ設置ニ伴ヒ発展セルモノニシテ其盛衰ノ如キハ海軍トシテハ考慮ノ要ナカルベシ」というメモがある。
(81) 軍港境域外とはいえ「佐世保軍港ノ背面乃至側面ニ位シ、戦時佐世保軍港ノ警衛取締上相当注意ヲ要スル場所」であるため、「船舶ノ出入ハ之ヲ制限センコトヲ欲ス」ともされている。
(82) 佐世保市と相浦町が、北九州商船に対する航路補助金を共同で分担することとなった。なお、往路は博多、唐津、相浦、長崎、三角、鹿児島、博多、仁川、大連の順で、復路は大連、新義州、鎮南浦、仁川、博多の順。「相の浦港に資格変更外国貿易船入港開始に関する件」JACAR、アジア歴史資料センター、Ref. C05023131800、昭和八年、「公文備考　J　警戒計画　巻一六」、防衛省防衛研究所。

(83) 一九三〇年代に入ると佐々方面（相浦港より北部）の石炭開発にともなって、佐世保軽便鉄道の路線はさらに拡張していく。詳しくは前掲『佐世保市史』政治経済篇、二二六頁、前掲『佐世保市史　通史編下巻』一六四頁、山本理佳「地形図と空中写真からみる佐世保の景観変遷」（上杉和央編『軍港都市史研究Ⅱ　景観編』清文堂、二〇一二年、九八頁）を参照。

(84) 一九三二年「相浦港湾改良趣意書」（『公文備考　J　警戒計画　巻一六』防衛省防衛研究所）。ただし、一九三一年（昭和六）における貨物の移入高は、石炭を除くと約一万三〇〇〇tに過ぎず、そのうち木材と鮮魚がともに二〇〇〇t程度であった（『大日本帝国港湾統計』）。

(85) 「相の浦港修築並に埋立工事施行の件（一）」JACAR、アジア歴史資料センター、Ref. C05023123600、昭和八年、「公文備考　J　警戒計画　巻一二」、防衛省防衛研究所。

(86) 前掲『佐世保市史　通史編下巻』二二八頁、前掲『佐世保市史』産業経済篇、四二〇頁。

(87) 『官報』第一九五〇号、一九三三年七月三日。なお、一九四二年（昭和一七）四月改正の「佐世保軍港細則」第七條では、「地方長官ノ認許ヲ得テ一定ノ時期ヲ限リ海運ヲ営業トスル船舶船舟ハ、第二区以内平瀬南東端ト第三上陸場トヲ連接シタル想像線以北ノ海面ニ限リ、予メ港務部長ノ許可ヲ得テ丸瀬以東ノ航路ヲ通航シ自由ニ出入錨泊スルコトヲ得」るとされた（「第一類　軍港／第一款　軍港」JACAR、アジア歴史資料センター Ref. C12070615600、昭和一二年、「佐世保鎮守府例規　巻一」防衛省防衛研究所）。戦時下においては、海運を営業する船舶も事前の許可を求められるようになり、佐世保港内における商船の自由な航行は禁止されたといえる。

(88) 江口禮四郎『佐世保政治史』一九三六年、四五〇頁。

(89) 前掲『佐世保市史』産業経済篇、九四頁。

コラム

『商工資産信用録』からみる佐世保の商工業者

木庭俊彦

軍港都市では鎮守府の設置とともに人口が増加し、食料品や日用品などの需要が拡大したため、周辺地域から多数の商人が流入した。なかでも、海軍に物品やサービスを提供する商人は、「御用商人」「海軍御用達」などと呼ばれ、大手商社から地元の小売商までを含む多様な「海軍御用達」の手によって、軍港都市の商業活動は活発化したといわれている。

佐世保においても、近隣地域からの商人の移住は数多くみられ、後に佐世保市を代表する実業家となった商工業者は「海軍用達又は海軍をバックとしての活躍」を基盤にしていた(1)。特に、佐賀県出身者は「寄留派」として政治団体の同志会を組織し、地元民「土着派」が結集した協和会と対立・協力しながら、ともに佐世保の発展に寄与したことで知られる。

この「寄留派」の商工業者たちが、鎮守府設置や日露戦争を契機に事業を展開し、佐世保に定住して新たな資産家層を形成したと考えられる。鎮守府開庁から一〇年経った一八九九年(明治三二)において、佐世保村で年間所得金額三〇〇〇円以上のものは六人記録されているが、そのうち商工業者と判明するのは、伊万里出身の大工で同志会の組織者として名高い市村正太郎（第一位、九六〇〇円）、醸造業を営む土着派の濱崎悌二郎と富田六蔵（ともに第四位、三二〇〇円）であった。その後、佐世保市の三〇〇〇円以上所得者は一九〇八年（明治四一）に六七人まで増加した[2]。

このように日露戦争前後に高額所得者層が拡大したことは明らかであるが、その大半を占めたと思われる商工業者たちは、一体どれくらいの資産を築いたのであろうか。ここでは、全国商工業者の資産データが継続的に得られる商業興信所発行の『商工資産信用録』を用いて、佐世保の資産家層の実態に迫りたい[3]。

『商工資産信用録』には、商工業者の氏名、住所、業種、調査年月日、正味身代（記号化された資産額）、信用程度が県別に記録されている。ただし、個人名義の資産調査を目的としているため、会社組織は対象外となっており、掲載された商工業者の選定基準も不明瞭である。また、正味身代の中身は記されていない。他の資料と比較すると資産額が過少に推計されているように見受けられ、有力な商工業者であるにも関わらず、資産なしと報告されているケースもある[4]。商工業者を網羅的に把握し、厳密な資産額を確定できるような資料ではないことに留意しなければならない。

そうした限界はあるものの、長崎県に関しては、一九〇九年（明治四二）から一九四三年（昭和一八）にかけての調査結果が残されており、佐世保市の商工業者の資産と信用度を同一の基準で長期的に知りうる有用な情報である。そこで、一九〇九年（明治四二年）、一五年（大正四）、二一年（大正一〇）、二五年（大正一四）、二九年（昭和四）、三三年（昭和八）の六つの刊行時点に絞って、商工業者の資産規模について概観してみよう（表1）[5]。

『商工資産信用録』に掲載された佐世保市の商工業者は、一九〇九年時点の一七五人から第一次世界大戦後に約三〇〇~四〇〇人にまで増加したのち、軍縮期に入る一九二〇年代後半以降に減少している。業種別でみた場合、一九〇九年をのぞいて「用達商」(用達、海軍用達)がもっとも多く掲載されており[6]、一九二五年は五三名で一三%、三三年は四二名で一六%を占めた。ただし、用達

表1　資産規模

(単位：人)

資産金額(円)		1909年		1915年		1921年		1925年		1929年		1933年	
		全体	用達	全体	用達	全体	用達	全体	用達	全体	用達	全体	用達
1,000,000	～			1	(1)	2	(1)	1	(1)				
750,000	～					1		3	(1)	3	(1)	3	(1)
500,000	～					2	(1)	0		3		2	
200,000	～	2		5	(1)	5		7		6	(2)	6	(1)
100,000	～	2	(1)			10	(2)	8	(1)	8	(1)	6	(1)
50,000	～	6		4		11	(1)	25	(1)	18	(1)	27	(1)
30,000	～	1		3	(1)	25	(1)	39	(3)	21	(2)	13	(1)
20,000	～	12	(1)	14	(1)	34	(4)	36	(3)	37	(4)	25	(3)
10,000	～	23	(1)	34	(1)	27	(3)	56	(6)	37	(5)	33	(2)
5,000	～	39	(2)	33	(1)	47	(3)	60	(7)	48	(7)	32	(4)
3,000	～	42	(1)	37	(1)	54	(6)	71	(10)	38	(2)	33	(6)
1,000	～	20	(2)	25	(3)	46	(3)	42	(6)	34	(6)	31	(6)
1	～	12	(1)	27	(4)	21	(7)	34	(8)	41	(8)	42	(15)
0			(1)	10	(2)								
不詳		16	(5)	54	(9)	34	(6)	30	(6)	40	(5)	15	(1)
合計		175	(15)	250	(25)	319	(38)	412	(53)	334	(44)	268	(42)

備考：1929年の不詳には長医秀夫（信用度も不詳）、田中丸善蔵（信用度も不詳）、田代弘蔵（信用度はA）などを含む。

表2　掲載人数の動向

(単位：人)

	1909年	1915年	1921年	1925年	1929年	1933年
①新規掲載	135	115	104	153	111	86
(うち次回非掲載)		(21)	(18)	(60)	(68)	
②前回調査より継続掲載		126	172	139	128	182
③前回より継続も次回非掲載	40	9	43	120	95	
合計	175	250	319	412	334	268

商だからといって資産金額が大きい、または信用度が高いというわけではなく、「資産なし」まで幅広く存在していることが分かる。佐世保市のなかでは資産規模が大きいと位置づけられる一〇万円以上の商工業者は、一九〇九年四人→一五年六人→二一年二〇人と第一次世界大戦後に増えている。その後、一〇万円以上層の人数は一九三三年までほとんど変わっていない。

次に、掲載された商工業者を①「新規掲載」②「継続掲載」③「前回より継続も次回非掲載」に区分した表2をみてみよう。一九二九年まで一〇〇名以上の新規掲載者が存在しているが、二五年の一五三人のうち六〇人が二九年には非掲載となっている。また、一九二九年の新規掲載者の半数以上（六八人）が三三年に同資料から姿を消している。さらに、一九二五年から二九年、二九年から三三年の間に、継続的に掲載されていた商工業者が非掲載になるケース（③）が目立つようになっている。一九三三年に資産一〇〇〇円未満層が相対的に増加しており（表1）、軍縮ないし恐慌によって、中下層の商工業者が大きな経済的ダメージをうけたことが示唆されている。

最後に、有力な商工業者（いずれかの調査年で資産額一〇万円以上を有する資産家）について確認しておきたい（表3）。一九〇九年時点で資産額一〇万円以上だったのは、山縣武彦、富田等平（六蔵長男）、川副綱隆、濱崎悌二郎の四名であった。富田と濱崎は前述のとおり土着派の酒造業者であり、富田は協和会の領袖として市会副議長および市会議長を歴任した。また、川副は佐賀出身の労力請負業者（海軍用達）で、市会議長をつとめるなど同志会のリーダーとなる人物である。濱崎を除く三人は一九三三年までその地位を保っている。

一九一五年になると、海運業で財を成し衆議院議員となる橋本喜蔵が第一位の資産家となり、その他にも百貨店佐世保玉屋を設立する佐賀出身の田中丸善蔵、呉服商の糸山文吾、金物の斎藤松之助と青木栄蔵が資産額を増やしている。これら五名は、第一次世界大戦を機に飛躍を遂げ、その後も一定程度の資産を維持することに成功した人物たちといえる。なお、他の記述資料によれば、糸山を除く四名は海軍と深い関係をもっていた。

大戦ブーム期には一一名（10〜20）が一〇万円以上層に加わっているが、そのうち七名（12、14、15、16、18、19、20）は一九三三年までに非掲載となっている。この時期は、貸地、貸家、質屋といったインフレ下に資産を膨張させたとみられる業種が目立っている。軍縮期に入った一九二五年には五名（醸造業が多い）、二九年には二名、昭和恐慌後には四名が新たに加わっている。一九二〇年代半ば以降に資産額を伸ばした商工業者に関しても、その多くは明治二〇〜四〇年の間に佐世保に進出していたことが注目される。

以上、『商工資産信用録』という限定的な調査結果ではあるが、継続的なデータを積み上げることで興味深い傾向が浮き彫りになった。軍縮期の佐世保においては、資産規模が小さく、信用の薄い商工業者が激しく参入・退出していたと推測される。その一方で最上層の資産家構成に変化はなく、一〇万円以上の資産を有する有力商工業者の多くが、海軍との取引関係を持ち、議員として市政に関与しうる立場にあった（表3）。彼らの大部分は、日露戦争前後には佐世保で開業しており、市発足後の間もない時期から軍港佐世保の発展を牽引した商工業者であった。二五年という短い期間とはいえ、戦争や恐慌といった激変する環境のなかで、上層資産家（有力商工業者）の構成が固定的ないし安定的に推移したことに、軍港都市佐世保の特徴が示されているのではなかろうか。佐世保においては、一定の海軍需要が継続的に生まれたであろうこと、満洲事変後まで工業の目覚ましい発展がみられなかったことが関係しているように思われる。その当否は、他の軍港都市、重工業都市との比較検証によって明らかにされるであろう。

来歴など	佐世保市会/派閥
旧平戸藩士山縣金十郎の長男。 金十郎が1890年に塩浜町の土地を買収・整備。	議員（1902-1911） 議員（1914-1922） /協和会→同志会
1871年（明治4）生まれ。六蔵の長男。 佐世保の旧家で代々の酒造業。 「此地屈指の資産家たり」（1915年当時）	議員（1902-1934） 副議長（1918-1922） 議長（1928-1930） /協和会
伊万里村長の後、朝鮮に渡り御用商として活動。 佐世保に移住して海軍用達商を開業。	議員（1902-1926） 議長（1914-1922） /同志会
1869年（明治2）生まれ。 父は早岐の儒者多賀南。	議員（1905-1911） /協和会
1872年（明治5）中津生まれ。 長崎市の叔父橋本雄造の養子となり分家独立。 横浜で修行の後に佐世保に移住。 海軍用達商として船具、機械、金物を納入。 船を所有して海軍業にも進出。 1929年は橋本文雄、33年は養女の橋本喜佐子。	議員（1911-1918） /同志会
1881年（明治14）生まれ。初代善蔵の長男。 1806年（文化3）善吉が牛津で荒物呉服商創業。 1894年に初代善蔵が佐世保進出（呉服小売業）。 日清戦争時に海軍へ包帯を納入。 1907年に海軍共済会購買組合へ日用品の納入。 1912年（明治45）二代目善蔵襲名。 1918年（大正7）佐世保玉屋の設立。	議員（1911-1918） /中立
糸山呉服店。	
工場を所有し、おもに海軍納品物の製造に従事。 1915年（大正4）から源一。	議員（1902-1908） /実業同志会
1882年（明治15）コバルト取引のため長崎へ。 1889年（明治22）神戸で焼物商売を開始。 佐世保で洋鉄商開業へ（海軍用達）。	議員（1905-1918） /同志会
	議員（1905-1911）
1917年から1923年まで県会議員。	議員（1911-1934） 副議長（1926-1928） /協和会
	議員（1914-1922） /同志会
	議員（1911-1914）

表3　有力商工業者の一覧

	氏名	職業	資産（千円）						出身地	佐世保進出・開業年
			1909年	1915年	1921年	1925年	1929年	1933年		
1	山縣武彦	貸地 貸家	250	250	400	750	750	750	佐世保	1886年 (明治19)
2	富田等平	酒造	200	250	400	750	750	750	佐世保	
3	川副綱隆	用達 労力請負	150	250	500	750	750	750	佐賀 (伊万里)	1897年 (明治30)
4	濱崎悌二郎	酒・質 貸金 株券売買	150	200	300	300	300	100	早岐	
5	橋本喜蔵 →文雄 →喜佐子	金物 用達 船主 運送	75	1,000	1,000	1,000	250	250	長崎	1904年 (明治37)
6	田中丸善蔵	呉服 日用品	-	300	500	不詳	不詳	不詳	佐賀 (牛津)	1894年 (明治27)
7	糸山文吾	呉服	75	150	300	100	100	75	佐賀	1901年 (明治34)
8	斎藤松之助 →源一	金物	75	100	100	150	100	-	佐世保	
9	青木栄蔵	金物 船主	50	100	1,000	250	300	300	佐賀 (推定)	1898-1900年 (明治31-33)
10	太田開助	質 電気器具 鉄砲火薬	35	75	750	250	250	200		
11	佐保畢雄	貸地 貸家	-	-	300	400	400	400	柳川	
12	飯島政蔵	用達	10	普通	100	35	35	-		
13	石橋勇一	質 古着	-	75	100	20	10	10	佐賀	
14	谷口彌吉	呉服	50	50	100	150	150	-	佐賀 (伊万里)	1889年 (明治22)

海軍用達商として生魚を納入。 相浦の本家の醤油を陸海軍に納入。	
1929年（昭和4）から三浦清。	/同志会
	議員（1911-1918） /中立
本店は福岡県。	
1874年（明治7）佐賀の酒造業者佐藤家の生まれ。 酒造業小林松次郎へ養子入り（酒類販売に従事）。 1915年（大正4）に酒造業へ進出。	議員（1918-1922） /協和会
1887年（明治20）に父信太郎が醸造所を設立。 九州屈指の醸造家（丸善醤油）。	議員（1911-1914） 議員（1922-1926） /実業同志会→同志会
1857年（安政4）生まれ。 1933年は誠一。	議員（1908-1914） /同志会
1872年（明治5）生まれ。 1899年（明治32）佐賀で酒造業を開始。 佐世保移住後、和洋酒、缶詰、食料品販売を開業。 海軍御用達商を兼ねて精米業にも従事。	議員（1926-1934） /同志会
眞子伝佐衛門が砂糖、麦、乾物の販売開始。 1921年（大正10）から海軍に麦粉を納入。 1925年（大正14）から眞子益太。	
1858年（安政5）生まれ。久留米で呉服商を経営。 1924年（大正13）に株式会社大丸呉服店設立。	
長崎市の富豪（貿易商）に生まれる。 佐世保進出後、海軍用達として食料品を納入。	議員（1918-1922） /中立
1873年（明治6）生まれ。醤油味噌醸造を開業。 1912年（大正元）に味噌の海軍用達商となる。 1917年（大正6）に醤油の海軍用達商となる。	議員（1930-1934）
浅井晋三郎が佐世保に移住して呉服店開業。 1921年（大正10）から浅井茂太郎。	（浅井晋三郎） 議員（1902-1905） /協和会

『佐世保大観』（佐世保時事社、1924年）、中川観秀『長崎県大観』（長崎新聞社、
世保政治史』（1958年）、深潟久『親和銀行人物百年史』（親和銀行済美会、1984
Ref.C05022374500、昭和７年、「公文備考・Ｌ・会計・巻２」、防衛省防衛研究

産信用録』に非掲載であることを示す。

（1）佐世保市役所『佐世保市史 産業経済篇』一九五六年、一〇四頁。

（2）坂根嘉弘「鎮守府設置と資産家の成長」（河西英通編『軍港都市史研究Ⅲ 呉編』清文堂、二〇一四年、第二章）、倉嶋修司・坂根嘉弘「資料 戦前期長崎県資産家に関する基礎資料」『広島大学経済論集』第三六巻三第三号、二〇一三年、九州名誉発表会『長崎県一円富豪家一覧表』一九〇〇年六月（渋谷隆一編『都道府県別資産家地主総覧』［佐賀編・長崎編］、日本図書センター、一九九九年所収）。

15	富村与三郎	醬油用達	-	-	100	150	-	-		日露戦争前
16	森田政太郎	貸地貸家 貸金	-	-	150	150	150	-		
17	三浦高次郎 →清	製材材木	10	10	100	75	50	C	佐賀	
18	松浦森	貸地	-	-	100	-	-	-		
19	藪下瀧蔵	メリヤス 足袋	-	-	100	100	-	-		
20	新免久次郎	雑貨卸	-	20	100	不詳	-	-		
21	小林憲一	酒造	-	-	35	400	400	-	佐賀	1894年頃 (明治27)
22	古賀政一	醬油醸造	10	10	50	300	400	400	柳川	1887年 (明治20)
23	松尾良吉 →誠一	質 倉庫	50	普通	B	300	300	250	佐賀 (伊万里)	1894年 (明治27)
24	西牟田房吉	酒造 食料品	3	3	20	100	150	250	佐賀	1905年 (明治38)
25	眞子エイ →益太	砂糖 荒物 紙	3	10	35	100	100	75	佐世保	1895年 (明治28)
26	高木亀太郎	呉服	3	10	35	75	100	100	久留米	1904年 (明治37)
27	中村七平	海軍用達	-	-	-	-	250	150	長崎市	1907年 (明治40)
28	熊井茂吉	醬油 味噌	-	-	20	75	75	100	三潴郡 (大川町)	1905年 (明治38)
29	浅井カネ →茂太郎	呉服	20	50	75	75	50	200	東彼杵郡 (川棚)	1887年 (明治20)
30	田添忠敏	会社重役	-	-	-	-	-	100		
31	中山吾市	材木	-	-	-	-	-	100		

出典：各年『商工資産信用録』、堂屋敷竹次郎『佐世保人物史伝』（すいらい新聞社、1908年）、三内金左衛門
1915年)、『佐世保玉屋の変遷』（年不詳）、江口禮四郎『佐世保政治史』（1936年）、江口禮四郎『続佐
年)、「第3588号7.9.26指名契約、契約締結の件 (3)」JACAR、アジア歴史資料センター、
所。

備考：
1）いずれかの年度で10万円以上の資産を有するもの（1909年の資産規模の順）。資産額の「-」は『商工資
2）資産額のうち「普通」は信用度を示しており、2,000円以上から20万円未満層にあてはまる。
3）資産額のうち「B」は信用度を示しており、5万円以上から20万円未満層にあてはまる。
4）資産額のうち「C」は信用度を示しており、5,000円以上3万5,000円未満層にあてはまる。
5）佐世保市会は1934年（昭和9）6月の第10回選挙時までを記した。

（3）　商業興信所は、一八九二年（明治二五）に外山脩造の発意により大阪の四銀行（大阪貯蓄銀行、第十三国立銀行、第三十二国立銀行、第百四十八国立銀行）が設立した興信所である。その業務は①金融機関を中心とする会員からの問い合わせに応じて、商工業者の資産、信用、性向、営業状況を報告すること、②突発的な出来事に関する臨時調査を行い会員に報告すること、③企業や個人の信用に関する資料を作成・刊行することであった（商業興信所『商業興信所事業案内』一八九九年）。

（4）　佐世保市の場合、長医秀夫がその代表例としてあげられる。長医は海軍用達商として石炭運搬・納入業務を担い、軍港新聞など多くの会社の重役を務めるとともに、同志会の一員として一九〇五年から一九一一年にかけて市議会議員を歴任した（『佐世保大観』一九二四年などを参照）。その資産額は一九〇九年資産不詳・信用「普通」、一五年資産なし・信用「薄」、二一年資産五万円以上・信用「B」、二五年記録なし、二九年資産・信用不詳、三三年資産不詳・信用「C」であった。なお、信用「C」はおおむね資産額五〇〇〇円以上三万五〇〇〇円未満の商工業者に与えられている。

（5）　調査時期は刊行年から一年ほど前に設定されている。例えば一九〇九年の『商工資産信用録』は一九〇八～〇九年の間の調査結果である。例外として、一九二一年刊行のものに関しては、一九一九年（大正八）～二〇年（大正九）に調査が行われている。

（6）　兼業の場合もすべて「用達商」としてカウントした。他の資料と突き合わせてみると、海軍と密接な関係をもつ商工業者でも「用達」と記載されていないケースが散見され、「用達商」の正確な人数を示すのは困難である。

第二章

海軍練習兵たちの日常

—新兵教育から遠洋航海まで—

下士官兵集会所

下士官兵集会所は本章にも登場する下士官兵たちの憩いの場であった。跡地は佐世保市立総合病院となっている。

（提供）佐世保市教育委員会

西尾典子

佐世保鎮守府凱旋記念館

本章に登場する特務士官や下士官も参加したかもしれない第一次世界大戦時の地中海作戦等に佐世保鎮守府に属する艦艇が活躍したことを記念して建てられた。現在は市民文化ホールとなっている。2016年（平成28）には日本遺産にも認定された。

提供：佐世保市教育委員会

はじめに

従来の軍事史研究は政治史の一環として、ひとえに戦争そのものが惹き起こされる政治的なメカニズムであるとか、それが終結するまでの過程や諸相を分析するものが一つの潮流であった。[1] また、戦争という行為に直結する戦闘配置の再確認であるとか、それを確認する上で必要となる戦略・戦術面、あるいは作戦の遂行に不可欠な存在である武器やそれらを製造するために必要となってくる技術といった、様々な角度から分析する手法が編み出されてきた。[2] 他に戦争を捉える枠組みとしては、戦争を行う上で必要となる兵器を動かす燃料の軍事戦略上の位置づけなどにも注目する研究動向も確認できる。[3] そしてそれらの枠組みを動かす専門家である軍人、とくにその育成の専門課程である陸軍士官学校及び海軍兵学校や、陸軍大学及び海軍大学を卒業した士官などの人脈を通じて、政治的あるいは軍事的な動向に着目した研究蓄積は尚盛んである。[4]

ここで、従前述べてきたような特徴を有する軍事についての研究史を俯瞰しておく。例えば、戦争を惹起するという政治的な視点や戦争の推移あるいは、戦争状態から派生した社会的状況を分析した代表的な論考の到達点にあるのは、藤原彰『日本軍事史』（社会批評社、二〇〇六年）および野村実ほか『海軍江田島教育』（新人物往来社、一九九六年）や、その枠組みを踏襲した吉田裕・森茂樹『アジア・太平洋戦争』（吉川弘文館、二〇〇七年）などである。これらの論考などの系譜を引き継いで、戦争に至る経緯を観察した政治史的な研究群も様々に存在するが、些末なことなのでここでは捨象する。[5] また軍事衝突中の実際の戦闘配置であるとか、戦略や戦術といったものは歴史家というよりも、職能としてそれらの行為を請け負った当事者たち即ち職業軍人や、それらと協力関係にあった研究者によって編まれたものが多い。[6] 例えば、古来は孫子に代表されるような兵法書も時代は下り、日本が近代的軍事機構を構築していく上で必読とされたマハンやモルトケ、クラウセヴィッツなどが書き遺した軍事戦略研究もこの研究群に分類されるといえよう[7]。これらが誰を読書の対象者たるかを規定していたかを考察するのは一旦置いておくとして、これらの研究はいずれも共通して、闘争やその発露の一部である戦争といった、日常とかけ離れた非常時をめぐる諸相に目を向けた研究群であるといえる。

そしてこれらの研究群の興味の対象が、惹起された戦争への対処にあるという指向性を持っているが故に、これらの研究群は平時の軍隊が何をしていたのかという視点を欠いているという特徴を有している。当然のことながら、軍隊は常に非常時である戦場にいるわけでもなく、戦闘行為を常時行っているわけでもない。しかし有事の際には戦闘行為を中核としたその職能を発揮するために、平時においてもその職能に関連する業務を行っているのである。そして、この業務を熟す人材を育成する上で欠かせないものとは、軍事的な演習をもその一部に内包する技術習得を目的とした教育と、それを反映した訓練である[8]。そしてこれは、何も特別なことではなく、平時においても日常的に反復されていたことである[9]。では、そのような非日常的である戦争の武力行使の主体たる軍隊の日常とは、具体的にどのようなものであったのであろうか。本稿では、そのような日常を教育面に着目して追究していきたい。

第一節　海兵団における専門教育の意義―技術習得の一側面―

海兵団はどこの鎮守府にも所属しているが、佐世保鎮守府には当然のことながら佐世保海兵団があった。ではまずここで、海兵団の役割とその機構および機能について概観しておこう。海兵団は各鎮守府に属し、軍港の航空機に依らない空中防禦・警備および陸上の防火を掌っていた[10]。また海兵団には海兵団練習部が置かれており、ここでは海軍の特修兵となる将来の下士卒に対する教育が行われていた[11]。この点について、百瀬孝『昭和戦前期の日本』（吉川弘文館、一九九〇年）三五四頁や、佐世保市史編さん委員会編『佐世保市史』軍港史編上巻（佐世保市、二〇〇二年）三二一頁に基いてより正確に述べておくと、各海兵団に「練習部」と呼称される部局が設置されたのは、「海兵団練習部令」（大正九年勅令第一八八号）が出された一九二〇年（大正九）以降のことであるが、それ以前の時期においても海兵団での教育は慣例的に行われていた。加えて、ここで教育を受けた人材の等級は、日本海軍の組織や制度の改変上時期によって異なるが、四等兵（一九二〇年〈大正九〉に五等卒から改正、一九四三年〈昭和一八〉以降は二等兵）や五等卒であり、これが新兵と呼ばれる人たちであった[12]。

この内、五等卒（一九二〇年〈大正九〉以降四等兵）の人材は水兵・火夫（後の機関兵）・鍛冶・木工・看病夫（後の衛生兵）・厨夫（後の主計兵）に区分され、将来的に海軍に必要となる特殊な技芸に関する教育を受けた[13]。この新兵たちは、海兵団の五等卒教育課程を卒業した後には現役に残って四等卒（一九二〇年〈大正九〉年以降三等兵）に進級し、更なる選抜と教育と実践を経てそれぞれ兵曹・機関兵曹・船匠手・看護手といった役職に累進し、海軍での役割を果たす人材となっていった[14]。このことは熊谷直「下士官兵の教育と海兵団」（野村実ほか『海軍江田島教育』第三部「日本の海軍教育」（新人物往来社、一九九六年））一九八頁においても、半年間の基礎訓練を海兵団で終了した後に艦や陸上部隊に配属され、そこでも計画的な訓練を受けて下士官になってからも教育や訓練は続き、四十歳の定年を迎えるまでそのような生活が続くと言及されている。

教育機関で、将来的に専門的な役職に就く上で必要な技術を習得することの重要性は、技術者を扱った沢井実『近代大阪の工業教育』（大阪大学出版会、二〇一二年）一頁や幸田亮一『ドイツ工作機械工業の20世紀』（多賀出版、二〇一一年）iii頁の検証でも既に明らかにされている。技術者が、技術やそれのバックボーンとなる知識や学識を習得するために教育機関を経て、その後に企業へと供給されていったことは、西尾典子「戦前期日本炭鉱業における技術者の待遇」(『九州経済学会年報』五一、二〇一三年)でも言及した。換言するならば、某かの特異な技術とそれを使役する人材が存在するところには、必ず教育を行う機関が介在しているのである。日本海軍の構成員は軍人集団であるとともに、巨大な艦船とそれに搭載されている特殊な兵器を扱う技術者集団であったことからも、[15]この技術習得の過程に焦点を当てることは意義深い。この点について、従来の研究史では野村実ほか『海軍江田島教育』(新人物往来社、一九九六年)などに代表されるように、海軍士官の養成課程である江田島での教育に焦点が当てられてきた。しかし、習得する技術や知識の種類はその職能によって差異があったにしろ、技術を習得するために専門教育が必要となってくるという点においては、士官の養成が行われた海軍兵学校や海軍大学校においても、下士卒の養成を行った海兵団においても変わりはないことなのであった。

ここでいう海軍において必要とされた下士卒の特殊な技芸とは、前述した役職に見合った技術や知識のことを示している。例えば水夫であれば、実際に役職に就く上で航海や潜水に見合うだけの実技や座学が必要であったし、火夫であれば、乗船した艦の機関を動かすために必要な実技や座学を身に着けなければならなかった。加えて役割としての鍛冶や木工は、戦時・平時の別を問わず陸上や水中における艦の修繕などで必要とされていたし、艦内で生活していく上で支えとなる日用品の手入れにおいても、それらの技術を身に着けた人材は必要不可欠な存在であった。この艦内を中心とした生活や環境の維持に必要不可欠であったという点において、看護夫や厨夫として養成された人材が習得した技術や知識が、日本海軍にとってどれ程重要なものであったのかについては論を俟つまでもないことであろう。これらの人材が、海兵団では育成されていたのである。

日本海軍の場合新兵は、志願したり徴兵されたりして海兵団入りしていたのであるが、[16]実際に海兵団には、数値にして示すとどれくらいの新兵が入団していたのであろうか。表2-1は、一九一五年（大正四）と一九一七年（大正六）に各海兵団の各科に入団した新兵の人数をまとめたものである。佐世保海兵団の規模との比較のために、他の横須賀、呉、舞鶴の三海兵団の数値も併記した。表2-1によると、一九一五年（大正四）に佐世保海兵団に入団したのは合計一四二七名で、内訳は水兵八〇一名、機関兵五六五名、木工〇名、看護一三名、主厨四八名であった。この年の各海兵団の入団者数を合計人数で比較すると、横須賀海兵団入団者数は一二八〇名、呉海兵団は一四〇六名、舞鶴海兵団は九九七名と最も少なく、佐世保海兵団の一四二七名は、全鎮守府中最も多い入団者数であった。続いて、一九一七年（大正六）の佐世保海兵団への入団者をみていくと、入団者の合計は一七九二名で、内訳は水兵一〇三一名、機関兵六三一名、木工三二名、看護二二名、主厨五五名となっていた。この年の他の海兵団への入団者は、横須賀が一八四七名、呉が一六五〇名、舞鶴は最少の九三一名、佐世保は一七九二名であり、横須賀に次ぐ入団者数となった。当該期における佐世保海兵団の規模は数値的にいえば、概ねここで既述したとおりの様子であった。

表2-1　各海兵団団員数

		横須賀	呉	佐世保	舞鶴	(小計)
1915年（大正4）	水兵	608	832	801	610	2851
	機関兵	598	498	565	337	1998
	木工	10	19	0	12	41
	看護	9	14	13	11	47
	主厨	55	43	48	27	173
	(小計)	1280	1406	1427	997	5110
1917年（大正6）	水兵	1111	863	1031	526	3531
	機関兵	597	670	631	334	2232
	軍楽生	15	15	10	10	50
	木工	22	24	32	13	91
	看護	27	23	22	12	84
	主厨	75	55	66	36	232
	(小計)	1847	1650	1792	931	6220

注：大正４年については防衛省防衛研究所レファレンス番号C08020816500内、「大正４年全国徴兵表　海軍の部」をもとに作成。大正６年については防衛省防衛研究所レファレンス番号C08021183500をもとに作成。

続いて、表2-2を確認していこう。表2-2は、一九一八年（大正七）一二月の佐世保海兵団への入団者のうち水兵と機関兵を除いて、木工・主厨・看護の各種の専門分野に所属していた団員を出身地別に分類したデータである。資料不足であることは否めないが、

表２－２　所属別佐世保海兵団団員出身地（1918年〈大正７〉）

	長崎	福岡	佐賀	大分	熊本	宮崎	鹿児島	愛媛	香川	徳島	高知	合計
木工	4	4	4		5	3	5					25
主厨	9	4	4		12	3	11		5	4	6	58
看護		4	2		4	1	11					22
計	13	12	10		21	7	27		5	4	6	105

注：船匠師「回覧」（江島清治『新兵教育関係綴』西尾典子蔵、1918年）をもとに作成。

一九一八年（大正七）の海兵団員がどの専門課程に所属していたのかについての詳細なデータであることから、ここからある程度の傾向をうかがい知ることが出来る。これによると、この年に佐世保海兵団の各専門分野に所属していたのは大分県を除く長崎県・福岡県・佐賀県・熊本県・鹿児島県・宮崎県の九州各県の出身者たちと、愛媛県を除く香川県・徳島県・高知県の四国各県の出身者たちであったことが確認できる。またこの他に表2-2からは、一九一八年（大正七）一二月の入団者には鹿児島県出身者が二七名と最も多く、次いで熊本県出身者が二一名入団しており、専門としては主厨を志願した者が最多であったことが分かる。

この一九一〇年代という時期は法制度上においても、組織上においても日本海軍内で海兵団教育が確立していく直前の時期に当っている。海兵団における教育は、一九二〇年（大正九）の「海兵団練習部令」により、各海兵団における教育機関の機能が練習部に集約された際に法制度上明文化され確立されていくことになるため[17]、前述したとおりこの表の時期を含む期間は、慣例を根拠とする教育が行われていた時期であった。この練習部の教員は、教務副官と教官でこれを海兵団長が直轄していた[18]。ここで注意しておかなければならないのは、この「海兵団練習部令」は慣例で行われていたことを、後になって法規によって公認したという色合いが濃いということである。様々な分野で急発展を遂げた日本近代において、法整備がその発展に完全には追いついておらず、海軍においても現状に対して法整備面で法律が後進性を有していたことは、すでに西尾典子・宮地英敏「御徳炭鉱にみる海軍予備炭田の実態」（『地球社会統合科学』二二一—二、二〇一五年）で実証したとおりである。故に、施行された「海兵団練習部令」に直接的に影響を与え、法令上に反映されたのは直前の時期の海兵団の在り方であるために、この時期の海軍教育が施された現場の状況に着目する必要があるのである。

では佐世保海兵団においてどのような教育がなされていたのか、次節以降でより詳細に掘り下げていくこととしよう。

第二節　佐世保海兵団への入団と教育方針—教員団の心得—

団員が海兵団に所属していたということは、軍事上の要請があってそこで彼らに対して日本軍が、技芸を教育する必要があったということでもある。海兵団の教育については、本研究の先行研究にあたる『佐世保市史』軍港史編上巻三二一頁に「教育程度があまりに低く、国史などは小学校の教科書をさらに平易な内容にした小冊子で、教官も応召の特務士官で情熱もみられなかった」という風に、些か残念であった様子が指摘されている。しかしこの指摘の直前の文章を読むと、これは舞鶴海兵団の教育についての小林新一郎軍医大尉の感想一つを論拠に、佐世保においても恰もそうであったかのように類推されているだけの叙述であるため、佐世保海兵団で行われた教育の実態を検証したものではないことが分かる。では佐世保海兵団に所属していた彼らは、どのような方針の教育を受けていたのであろうか。

ここで、一つ確認しておかなければならないことがある。それは、以下に述べることである。日本軍でなされた教育の特徴のひとつが過度な精神主義であったことは、藤原彰が『日本軍事史』という著書の中で、当該期の軍事教育に批判的な立場から鋭く指摘している。(19) 確かに藤原彰が論究している軍の教育とは、主に日本陸軍についてのことではある。本稿で扱うのは海軍についてであるが、ここで陸軍で行われていた教育に着目することは、次のような意義がある。当該期の日本には、徴兵制度が存在していたため、日本社会においては陸軍で教育や訓練を受けた経験を有する成人男性の人口が圧倒的に多かった。日本海軍においても、海兵団への人員の採用方法で、徴兵と志願兵制度の両方をとっていたが、前者での採用は少数におさえられていた。個々人が陸・海軍のいずれに所属していたのかについて一端脇に置いておくとして、ここでは明治憲法下の日本において、徴兵制度の存在によって一定期間陸軍に所属し教育を受けた成人男性の人口比率が国民全体の人口比率から考えても大きいものであったということに注目しておきたい。故に、戦前期の近代日本を考察していく上で、陸軍教育が社会に及ぼした影響力を低く見積るべきではないのである。そのため陸軍において、いかなる軍隊内の教育思想が存在しており、そして人々がいかにその影響下にあったのかを確認しておくことは、当該期の社会を覆っていた思想を知る上で有益な一基軸となるのである。藤原彰論文のような、当該期の思想やイデオロギーについての批判者の論考は、安直且つ盲目的に当該期のそれらを礼賛する言説よりも、それだけ分析を精緻にしているため参考に値するといえるだろう。

それでは、軍隊で行われていた教育がどのように精神主義的であったかについて、主として藤原彰論文に基づいてここにその概観を述べておこう[20]。近代日本軍の基本的な体系をかたち作ったものは、日露戦争後を画期として根本的な改定が加えられた典範令類による制度や組織や用兵思想などであった。この体系や思想は日本の軍隊に独特のモラルやイデオロギーを生じさせることになったし、ひいてはそこから社会にスピンオフし社会の一角の空気を構成する要素にもなったともいえる。またこの軍隊内では、抑圧や拘束に基づいて兵卒の自主性を搾取した上での精神教育に重きが置かれており、殊の外「攻撃精神」や「必勝ノ信念」といったものが大切にされていた。これは、愛国心を基礎とした士気高揚と攻撃精神の発露を目的として推進された教育であった。

加えて、兵卒の教育に当たっては家族主義的な要素も導入されており、兵営や軍隊を一家族と見立て家族愛を強調する方針もとられていたが、これらは拷問や暴力や私的制裁を合理化する上での口実に利用されるに至ることとなったという。軍隊への家族主義の導入は、本来は部下や下士官への慈愛を説いたもので、過度な精神主義的教育を牽制するために企図されたものであったが、軍隊内のモラルハザードを助長するという真逆の結果を生むこととなった。そしてこれらが、日露戦争後に制定された「帝国国防方針」によって軍隊運営の方針が確立された軍隊において、実際に遂行されていた教育であった(21)。しかし、特徴としてこれらの一面を孕んでいたとしても、またそれらが後の時代でどのように理解され位置づけられるものであったとしても、軍隊内において教育活動がなされていたのは紛れもない事実なのである。

ではその活動がどのようなものであったのか、佐世保海兵団において行われた具体的な教育内容を検証していこう。一九一八年(大正七)一二月の海兵団への新兵入団に先立ち、入団者の父兄には「入団者父兄諸氏に御注意の件」という印刷物が配布された。この印刷物は、新入団員の名前部分及び配布される年月日と海兵団長の名前部分が、後から書き足される仕様になっていることからも、新兵の父兄たちに慣例として説明用に配布されていたものであったことが推察できる。これによると、佐世保海兵団で行われる教育については以下のような内容が示してあった。

一、教育

入団後約五ケ月は、将来立派な海軍々人となる土台を築き上るのに全力を尽します。一体海軍々人は、知らなければならぬ事柄が多方面に亙つて居り学ぶ科目も中々沢山あり、従つて多忙であります。其の上軍隊は時間を重んじますから、今迄不規則な生活を送つて来た人は初めの間稍々窮屈を感じますけれども、日数を経るに従ひ慣れて愉快になります。何を申しますにも、初めが最も大切でありますから私の方は勿論深く注意を加へますが、父兄の方も当人を鼓舞督励せられんことを希望致します。教育は五ケ月にて修業直に四等卒に進級、軍艦に配乗せしむる予定であります。[22]

この資料によると練習兵は、入団後五か月間は海軍軍人に必要となる勉強や技芸の習得に励み、その後四等卒に進級して軍艦に乗り込むこととなっていたことが分かる。つまりこの一九一八年（大正七）一二月入団の新兵である練習兵は、翌一九一九年（大正八）の四月までは海軍の基礎教育を海兵団で受けることとなっていたのである。加えて海兵団側は、新兵の父兄にも練習兵育成のため、精神的な協力を要請していたことが確認できる。更にこの「入団者父兄諸氏に御注意の件」をみていくと、団員が怪我や病気を患った際にその治療環境が整備されているため、薬や金銭などの仕送りが不要であることも強調されていた。[23] 加えて、団員の日々の金銭管理についても入念な管理監督を行うことも強調されている。

また興味深いのは、海兵団で生活していく上での衣食住をめぐる問題についても、父兄に安心感を持たせるように解説されている点である。具体例を挙げておくと、食事については「海軍々人の食事は、下士より五等卒に至るまで皆同じものでありまして、一日の中昼は生肉、夕は生魚を供しますから世間の中流以上のものに当ります」との説明がなされている。[24] これに続いて、週に二回は間食が提供されることも書かれており、海兵団での生活で団員が飢える心配はないことが伝えられていた。つまり佐世保海兵団に新兵として入団することで、身体生命が脅かされるような危機はないことが強調されていたのである。このように海兵団では、新入団員の父兄に対して、団員の健康上の心配がないことや飢える危険性がないことを説明し、海兵団内の安全を強調した上で、子弟の海兵団生活についての理解が求められていた。ではそれは、どのように担保されようとしていたのであろうか。

佐世保海兵団での新兵教育を開始するに当たり、教育に当たる教員各位に対してこれを直轄する海兵団長の新納《にいろ》司は、一九一八年（大正七）一一月一一日に次のような訓示を与えた。

（前略）教育は、無論勅諭の五ヶ条を基礎とする精神教育に重きを措き、技術は実用に適する様に教育して欲ひ。精神教育は、尚之を形而上の精神教育及軍紀教育に細別することを得へく、而して精神教育は主任、分隊長か専ら其の局に当って施行さるゝか、諸士は其の訓育にのみ任せす、是を補助して自ら活模範を示し、主任、分隊長の監督の下に其の任に当り、勅諭を基礎として軍人精神の涵養に努ねはならぬ。又一例を挙くれは、軍艦旗の掲揚降下に於ける際の如き抑も軍艦旗は、我々海軍々人の生命にして之を掲けて国威を海外に発揚し、いさ事あらは軍艦旗の下に討死を覚悟する。即ち軍艦旗は国権の代表的標識なるか故に、之に対しては常に敬意を表すへきものそと軍艦旗の尊重を教へてから沖島に於ける実習の時の如き、苟も此の時期に於て用便をなすか如き教班長か、座上と実地と矛盾したらんには新兵の手本となることは不可能てある（後略）[25]

この訓示から海兵団の新兵教育は、①軍人勅諭をベースに行うこと、②精神教育が重視されていたこと、③実地において実用的な技術を習得させることの三点に重点が置かれていたことが確認できる。この②の特徴については、先に紹介した藤原彰論文でも指摘されている点である。

また同時にここで注目しておかなければならないことは、この訓示から教員が教育を行う上で遵守せねばならないことが、何であったか読み解くことができることについてである。海兵団教育を行う上で、教員は新兵に日本海軍としての精神教育や軍紀教育を行う際に、教員自身が新兵に対し「活模範」とならねばならないということが強調された。また軍艦旗を尊重することなども、新兵に教育する事柄の重要案件に加えられているが、それを教える際にもまず教員たちが「活模範」として、仕事への従事やその生き様から新兵に規範を示すように戒められていた。海兵団長の訓示は、更にこう続いている。

本職は所轄長となりし以来、部下の指導に就ては是等に就て実行し来たれり。軍紀教育は、新兵の入団匆々《そうそう》より教ふる直立不動の姿勢より敬礼の方法等、各個教練に於て教ふるところのものは、軍紀の基礎にして（中略）御勅諭にも軍人は礼儀を正しくすへしと宣せ給ひ、又定年に新旧あれは新任のものは旧任のものに服従すへきものそと宣せられて居る通り、是等は主任、分隊長の訓育として座上て聞くことてあるか座上のみてなく、活模範を示して実行すへきものてある（後略）[26]

やはりここからも、新兵の教育に当たる教員サイドに繰り返し求められていたのは、教員である個々人が言動や態度に矛盾を来すことなく、日本海軍の後輩にも相当する新兵に対して海軍軍人として自覚を持ち、「活模範」を示すことだったということが分かる。ここでいわれている「活模範」とは、「軍人の姿勢態度は唯に練兵場のみてなく、如何なる時如何なる場合ても徹頭徹尾是を応用することか必要てある」ために、「自制して」示される教員側の態度を意味していた[27]。ここで強調されたのもまた、新任者が旧任者にただ盲目的に付き従うことではなく、教員たる旧任者が新任者に対して「活模範」となるよう戒める文言であった。

続いて、教育を行う人間に対してより直接的な注意喚起が図られている部分をみていこう。

（中略）此の度の新兵は徴兵にして、既に壮丁に達しては居るか軍事教育は初歩て、教員の一言一動は新兵に直接影響する。例へは、小学校の生徒か其の先生の言ひしことは、何ても正確にして善事てあるとの確信を持つか如く、所謂先入師となるものなれば朝夕の行為に注意し公平に指導することに努め、各科目に就ても決して各科の優劣を論し、我田引水の説を鼓吹し、無垢の新兵に対し偏頗の心を以て誘ふ如きことあるへからす。是等の兵員の将来に於て、専修すへき科目の如きは、勿論之を各自の希望に任すへきものにして、若し之を教員各自か我田引水の誘惑をなす時は、我全海軍か不平均の発達をなすこととなるを以て、最も慎まさる可からす。要するに、教員教班長等は公平無私、常に主任分隊長と密接なる連絡を保ち、其の指導に従て専心技術教育に任し、併て精神教育及軍紀教育上の活模範となり、完全なる基礎的海軍兵の養成に努力されんことを望む(28)

ここで教員側に求められたのは、教員各員が教育担当とする各自の専門分野を、他者の教授する専門分野と比して、その優位性を練習兵に対して喧伝するのではなく、どの分野も日本海軍の発達のためには必要なものであるということを新兵に理解させることであった。故に、各教員には自分の専門分野や他者の担当する専門分野に優劣をつけることなく、練習兵に教育することが推奨された。そしてこれらを遵守しつつ、練習兵に対して公平に接することや自己利益の追求を行わないことが教員に求められており、これらが海軍の発展に重要であるとの見解が示されていた。

この訓示を受けて、佐世保海兵団に所属していた教員の側は練習兵の指導について、「新兵教育の方針及方法が其の当を得ると得さるとは、其の関係する処如何に大なるかを、一考せよ。俗に、三つ児の魂は百迄とも云ふを、先入の性質は容易に脱却するものにあらすして終生の性質となる者なれは、人の親たるものは乳児の育方に注意する所以なり」という方針を掲げた[29]。つまり、教育を行うに当たって新兵は子供とりわけ乳児の立場に、教員は親の立場に例えられていたのである。ここからも、先に紹介した藤原彰論文で指摘されている家族主義が陸軍の軍隊教育の現場だけではなく、海兵団で行われる海軍の教育現場にも反映されていたことが看取できる。続いて、教員側の練習兵に対する態度を検討していくと、次のような姿勢で新兵教育に臨むことが理想的な在り方であるとして推奨されていた。

（前略）人の母となつて児を育つには、母は克く已れの言行を謹し、児か不良の習慣に染むなきに努めて一心不乱なるか如く、海軍兵の母たる各員も又是れに同しく其の児、即ち新兵をして良海軍兵たらしめんには、先つ自己の言語挙動を端正確実にし、事に触れ物に接して忠節敬皇の念を煥発するに勉め、又自ら模範を示して武勇の気質素の風を養成し、戦友の信義を重すへきを誘導するなかる可からす。要するに人を正うせんと欲すれば先つ己を正うし、人をして厳格確実ならしめんと欲せば先つ己を厳格確実にし、後ち之を人に及ほす可きなり。各員に於ても深く此の点に熟考して、其の職に当らん事を希望す[30]。

ここで注目すべきは、教員側の資質として何が求められていたのかということである。確かに藤原彰論文が指摘するように、軍隊の教育現場では教員側は「人の母」とりわけ「海軍兵の母」として擬えられた姿勢が求められており、家族主義が導入されていたことが確認できる。また確かに、海兵団で行われた教育もその方針では、精神教育に重きを置いていた。しかしその教員側が海兵団長から遵守することを希望されたのは、表面的ではない規範的な姿勢を「活模範」として練習兵に示しつつ、日本海軍に必要不可欠な技術を教育することであった。このような全体的な指針に対し、実際に教育を担う教員の側においても、訓示を遵守する方向で教育方針が起案されていた。故に、この教育方針が起案された当該期において、これらがただ単に建前的に位置付けられていたとするのは、些か暴論であるともいえるであろう。

第三節　木工練習兵の日常

前節から佐世保海兵団において実施された教育の論拠となる資料として引用しているのは、佐世保海兵団附きの教員であった江島清治が遺した一連の資料群である（以降これらの資料群を「江島資料」と呼称する）。この江島資料は、佐世保海兵団で実際に行われていた新兵教育を知る上でヒントとなるものである。当該期の江島清治の階級は、特務船匠准尉から少尉にかけての時期であり[31]、所属の艦船でいうと比叡乗組みの海軍士官（海軍特務士官）であった[32]。江島清治という人物は、海兵団で教育を受けて日本海軍内において実務を行いつつ、下士官から准尉を経て特務少尉となった人物である。この江島清治少尉の職分は海軍船匠師であり、既に習得した船匠としての知識や技術を練習兵に教育することもまた、海兵団での仕事の一つであった。つまり江島特務少尉は、当該期現在で比叡乗組みの海軍特務士官であり、かつ佐世保海兵団に所属した練習兵に教育を行い、専門技術を習得させる教員でもあったのである。

では、具体的にどのような教育が行われていたのかということについて、主に艦船の修繕や艦内での生活環境の維持に必要不可欠な存在であった船匠としての役割を将来的に担うこととなる、木工練習兵の佐世保海兵団での日常に注目してみよう。表2-2によると、一九一八年（大正七）一二月に佐世保海兵団に入団した新兵で、木工・主厨・看護の各専門課程を選択したものは合計一〇五名存在しており、そのうち木工練習兵に志願したのは、全体の約二八％に当る二五名であった。

表2-3　入団前来歴

氏名	出身県	最終卒業学校	入団前職業	学力成績(海兵団学力検定試験成績)				
				読書全点100点	作文全点100点	習字全点100点	算術全点100点	合計点数400点
志築近光	長崎	高等小学校一	大工	89.5	71	68	88	316.5
中島忠八	佐賀	高等小学校卒	大工	89	73	65	46	273
長田義盛	熊本	尋常小学校卒	大工	86.5	72	81	64	303.5
郡山三次	鹿児島	尋常小学校卒	大工	24	83	70	24	201
永尾安二	佐賀	尋常小学校卒	大工	72.5	77	83	24	256.5
江頭作市	福岡	尋常小学校卒	鍛冶屋	77	76	76	0	229
井上彦馬	熊本	高等小学校卒	大工	84	85	92	95	356
鶴田長次郎	熊本	尋常小学校卒	大工	80	77	85	28	270
長峰実	宮崎	尋常小学校卒	農	70.5	73	66	20	229.5
黒木市郎	宮崎	尋常小学校卒	大工	94	89	94	30	307
宮崎幹二	福岡	尋常小学校卒	大工	92.5	89	96	95	372.5
検見崎勇次郎	鹿児島	尋常小学校卒	大工	81.5	75	74	66	296.5
林義宗	長崎	尋常小学校三	大工	34	70	60	0	164
古川長作	福岡	高等小学校卒	大工	98	85	92	73	348
木佐貫国利	宮崎	高等小学校卒	大工	99	87	86	60	332
富重秀市	長崎	高等小学校一	木形	98	93	92	75	358
下和田清志	鹿児島	高等小学校卒	大工	90.5	88	83	86	347.5
松永大蔵	佐賀	尋常小学校卒	大工	95.5	72	74	54	295.5
下田保男	長崎	尋常小学校卒	指物屋	74	72	68	0	214
野崎九郎七	熊本	尋常小学校卒	大工	77	77	86	80	320
飯田猛	鹿児島	高等小学校卒	大工	94	74	80	86	334
松見道義	熊本	尋常小学校卒	大工	73		92	20	185
槁口正義	鹿児島	高等小学校卒	大工	100	89	95	68	352
森伍市	福岡	尋常小学校卒	大工	95	82	83	44	304
坂口春市	佐賀	尋常小学校卒	海軍職工	82	82	60	0	224

注：船匠師「回覧」をもとに作成。

佐世保海兵団に入団した木工練習兵の最終的な学歴および入団以前の職歴と、海兵団で行われた学力検定試験の結果を踏まえてまとめたものが表2-3である。表2-3の「入団前職業」の項目をみると木工練習兵の大半は、大工を前職とする者が二〇名と最多であった。それ以外には、鍛冶屋、指物屋、木形、農業、海軍職工などを前職とするものも各一名ずつ存在した。これらの職業は、いずれも木材を扱いそれを加工して使用する特色を持つもの、すなわち木工業従事者であり、木工練習兵が実務経験後の木工から選抜されていたことがわかる。

更に表2-3の「最終卒業学校」の項目をみていくと、木工練習兵となったのは尋常小学校を卒業した後に海兵団に入団したものが二五名中一五名と最も多く、高等小学校を卒業後に入団したものが七名であった。念のため、彼らが受けた当該期における学校教育について、近代日本の制度の上から確認しておこう。この時期の初等教育を行う教育機関は小学校で、小学校には尋常小学校と高等小学校の二種類があった[33]。このうち尋常小学校は、六年制の義務教育機関で現代の小学校に相当していた。尋常小学校で教育されていた教科は、一、二年生が修身・国語・算術・唱歌・体操で、二年時では特に国語教育に力点が置かれていたため、全授業時間の過半がこれに当てられ、三年生以上で、図画・理科・国史・地理の科目が順次加わっていった。次いで高等小学校は、三年制のカリキュラムのところもあったが、原則としては二年制の教育機関であった。高等小学校の授業は、飽く迄も初等教育の延長として位置付けられていたため、中学校で教えられるカリキュラムとも相違があり、例えば数学（代数・幾何）ではなく算術を教えるといった具合であった。木工練習兵として海兵団に入団した各位は、このような初等教育を経た上で、木工業に従事していた人材であった。

これらを踏まえ、表2-3の「学力成績（海兵団学力検定成績）」の項目をみると、海兵団での学力検定に取り上げられた試験科目は「読書」・「作文」・「習字」・「算術」の全四科目であり、これらは入団者が初等教育で習得した科目に対応していたことがわかる。[34] 検定成績の平均点は各教科一〇〇点満点中、読書が八二・〇四点、作文が七六・四四点、習字が八〇・〇四点、算術が四九・〇四点で、全体の平均点は四〇〇満点中の二八七・五六点であった。海兵団の新兵たちは全体的に算術が苦手科目であったが、文字を読んで書類を筆記する能力は習得した人材であったことがうかがえる。このことと、先述した近代日本における初等教育について合わせて考えると、飽く迄も佐世保海兵団に入団した新兵を母数とすれば、国語科目に力点を置いた初等教育機関における教育方針は、ほぼ達成されていたことがわかる。換言すると、近代日本の教育制度から見れば初等教育を経た者は、木工業従事者においても読み書きをする能力を習得しており、識字率の向上もある程度達成されていたという事実もここから確認できるのである。

海兵団に入団した彼らには海軍の基礎教育と並行して、年代により若干の就学期間の変動は存在するが、五等木工進級後に約六か月間から八か月間の実務教育が施された。[35] 練習兵たちは必要となる知識を「座学にて教授」された後に、[36] 訓練場を軍艦の沖島艦内に移して実地訓練を行うことでその習得に励んだ。[37] 練習兵たちは、潜水術や船匠術、艦船の運用術についても座学と実地を基礎とした訓練を受けた。[38] この沖島艦内での木工練習兵たちの生活や日課は、次に引用する資料に記されているようなものであった。

沖ノ島乗組中日課（当分の間）

月、火、水、木、金曜日

午前六時起床　起床後艦内手入（一ヶ教班は甲板拭掃除幷に金物及食卓等の諸手入他の一ヶ教班は本艦船匠科の日課手入

午前七時　食事用意続て食事

〃　七時三十分　　朝別科始め
〃　八時　　　　別科止め　小憩の後ち潜水出発用意
〃　八時三十分　潜水術艦発
〃　十一時三十分　潜水術中止
〃　十一時四十五分　食事用意続て食事
午后一時　　　　潜水術（艦発）
午后三時十五分　潜水術止め帰艦
〃　三時四十五分　別科始め
〃　四時三十分　別科止め
〃　四時四十五分　軍事点検
〃　五時　　　　夕食事

土曜日

午前八時迄は本艦の日課に従ひ艦内及食卓并に食器等の大掃除
午前八時三十分　艦発潜水術開始
〃　十一時十五分　潜水術止め帰艦
午后　　　　　　被服洗濯及縫繕ひ別科軍歌若くは運動

日曜、大祭日

午前八時迄は本艦の日課に従ひ艦内保存手入
次降は海兵団の指定に依る
午后　休養、別科軍歌若くは運動
雨天等の為め潜水術を施行出来ざるときは木部填隙《てんげき》、運用術等を施行す(39)

この資料が示す如く、練習艦の沖島艦内では規則正しく実務教育を中心とする訓練が行われていた。月曜日から金曜日にかけて、練習兵たちは午前六時に起床後、午前七時まで練習艦内の手入れを行った。この作業後に食事と朝別科を行い、その後の午前八時三十分から昼食事まで潜水・実地訓練に励んだ。昼食後は、午後一時から午後三時十五分まで潜水訓練がとり行われた。土曜は午前八時まで艦内の清掃を行い、その後は、午前中いっぱい潜水術の実地訓練が励行された。日曜や祭日にも別科が行われており、これが練習兵の一週間であった。

では、より具体的に表2-4と表2-5という二種類の表を用いて、沖島において行われた実務教育の詳細を確認していこう。表2-4は、一九一七年（大正六）一二月に佐世保海兵団に入団した木工練習兵が、一九一八年（大正七）に実際に受けた訓練の工程表である。次いで表2-5はこれらの訓練のうち、特に艦船の補修や新たな兵器の取付け作業を行う際に必要となる技術の一角を担う潜水訓練に焦点を当て、この詳細をまとめたものである。

表2-4をみると、木工練習兵たちは一九一八年（大正七）三月二八日から、五等木工卒業となる同年四月二三日の間に初歩的な潜水術から始めて、段階的に訓練を施されていたことが分かる。この潜水術について、

表2-4　五等木工教授予定表

月	日	曜	朝別科	午前	午後	夕別科
3	28	金	通船	潜水術　浮揚法	潜水術　浮揚法	橈漕
	29	土	大掃除用意	潜水術　浮揚法	被服洗濯　縫繕	軍歌
	30	日	拭掃除	訓育	休業	軍歌
	31	月	通船	潜水術　泥土歩行法	潜水術　泥土歩行法	橈漕
4	1	火	通船	潜水術　泥土歩行法	潜水術　泥土歩行法	橈漕
	2	水	通船	潜水術　潜水工業	潜水術　潜水工業	橈漕
	3	木	拭掃除	神武天皇祭	休業	軍歌
	4	金	通船	潜水術　潜水工業	潜水術　潜水工業	砲術
	5	土	大掃除用意	潜水術　艦底検査法	被服洗濯　縫繕	軍歌
	6	日	拭掃除	訓育	休業	軍歌
	7	月	通船	潜水術　艦底検査法	潜水術　艦底検査法	橈漕
	8	火	通船	潜水術　深度潜水	潜水術　深度潜水	橈漕
	9	水	通船	潜水術　深度潜水	潜水術　深度潜水	橈漕
	10	木	通船	潜水術　深度潜水	潜水術　深度潜水	橈漕
	11	金	退艦準備	潜水術　沖島退艦	潜水術　潜水器保存手入	算術
	12	土	大掃除用意	潜水術　潜水器保存手入	被服洗濯　縫繕	軍歌
	13	日	拭掃除	訓育	休業	軍歌
	14	月	手旗	潜水術　（試験）	船匠術　（試験）	読書
	15	火	体操	運用術　（試験）	砲術　（陸上工作）	砲術
	16	水	雑問	砲術　（試験）	砲術　（試験）	運動
	17	木	体操	木部填隙法	木部填隙法	救急法
	18	金	手旗	木部填隙法	木部填隙法	重量　図測
	19	土	大掃除用意	艦艇グレーチング修理	被服洗濯　縫繕	軍歌
	20	日	拭掃除	訓育	休業	軍歌
	21	月	手旗	艦艇グレーチング修理	艦艇グレーチング修理	算術
	22	火	体操	艦艇グレーチング修理	艦艇グレーチング修理	作文
	23	水		卒業式		

注：船匠師「回覧」をもとに作成。

より具体的な内容を表2-5から読み取っていくと、潜水術は海での本格的な潜水訓練が開始される三月二八日よりも先立って、三月一一日の午前に行われた座学からスタートしていたことが分かる。続けて表2-5をみていくと、三月一一日の午後には潜水器具を分解して手入をする訓練が実地で行われていた。更に翌三月一二日の午前には、まず陸上において潜水器具の装着訓練が行われ、同日の午後から翌三月一三

表2－5　潜水術（具体例　1918年）

施行月日	作業細目	回数	深度	時間
03.11　午前	潜水術座学	1		
03.11　午后	潜水器分解手入	1		
03.12　午前	着装法(於陸上)	1		
自03.12午后 至03.13午后	排気合弁の調整法(於貯水池)	3	1尋	5分
03.14　午前	潜水実施準備(乗艦)	1		
自03.14午后 至03.19午前	昇降法	3	自1尋至3尋	10分以内
自03.19午后 至03.24午前	海底歩行法	6	自4尋至6尋	20分以内
自03.24午后 至03.28午后	物所捜索法	7	自6尋至10尋	30分以内
自03.29午前 至03.31午后	浮揚法	3	4尋	随時
自04.01午前 至04.02午后	泥土歩行法	4	自8尋至10尋	30分以内
自04.04午前 至04.07午前	工業(於水中)	4	自4尋至5尋	竣工迄
自04.07午后 至04.08午后	艦底検査法	3	於沖島	15分以内
自04.09午前 至04.11午后	深度潜水法	6	約15尋	15分以内
04.12　午前	退艦	1		
04.14(終了)	潜水器具分解手入	2		

注：船匠師「回覧」をもとに作成。

日にかけて深度一尋（約一・八m）の貯水池において、[40]五分間×三回の割合で排気合弁の使用方法の訓練が実施された。

続いて三月一四日の午前からは、いよいよ練習艦である沖島に乗艦しての訓練が始まっている。三月一四日の午後から三月一九日の午前にかけて、一尋から三尋（約一・八mから約五・四m）の深度において、一〇分間程度の潜水を要する昇降法の訓練が三回行われた。この訓練時、練習兵が最も注意を払うように指導されたのが、呼吸状態を維持するための排気合弁の調整法についてであった。[41]

三月一九日の午後からの水中訓練では、深度もさらに四尋から六尋（約七・二mから約一〇・八m）へと変化し、潜水時間も二〇分間以内と倍増した上で、海底歩行法が実施された。この訓練は、三月一九日の午後から二四日の午前の間に、六回行われたことが確認できる。海底歩行訓練においては、空気の過不足と海中で意思疎通を図る上で必要となるハンドサインのやり方などに留意するよう注意が促された[42]。三月二四日の午後からは、物所探索法の訓練が開始された。この訓練は二四日の午後から二八日の午後にかけて行われたものであるが、深度は六尋から一〇尋(約一〇・八mから約一八・二m)となり、潜水時間も三〇分間以内と長時間化し、実行される訓練の回数も七回へと増加した。このように、沖島での本格的な潜水訓練が行われる三月二八日以前から、潜水術の基礎的な訓練は、既述のとおりに繰り返されていたのである。

海兵団における潜水訓練では、潜水深度や潜水時間、または潜水回数を徐々に増加させていくことで、新兵たる練習兵たちに訓練の成果を確実に習得させる方法が用いられていた。つまり無理はさせず、確実に潜水技術を身に着けられるような段取りが、カリキュラムとして組まれていたのである。潜水術は海水の中で行われることであるため、身体や生命も完全には安全であるとはいいきれない。海兵団側は充分に、これに配慮した訓練形式を執っていたといえよう。これは、先に海兵団に入団する新兵たちの父兄に宛てられた文章に書かれていたように、新兵たちの身体や生命の危機を軽減する上でも、重要な一階梯を海兵団側が踏んでいたことの表れでもあった。

ここで、表2-4で示した実務教育が本格化した三月二八日から四月二三日の期間を三月二八日から四月六日の期間を第一期、四月七日から四月一三日までの期間を第二期、四月一四日から四月二三日の期間を第三期と区分してみよう。すると、次のようなことがわかる。

第一期には、潜水術においては浮揚法や泥土歩行法の訓練が実施されていた。これらの訓練は、浮揚法が四尋(約七・二m)の深度で三回実施され、泥土歩行法は深度八尋から一〇尋(約一四・四mから約一八・二m)の深度の海底で三〇分間行う訓練が四回実施された(表2-5)。浮揚法の訓練では、「自己の空気の加減に依り他物に関係なく水面に浮揚」する技術の習得に主眼が置かれ、泥土歩行法の訓練では、水中の泥が多い場所で作業する際に、苦労なく歩行する技術の習得に重点が置かれた[43]。第一期には、これらの訓練に続いて潜水工業が教授・実施され、然る後に艦底検査法の習得も試みられた。

表2-5をみると潜水工業の訓練は、水中における工事作業を四尋から五尋（約七・二mから約九m）の深度で実際に行うというものであり、艦底検査法の訓練は練習艦である海防艦の沖島内で実施された。加えて日曜の休業間際には、訓育も実行されている。これらの教程とは別に、朝別科と夕別科が設けられた。第四節で詳述する実際の海上での艦隊生活において、この朝別科や夕別科で習得する、掃除や橈漕といった日常生活を支える技術もまた必要性の高いことであった。この第一期の期間において、朝別科では拭掃除や手旗や体操が、夕別科では軍歌や橈漕や砲術が実施されていた。また午后の作業として実施された被服の洗濯や修繕技術の習得も、日本海軍を支える大切な一部であった。

次いで第二期には、深度潜水に重きが置かれた。表2-5を参照すると、深度潜水は最大で約一五尋（約二七m）の水深まで潜水する訓練であったことが確認できる。この訓練は、計六回にわたり行われた。第二期の終了直前の四月一一日の午後と翌一二日の午前には、潜水器具の手入れも行われた。また、興味深いことに試験期間直前であるためか、夕別科において彼ら新兵が苦手科目とした算術も勉強されている。

続く第三期は、試験期間でもあった。項目は、潜水術・船匠術・運用術に加えて砲術で、四月一四日から一六日にかけて入念にこれらが試験された。彼らが苦手とした算術は、潜水術や船匠術および運用術の基礎となる科目の一つでもあったので、第二期の期間に重点的に勉強されたと考えられる[44]。試験期間が明けると、第三期には木部填隙法や艦艇のグレーチング修理といった、より実践的な工事の実地期間が始まった。

これらを経た上で、新兵たる練習兵たちは五等卒教育を卒業し、四等兵に累進していくのである。そしてその後も日本海軍内において、それぞれの専門性の高い職能を用いて、実地と実務を忠実にかつ一心不乱に行い、試験や選抜をクリアしながら累進していくのであった。それらを継続した先にあるのが、下士官から累進した特務士官としての階級であるとか、職能であった。そしてこれらの技術を習得した人材は、日本海軍の屋台骨を支える上で必要不可欠な存在であり、各海兵団から日本海軍へと随時供給されていったのである。

第四節　練習艦隊による航海訓練

第三節までで述べてきたように、海兵団では新兵たる練習兵の教育が行われていた。その教育に当たったのは、各海兵団で教育を受けて日本海軍に必要となる技芸を習得した尉官級の特務士官たちであった。海兵団で教務に当ったこの特務士官たちもまた、日々是訓練を熟し日本海軍の実務に当たる上で必要となる実用的な技芸を習得した人材たちであった。この人材たちは新兵たる練習兵への教務を行いつつ、自分たちに与えられた海軍内での日常の実務を遂行せねばならなかったし、更に難解な職能を遂行可能にするための技術や知識も習得しなくてはならなかった。先に紹介した熊谷直論文の一九八頁でも言及されている通り、海軍に在籍している限り、実務に必要となる教育訓練を受け続ける生活は続くのである。このことは、海兵団において教員の役割を負う人材になったとしても、日本海軍において本来の職能を遂行する能力を満たさなければならないのであるから、例外ではなかった。

この職能を鍛える訓練の一つとして、実際に艦船に乗って艦隊を組み、乗組員は海上生活におけるそれぞれの役割を果たしながら遠洋航海を行うというものがあった。これは練習艦隊による遠洋航海訓練として、近代の日本海軍の名物としても有名なものである[45]。この遠洋航海訓練は一八七五年（明治八）から始められたもので、この訓練の主眼は初級の海軍士官の養成に置かれていた[46]。即ち、この航海訓練に参加して指揮命令系統の一端を担うことは少尉候補生になった栄誉とされたことでもあり、海軍軍人の一つの到達点として、一種の憧憬の的であったようである。(47)

これらのことについて従来の研究史では、海軍兵学校を卒業した人材に焦点があてられてきたが、この遠洋航海には特務士官も、海兵団で訓練を受けた下士官や練習兵もそれぞれの役割を果たすために参加していた。(48)本節では江島資料に基づいて、海兵団から特務士官に累進した人材をも含めて、遠洋航海訓練が実際にはどのようなものであったのか、その内実をより立ち入って検証してみることとしよう。(49)

江島資料の中で練習艦隊による遠洋航海に関する簿冊は、一九一七年（大正六）のものが一冊と一九一八年（大正七）のものが二冊であり、ここから二か年分の遠洋航海に関する情報を繙くことができる。これらは江島清治が船匠特務少尉候補生の時期のものであるため、そこには船匠准尉のみた航海の準備から近海航海を経ての遠洋航海訓練の一部始終が詰まっている。

一九一七年（大正六）の遠洋航海の行先はカナダで、佐世保鎮守府から少尉候補生の練習艦として派遣された艦船は、第一艦隊第二戦隊に編入される運びとなっていた。この艦船には少尉候補生となった江島清治特務准尉は勿論、江島清治が教育を担当した下士官や練習兵もまた乗艦していた。

この旅の始まりは、まず遠洋航海の準備からであった。(50)練習艦隊では遠洋航海の前段階として、佐世保を出港した後に日本の列島沿いを北上する近海航海が行われた。この航海を通じて乗組員たちには、艦船の修理並びに艤装工事と、寄港する軍港で艦船の手入れを行いながら、艦船の操舵などの洋上生活に必要となるあらゆる技術を習得することが目的とされていた。この航海に先立ち佐世保では、一九一六年（大正五）一二月一九日に工廠の第一船渠入りした軍艦の磐手に、六か月分の軍需品や食料、被服、酒保物が搭載され、兵員の欠員補充も行われた。(51)磐手には、同月二七日にかけて艦底の補強を兼ねた塗装工事なども設された。(52)船匠特務准尉

写真2-1　磐手
日露戦争時に第二艦隊第二戦隊で活躍した装甲巡洋艦。姉妹艦の出雲ともども呉空襲の1945年（昭和20）7月まで活動した。

の江島清治は、この作業に積極的に携わった一人である。この後磐手は第一船渠から出渠し、続く二八日から三〇日の間に石炭計一五〇〇噸が搭載され[53]、年が明けて一九一七年（大正六）一月三日には、航海に必要となる磐手のトップマストも完成し[54]、佐世保海軍工廠での工事も完了した。

　磐手が航海の準備を行っている間に、練習艦隊の僚艦である出雲は先立って、一月二日に佐世保港を出港して舞鶴港に向かった[55]。遠洋航海の前哨戦となる近海航海の始まりである。一月四日、磐手も佐世保港を出港したが、この日の玄界灘は暴風で艦の動揺が激しく航行が困難であり受難の旅立ちとなった[56]。江島清治特務准尉の感想によると、「吾輩は夕食を喫する事能わず（傍点筆者）」とあるため、海に馴れた特務准尉でも船酔いをする揺れであった。翌日も天候は回復せず航行は困難なものであったが、磐手は出雲に続いて一月六日に雪の舞鶴港に無事入港した[57]。磐手はここで、遠洋航海訓練において練習艦隊の僚艦となる出雲および日進と合流した。

写真２－２　出雲

1898年進水の出雲は、その後も第一次上海事変（1932年）以後編成された第三艦隊旗艦等として活躍し、1945年７月の呉空襲で磐手ともども着底して生命を終えた。写真は1937年、上海にて撮影されたもの。

なお、ここまで読んで既にお気づきの方もいらっしゃるであろうが、これら練習艦隊に編成された装甲巡洋艦三艦は、いずれも日露戦争で活躍した艦船であった。日露戦争の経緯については周知のことであるので割愛するが、ここでは同戦争におけるこの三隻の活躍を若干であるが紹介しておく。一九〇五年（明治三八）五月二七日、対馬沖の洋上で日本とロシアの両海軍が衝突する日本海海戦が勃発した[58]。日本海海戦は日露双方の砲撃戦となったのであるが、日進は第一艦隊第一戦隊の所属艦として、出雲と磐手は第二艦隊第二戦隊の所属艦として、それぞれロシアの艦船に猛砲撃を加え、海戦に勝利した。この時聯合艦隊の殿を務めた艦が磐手であった。そのような実績を誇った艦船が練習艦に採用されていたという事実からも、日本海軍が乗船する少尉候補生たちの士気高揚を企図していたことがうかがえる。

さて舞鶴港に入った練習艦隊のその後であるが、舞鶴港停泊中には水雷を磐手の甲板上に吊り上げて、磐手艦籍に登録し直す実務作業などが行われた[59]。これらの水雷は、艦長の点検を受けた後に磐手の後部六吋火薬庫に格納され、この倉庫は艦長自らによって封蝋され封緘された。この火薬庫の前に

写真２−３　日進
アルゼンチン海軍がイタリアより購入予定だったのを日露戦争直前に日本海軍が取得した装甲巡洋艦日進は、姉妹艦春日ともども25センチ砲の威力を買われて戦艦中心の第一艦隊第一戦隊で旗艦として活躍した。日本海海戦の際、乗り組んでいた山本五十六少尉候補生が指２本を失ったり、第一戦隊司令官三須宗太郎中将が砲弾の破片で左目を失明したことでも知られる。愛知県の日進町（現・市）もこの艦にちなんでいる。写真は1918年、第一特務艦隊に属して連合国輸送船団護衛等にあたっていた当時のマルタ島で撮影されたもの。

は特別番兵が置かれ、この当番には一等水兵が交代で当てられていた[60]。なお特別番兵の交代制は、普通番兵の交代制とはことなる勤務体系で行われた。この間、兵士長と准士官の階級の者は甲板以下において交代で当直勤務に当っていた[61]。

佐世保から派遣された磐手は、冬の日本海を北上する航海に備えて、舞鶴港で準備をしなければならなかった。江島清治ら船匠部員たちは、舞鶴海軍工廠や海軍と協力関係にある民間の工場とも協力しつつ、上甲板上の海水管に防寒装置を施す作業と、中甲板の砲門に防波装置を設置する作業などを行い航海に備えた[62]。この時、磐手をはじめとする練習艦隊の艦船に乗艦している人間にも防寒服が支給された。

一月一〇日、磐手は僚艦の出雲と日進とともに舞鶴港を出港して、日本海沿側を本州に沿って北上するルートで大湊へと向かった[63]。

この日は冬の日本海名物・暴風雪で、大時化であったために航行は困難を極めた。江島清治特務船匠准尉によると「吾輩も夕食を食らる不能す（傍点筆者）」と記されているため、複数名がこの時化で船酔い状態になっていた様子がうかがえる。なおこの日の江島清治特務准尉は、巡検係を先任の船匠手の人員に交代して貰うほどの状態であった。この夜、磐手は午後九時の時点で度々押し寄せる高波によって、中央甲板から前甲板に通る停壁の防水扉が屈曲するという被害を出した。この事態に船匠部の人員は対応せねばならず、江島清治特務船匠准尉たちは動揺の激しい艦内において、この屈曲した防水扉に応急処置を施したのであった。

この日の時化では、磐手の僚艦であった出雲でも被害を出していた。出雲では一隻のカッターが流出後に大破し、上甲板上に搭載された石炭が瓦解するなどの被害が出た。もう一隻の僚艦である日進においては、特に被害が深刻で一時的に中甲板が海と化し防水蓋も屈曲し、前甲板上に備え付けられていたスチールワイヤーやハンドレールスタンションが波に攫われ流出し、出雲と同じく波により流出したカッターも大破するなどした。これらの被害に処置をなし、修繕修復作業に当たるのはいずれも各艦に乗り組んでいる船匠部員たちの仕事であった。

翌一一日と一二日の航海は順調で、一二日には磐手の所属する練習艦隊は大湊港入りをした。大湊港に到着後、船匠部では破損した艦艇の修理を行うための手続きをなしたり、石炭を搭載する作業を行ったりとその職能に準拠した業務に当った[64]。一月一四日には江島清治特務准尉は、防水扉の修理を督促するために修理工場へと出張して工事の交渉を行った[65]。翌一五日は、遠洋航海に向けて大湊港を出港する予定日であったため[66]、防水扉の修繕は急務であった。一月一五日、予定通り磐手は大湊を抜錨し遠洋航海に向かったが、暴風と吹雪のため青森港に寄港し仮泊することとなった。錨の収納と防水管理は船匠部の仕事であり、江島らはこの極寒の海上で作業をせねばならなかった。この青森県での積雪の日々は、九州地方出身の江島清治特務准尉には辛く感じられたようで、「当地の寒気は又一入にて防寒服を着しても耐へ難し」と日誌に記録されている。[67]
翌一月一六日、青森港を抜錨出港した磐手の乗組員たちは、遠くカナダの目的港に到着するまで暫くの洋上生活となった。本格的な遠洋航海が開始された一六日以降、磐手の航行は順調であり、この間江島清治特務准尉たちは、上甲板上に堆積された石炭を卸す作業や雑業などの日常業務と、部署での下士卒教育に当たった。[68]この順調な航海は、練習艦隊の乗組員たちが近海航海の時に得た、経験と危機に対応する能力を身に着けていたことに裏打ちされたものであった。一月一九日に磐手は、「暴風に会し艦の動揺甚し傾斜五十度を示したることあり」との状態に一時的に陥ったが、江島清治たちはこの危機に「充分なる処置をなし置」いて、「水防も完全」にすることで「損害等も蒙らず、各艦とも皆同じ」という結果を達成していた。[69]
一月二五日、磐手を含む練習艦隊は「東経と西経との線」、つまり日付変更線を通過した。[70]江島清治特務准尉はこの時の感想として、「日一日を短縮し再び二五日を繰返す」と書き遺している。連日の荒天のため晴れ間が珍しかったのか、この日の記事には「内地出発以来本日始めて兵員と被服洗濯を為しめらる」との記載もみられる。その後も磐手の乗組員たちは日常の業務をこなし、江島清治特務准尉らは後進の下士官教育を実施し、必要に応じて補助的な教育も行っていた。[71]一月三〇日から二月二日にかけて、航行中の磐手艦内において下士卒の進級試験も行われ、この内二月二日の試験は江島准尉の担当する船匠術の試験であった。[72]二月五日、江島清治特務准尉の乗艦する磐手は日本本土よりも七時間早い時間帯の場所を航行していた。[73]
二月に入った辺りから、練習艦隊が航行していたエリアは濃霧に見舞われ、艦船同士の衝突を防止するために、汽笛を鳴らしながらの航海となった。[74]二月六日、長い航海の末に磐手の所属する練習艦隊は、目的地である英領カナダの軍港であるエスカイモルト港に入港し、江島清治特務准尉らは、実に二三日ぶりに陸地を眺めることとなった。[75]エスカイモルトの天候は、曇りか濃霧が多いことが印象深かったようで、江島清治特務准尉はそのことも日誌に書き記している。曇りのカナダに到着したこの日も、練習艦隊の乗組員たちは日常の艦内業務に励み、江島清治特務准尉も雑業を済ませた後、午後六時からの下士卒の進級会議に参加し午後一〇時まで、実に四時間にも及ぶ会議に臨んだ。二月七日の磐手では、英国に引渡す金塊を後甲板に並べる作業が実施され、翌八日に磐手の乗組員総員立会いの下、金塊は英国軍艦サーウォーター号へと引渡された[76]。出雲と日進の僚艦二隻を伴って、バンクーバーに向かうサーウォーター号を見送った後、磐手では六日に引続きおよそ三時間に及ぶ下士卒の進級会議が開かれ、江島清治特務准尉も教員の一人としてこれに臨席した。

二月九日は、各員が被服を洗濯することから始まった[77]。これは第三節で既述の通り、海兵団で習得した日本海軍の日常を支えた技術の一つである。自分の被服を洗濯し終えた後乗組員は、乗艦する磐手の帆布を洗濯した。この日も曇りであったが、練習艦隊の日常は隊務の許認可上では、前日とは少し変化することとなった。この日の午後より、准士官以上の者に陸地への上陸許可が出されたのである。これによって江島清治特務准尉たちが何を為したかといえば、二月一〇日の午前は艦内の大掃除をした後に、人力喞筒を用いた防火教練の指導に当たり、午後この人力喞筒を分解して手入を行うといったように、連日と変わらない職能に忠実な一日を過ごしていた[78]。

日常に少しの変化が訪れたのは、二月一一日日曜である。この日、練習艦隊の第二戦隊に編入された艦船間では、各艦対抗の端艇競争が港内で、相撲や各種の競技大会が会場を出雲艦内に設けて開かれていた[79]。江島清治特務准尉は、この日の午後一時にエスカイモルトに上陸したが、当地に見るべきものなしと素早い判断を下し、電車に二〇分揺られてビクトリアを目指した。江島清治准尉は、ビクトリアの景色を「殊に政庁、ホテール、郵便局、会社等の建物は拾余階ありし昇降器に依りて昇降しあり道路は総てコンクリートをして固め人道と車道を区別し其の広さも拾数間ありて電車の間小間に自動車、馬車の往来織るが如し」と称賛している[80]。また、磐手への帰路に二人連れの英国婦人に話しかけられたが、言語が分からず残念であった旨を帰船後に磐手乗組みの艦員一同に話し、賑やかに過ごしたことも思い出深かったようである。

一二日と一三日には、兵員全員に午後五時以降の上陸許可が出されたが、その時間までの業務は前日と変わらず続けられた[81]。二月一四日午後一時からの上陸許可を受けて、再びビクトリアへと同輩六人連れで繰出した江島清治特務准尉は、政庁、博物館、統計局、公園などを「研学」し菓子とコーヒーを食して帰艦するなど[82]、外国の街並みや先進的な文化を学ぶことに熱心であった。この練習艦隊の日常にここでもう一つ着目しておくと、カナダのエスカイモルト入港後は艦内提供の食事も洋式であり、二月一七日になって漸く日本膳が提供された[83]。この久しぶりに提供された日本食は、乗組員にとって「気心も青々《ママ清々》」するものであったようだ[84]。

この日以降も、エスカイモルト在泊中の練習艦隊の日常は続く。二月一八日からは各艦へ石炭の補給作業が行われ、この日は午前七時三〇分より、磐手乗組みの兵員一六〇名を陸上に派遣して、僚艦出雲への石炭搭載補助業務が行われた[85]。翌一九日は降雪の中、出雲への石炭搭載補助業務を終えた後に、磐手への石炭搭載業務が開始された[86]。この作業中、陸上に派遣されていた兵員の一人が、桟橋より石炭の補給船上に滑落し重傷を負った。負傷した兵員は、直ちに磐手に収容され応急処置を受けたが、翌二〇日に危篤状態に陥った[87]。これを受けて船匠部員は、石炭の磐手への搬入に加えて、新たな作業を開始しなければならなかった。棺の製作である[88]。ここから艦内で死者が出た場合、江島清治特務准尉たちの所属する船匠部で、棺の製作が担当されていたことが分かる。この時製作された棺は二月二三日の葬儀の際に用いられ、この葬儀には、練習艦隊の司令官である竹下勇次郎(勇)を始め、各艦長や在バンクーバー日本領事などが参列した[89]。このように突発的な事態が起きた磐手であったが、これらと並行してエスカイモルト港からの出向準備は続けられた。これもまた、練習艦隊の日常であった。

二月二四日、練習艦隊はエスカイモルト港を抜錨して、横須賀港を目指して帰朝の途に就いた。[90] 日本への帰路もまた練習艦隊では、艦船の航行および艦内生活を支える業務一切と、部署教育を主軸とした教練の日常は続く。[91] 二月二八日、練習艦隊は海上航行中再び風浪に襲われたため、教練を中止して上甲板上に搭載した石炭を貯蔵庫に格納した。[92] 翌日も天候不順で教練は中止になったが、江島清治特務准尉ら船匠部員は午前・午後とも艦に必要となる修繕を中心とした「工業をな」さねばならなかった。[93] 続く三月二日には、防火隊派遣の教練に励みつつ、[94] 船匠部員は実務である防寒装置の撤去を行った。[95] この装置は、遠洋航海に出発するのに先立って船匠部員たちが舞鶴港で取付けたものであった。

三月の航海中、海上は落ち着いていたもようである。そのため、磐手艦内の乗組員たちは佐世保海兵団で訓練したように、武器や道具の整備や、教練の傍ら大掃除や被服の洗濯や修繕に従事するといった日常生活を続けた。[96] 磐手は三月八日に、ちょうどエスカイモルトと横須賀の中間地点に差し掛かった。[97] 翌九日は暴風波浪の日で、一〇日は晴天にも拘らず波のうねりが高い日であったが、乗組員はこれに対処しつつ日課を熟すことに努めていた。[98] 航行を続ける磐手は、再び標準時子午線を跨いだ。その時のことを江島清治特務准尉は「本日は十一日の筈なるも昨頃十時頃地球の子午線を通過（中略）十二日となる」と表現している。[99]

三月一三日から一四日にかけて練習艦隊は洋上での演習期間に入り、一三日の午前八時より第一回基本演習が実施され、磐手の乗組員は速やかに臨戦準備に着手した。[100] これらを行うことも、日本海軍の日常の一つであった。この臨戦準備は午後一一時三〇分に完了し、午後一時より合戦準備が発令、続いて戦闘教練が発令され午後三時四五分まで続けられた。その後も基本演習は続き、江島清治特務准尉は同日の六時三〇分から水雷艇の防禦のため艦内哨戒の部署に移り、終夜にわたって水雷の警戒に当った。翌一四日は午前一一時三〇分に戦闘開始が告げられ、実際に砲火を交えての訓練が実施された。[101] この砲術を中心とした演習は一一時五〇分に終了し、その日の午後には臨戦準備の状態に戻った。

これら実戦さながらの演習によって、当然艦船には修繕が必要となる箇所が生じてくる。そこで、江島清治特務准尉らが所属する船匠部の職能集団の出番である。三月一五日、船匠部は演習と長い航海で破損が生じた艦船や、搭載されたカッターの修繕作業に当った。[102] 続く日々も、風の強い日が続いており艦船の揺れが激しい航海であったが、艦艇の塗装や修繕といった日常の業務を行いつつ、練習艦隊は日本を目指したのである。[103] この後、磐手は三月二〇日に横須賀港へ到着し、四月二日には佐世保へ向かって横須賀港を出港した。[104] 江島清治特務准尉らを乗せた磐手は四月五日に佐世保へ帰港し、総航走時間五二日一時間二四分の練習艦隊による遠洋航海訓練はここに終了した。

おわりに

日本海軍や陸軍、果ては第二次大戦前の日本社会の世相や思想については、様々な立場から様々な論考が存在している。とくに、軍事教育やそれが社会に及ぼした影響については、それらを鋭く批判するものも或は肯定するものも、また当時の世相をそういうものであったと鳥瞰する各種の研究群が存在している。軍隊については、その存在が暴力を伴うことや、組織が有している支配性を批判する意見があるのは当然のことである。そして藤原彰が指摘し批判するような事実も、当該期の日本軍の中に蔓延してしまっていたこともまた、現実であったといえるであろう。現在においても、暴力とそれを行使する支配の論理がなくなるものではないことを現実が傍証している。

しかし本章で明らかにした如く、訓示や日常の訓練並びに演習の過程を考察する限りにおいて、それらを忠実に熟す限りの範囲においては暴力的な行為は行われず、新兵の身体生命に一定の配慮を示すものであった。軍隊の日常として主眼が置かれていたことは、第三節で考察したように新兵の安全性を確保した上で、国防の責務を果たす技術を獲得した要員を育成することであった。また日々行われた術式の訓練も、段階を追って潜水術などの技術習得を進めるものであったし、別科で設けられた科目も新兵の苦手分野を補うことに重きが置かれたものであった。軍事教育の実態に目を向ければ、このような一側面も確かに存在していたのである。これらは新兵の育成に重点が置かれ、それを最大目的と理解した教員側の存在に担保されていたものである。

本章が分析対象とした時点の佐世保海兵団では、教員側にはこれらのことに留意するよう注意が促され、教員の側もこれを遵守する姿勢を示していた。また教員である江島清治に代表されるような特務士官は、本人の職能に忠実であり、日本海軍の一機能を果たすために必要となる新たな技術習得にも前向きであった。ここにみられるような軍事教育の在り方が、本来推奨されていた教育体制であったといえるであろう。これらを曲解することは職務を放棄することにも等しいし、軍隊における精神教育の意味を履き違え、唯の大義名分に落とし込んだ際に、藤原彰論文で指摘されているような暴力と支配の論理という非合理的なメカニズムが誕生したのであろう。それらがいわゆる「海軍魂」を死滅させた唾棄されるべきものであったこともまた事実である。しかし、佐世保海兵団における教育と遠洋航海訓練における実地の状況を鳥瞰するに、総員にその職能や職務が何であるか理解させ、それらの遂行を可能にする技術を習得させることが優先されていたことがわかる。これもまた、軍隊内の風景の一部分であったといえることであろう。そして藤原彰論文に描かれた世界もまた、軍隊の一部分に過ぎない。

結びに代えて、佐世保海兵団と同じく日本海軍を運営するために必要となる人材を育成していた佐世保海軍工廠の寄宿舎で、教官が見習工に配布していた謄写物から引用をしておこう。

年頭（世の見方）

今日は日進月歩の時代で世の中は寸時も進歩を休まない様に見える。併し進歩の反面には退歩が伴ふことを忘れてはならぬ。（中略）今の世が日進月歩だからと云つて万事が驀地《まっしぐら》に進歩して居るのではない。中には退歩して居るものもある。退歩を進歩に取り間違へることは（中略）恐ろしい結果を生む。今の世の中、何が進歩で何が退歩かを心頭に刻むことは年頭の緊急事である[105]

この謄写物は、佐世保海軍工廠の教習所で見習工に技術を教えていた教官の栗林三郎が作成したもので、毎夕食時に日々の一言を書き添えて配布されていたものである。本稿の上梓に当たっては、一九二六年（大正一五）一月二日のものを引用した。栗林三郎作成の配布物は佐世保海軍工廠の関係者間で人気を博し、一ヶ年分毎に本としてまとめられて、長崎市銅座町にあった原田出版で印刷された[106]。この資料に記されているように、「退歩」しているものを「進歩」しているものであると誤認して、それを良しとする時には無残な結果を招くのである。藤原彰論文で示された軍隊内のモラルハザードが深刻化して行く過程には、まさにこの「退歩」している状態を、「進歩」している状態であると多勢が誤認する現象が存在したのであろう。しかし、本章で検証した佐世保海兵団の事例のように、職能を理解した上で、その職務を全うするに足る技術や技能を習得し、勤勉に仕事に励んでいれば、少くとも「退歩」することは回避出来るのである。

（1）例えば編纂されたシリーズの特性上、原田敬一『日清戦争』（吉川弘文館、二〇〇八年）、山田朗『世界史の中の日露戦争』（吉川弘文館、二〇〇九年）、吉田裕・森茂樹『アジア・太平洋戦争』（吉川弘文館、二〇〇七年）が描く近代の戦争の過程を考察するという特徴を有している。これは同台経済懇話会が出版した桑田悦『近代日本戦争史　第一編日清・日露戦争』（同台経済懇話会、一九九五年）や、船木繁『近代日本戦争史　第2編　大正時代』（同台経済懇話会、一九九五年）のシリーズについてもいえることである。また、アジア・太平洋戦争を中核として扱った研究群である吉田裕ほか『なぜ、いまアジア・太平洋戦争か』（岩波講座、二〇〇五年）から始まる一連の岩波書店の出版したシリーズも戦争の諸相を多面的に考察している。

（2）国家の軍事戦略上必要となってくる武器や兵器を製造する技術の獲得については、奈倉文二ほか『日英兵器産業とジーメンス事件』（日本経済評論社、二〇〇三年）などがある。

（3）日本海軍が軍事戦略上の理由から保有していた海軍炭田については、その具体的な経営の分析に関して東定宣昌「唐津海軍炭坑の設定とその経営」（『経済学研究（九州大学）』五九‐三・四、一九九三年）、また海軍炭田の実態を検証した学術論文には西尾典子・宮地英敏「御徳炭鉱にみる海軍予備炭田の実態」（『地球社会統合科学』二二‐二、二〇一五年）がある。

（4）例えば一士官同士の築いた人脈の考察を中核として、戦争の政治的な大局を読み解こうとする種類の研究としては、纐纈厚『日本海軍の終戦工作』（中公新書、一九九六年）や樋口秀美『日本海軍から見た日中関係史研究』（芙蓉書房出版、二〇〇二年）が代表的な論考として挙げられる。

（5）例えば、鈴木多聞『終戦の政治史』（東京大学出版会、二〇一一年）などの読み物がある。

（6）軍事関係者や研究機関が協力してまとめた代表的で世界的に著名な資料群には、アメリカ合衆国国防総省『米国戦略爆撃団最終報告書』（国立国会図書館憲政資料室所蔵、一九四七年）が該当する。

（7）マハンの代表的な著作としては、マハン・A・テイヤー著・提董真訳『兵学提要』（大学南校、一八七〇年）、日清戦争中の著作である同著・鈴木光長訳『鴨緑江外海戦、評論』（水平社、一八九五年）、日清戦争後の同著・水交社訳『海上権力史論』上・下巻（東邦協会、一八九六年）、同著・水上梅彦訳『太平洋海権論』（小林八七、一八九九年）などが挙げられる。モルトケを扱った著作には、村竹修編『モルトケ言行録』（内外出版協会、一九一二年）がある。クラウゼヴィッツの著書の内、近代日本において最も参考とされたのは、日露戦争の前年に日本で出版されたカール・V・クラウゼヴィッツ著・陸軍士官学校訳『大戦学理』（軍事教育会、一九〇三年）であろう。この著作が出版された同年には、カール・V・クラウゼヴィッツ著・森知之訳『以太利ニ於ケル千七百九十六年戦役』上・下（川流堂、一九〇三年）も出版された。ここに紹介した著作はいずれも、『孫子』などと並んでいわゆる兵術書、兵法書、戦術書などと呼称されるカテゴリーに分類される研究書である。これらの書物の共通点は、歴史上のある時点つまり、過去のある時点において勃発した武力を伴う闘争状態を多角的に分析したことにあり、その後に新たな闘争状態が出現した際の備えとして広く読まれていた点にある。現代においても、これらの研究の分析手法は踏襲されており、ポール・ハースト著・佐々木寛訳『戦争と権力』（岩波書店、二〇〇九年）などにおいて、現代に至るまでの戦争を複層的に分析することを通して、現代社会において惹起される可能性のある新たな闘争形態の出現に警鐘を鳴らす役割を果たしている。

（8）日本海軍にエンジニアの存在が不可欠であったことは、戸高一成「もう一つの海軍士官教育」（新人物往来社戦史室編『海軍江田島教育』（新人物往来社、一九九四年））一四六〜一四七頁でも指摘されている。

（9）中島親孝「海軍兵学校沿革」（海軍兵学校連合クラス会編『回想のネービーブルー』第1部「海軍士官教育」元就出版社、二〇一〇年）三三頁や、平塚清一「日本海軍の伝統について」（海軍兵学校連合クラス会編『回想のネービーブルー』第三部「海軍魂と伝統」（元就出版社、二〇一〇年））二七五〜二七六頁でも紹介されているように、日本海軍が「月月火水木金金」の精神で訓練に臨んでいたことはあまりにも有名である。

（10）百瀬孝『事典昭和戦前期の日本―制度と実態―』（吉川弘文館、一九九〇年）三五四頁。

（11）前掲注（10）、三五四頁。

（12）四等兵の呼称については前掲注（10）、三五四頁、五等卒という階級の呼称については一九一八年（大正七）段階のもので、典拠は海軍船匠師江島清治「大正七年十一月十五日　海軍五等木工教育に就て」『新兵教育関係綴』（西尾典子蔵、一九一八年）による。

（13）佐世保市史編さん委員会編『佐世保市史』軍港史編上巻（佐世保市、二〇〇二年）三一八頁。

（14）役職名については、海軍省「志願兵採用員数」『大正七年公文備考』巻71兵員1（防衛省防衛研究所、一九一八年）レファレンスコード C08021183500 による。

（15）野村実ほか『海軍江田島教育』（新人物往来社、一九九六年）の著作集に所収してある論考の内、熊谷直「下士官兵の教育と海兵団」（野村実ほか『海軍江田島教育』第3部「日本の海軍教育」（新人物往来社、一九九六年））を除く大半の論考が下士官ではなく士官養成に焦点を当てたものである。海軍の士官養成所については、本山聡毅・西尾典子・宮地英敏「近代日本の陸海軍における将官昇進と藩閥」（『地球社会統合科学』二四-一、二〇一七年）二三〜二四頁においても考察した。

（16）前掲注（15）熊谷直論文、一九八頁。

（17）前掲注（10）、三五四頁。

(18) 前掲注(13)、三三二頁。
(19) 藤原彰『日本軍事史』上巻戦前篇(社会批評社、二〇〇六年)。
(20) 近代日本の用兵思想や軍事教育の骨子については、特に注記のない場合は前掲注(19)、一六九~一七八頁の要約による。
(21) 制定に至るまでの経緯については、船木繁「国防方針と軍令の制定」(船木繁『近代日本戦争史 第2編 大正時代』同台経済懇話会 第一章「国防方針」第二節、(同台経済懇話会、一九九五年))四〇~四一頁が詳しい。
(22) 佐世保海兵団「入団者父兄諸氏にご注意の件」(江島清治『新兵教育関係綴』西尾典子蔵、一九一八年)。本稿では、資料の引用に当り片仮名は平仮名に旧字は新字に改め、句読点を補足した。
(23) 前掲注(22)。
(24) 前掲注(22)。
(25) 佐世保海兵団長新納司「大正七年十二月入団五等卒教育に就き訓示」(江島清治『新兵教育関係綴』西尾典子蔵、一九一八年)。
(26) 前掲注(25)。
(27) 前掲注(25)。
(28) 前掲注(25)。
(29) 海軍船匠師江島清治「大正七年十一月十五日 海軍五等木工教育に就て」(『新兵教育関係綴』西尾典子蔵、一九一八年)。
(30) 前掲注(29)。
(31) 研匠会『佐世保鎮守府所轄船匠部員 人名簿』(西尾典子蔵、一九二一年)および研匠会『大正十一年六月調 佐世保所管船匠部特務士官准士官名簿』(西尾典子蔵、一九二二年)。
(32) 前掲注(29)。
(33) 本稿で行う初等教育機関についての解説は、特に注記のない場合前掲注(10)、三七七~三七九頁による。
(34) この点については、天野郁夫『試験の社会史』(東京大学出版会、一九八三年)八三~八四頁においても全国的にばらつきがあったことに触れつつ、小学校で行われた試験でも読書や講義、摘書、綴字、書取、作文、問答、諳記、算術、記簿が特に重視され、習字と図画がそれに次ぐ存在であったと指摘されている。

(35) 前掲注(13)、三二〇頁。
(36) 前掲注(29)。
(37) 前掲注(25)。
(38) 前掲注(29)。
(39) 船匠師「回覧」(江島清治『新兵教育関係綴』西尾典子蔵、一九一八年)。
(40) 一尋=六尺であるため、一尋=約一・八mとした。
(41) 前掲注(29)。
(42) 前掲注(29)。
(43) 前掲注(29)。
(44) 例えば潜水を行う際、水深で変化する水圧の原理を理解したり実際に経験したりする上で、算術の能力を習得していることは重要なこととなる。
(45) この訓練は海軍の士官たちにも思い出深いものであったようで、例えば植田一雄「遠洋航海にみる伝統の継承」(海軍兵学校連合クラス会編『回想のネービーブルー』第三部「海軍魂と伝統」(元就出版社、二〇一〇年))などでも当事者の懐古談が語られている。
(46) 妹尾作太郎「明治・大正・昭和「少尉候補生・憧れの遠洋航海」」(野村実ほか編『海軍江田島教育』(新人物往来社、一九九六年))八頁。
(47) 前掲注(46)、八頁。
(48) 江島清治「自十二月九日至三月二十日　日誌」(『大正六年北太平洋回航記事』西尾典子蔵、一九一七年)。
(49) 佐藤豊三「軍楽手が綴った「練習艦隊遠航通信」」(新人物往来社戦史室編『海軍江田島教育』(新人物往来社、一九九六年))二四頁によると、遠洋航海訓練の行われた年次は異なるが、筆者が所蔵している江島資料以外にも、この練習艦隊の遠洋航海の記録を軍楽手という職能の立場から綴った史料も存在する。
(50) 前掲注(48)、一二月九日。
(51) 前掲注(48)、一二月一六日。
(52) 前掲注(48)、一二月一九日～一二月二七日。
(53) 前掲注(48)、一二月二八日～一二月三〇日。これによると石炭は二八日に六〇〇噸、二九日に五〇〇噸、三〇日に四〇〇噸が搭載された。石炭は各炭庫に満載された上で、上甲板にも搭載された。
(54) 前掲注(48)、一月三日。
(55) 前掲注(48)、「遠航準備　於軍艦磐手」。
(56) 前掲注(48)、一月四日。
(57) 前掲注(48)、一月五日～一月六日。
(58) 雨倉孝之「日本海海戦」(財団法人海軍歴史保存会『日本海軍史』第一巻通史　第一・第二編〈第一法規出版株式会社、一九九五年〉)五三七～五三九頁。
(59) 前掲注(48)、一月六日。
(60) 前掲注(48)、一月六日。
(61) 前掲注(48)、一月六日。
(62) 前掲注(48)、一月九日。
(63) 前掲注(48)、一月一〇日。
(64) 前掲注(48)、一月一一日～一四日。
(65) 前掲注(48)、一月一四日。
(66) 前掲注(48)、一月一五日。
(67) 前掲注(48)、一月一五日。
(68) 前掲注(48)、一月一六日～二四日。
(69) 前掲注(48)、一月一九日。
(70) 前掲注(48)、一月二五日。
(71) 前掲注(48)、一月二六日。
(72) 前掲注(48)、一月二六日～二月二日。一月三一日の記事には、第一次大戦中という時局柄、対ドイツの艦船を警戒して、磐手の各砲に信管を取付けた砲弾を込めるよう命令があったと記載されている。
(73) 前掲注(48)、二月五日。
(74) 前掲注(48)、二月二日～二月五日。
(75) 前掲注(48)、「自十二月九日至三月二十日　日誌(二月六日)」江島(一九一七)在中。

(76) 前掲注(48)、二月七日～二月八日。
(77) 前掲注(48)、二月九日。
(78) 前掲注(48)、二月一〇日。
(79) 前掲注(48)、二月一一日。
(80) 前掲注(48)、二月一一日。
(81) 前掲注(48)、二月一二日～二月一三日。
(82) 前掲注(48)、二月一四日。
(83) 前掲注(48)、二月一七日。
(84) 前掲注(48)、二月一七日。
(85) 前掲注(48)、二月一八日。
(86) 前掲注(48)、二月一九日。
(87) 前掲注(48)、二月一九日～二月二〇日。
(88) 前掲注(48)、二月二〇日。
(89) 前掲注(48)、二月二〇日～二月二三日。
(90) 前掲注(48)、二月二四日。
(91) 前掲注(48)、二月二四日～二月二七日。
(92) 前掲注(48)、二月二八日。
(93) 前掲注(48)、三月一日。
(94) 防火を心がけることは、海上を航行する艦船には必要なことであった。
(95) 前掲注(48)、三月二日。
(96) 前掲注(48)、三月二日～三月七日。
(97) 前掲注(48)、三月八日。
(98) 前掲注(48)、三月九日～三月一〇日。
(99) 前掲注(48)、三月一二日。
(100) 前掲注(48)、三月一三日。

(101) 前掲注(48)、三月一四日。

(102) 前掲注(48)、三月一五日。

(103) 前掲注(48)、三月一六日~三月一九日。

(104) 前掲注(48)、三月二〇日~四月二日。

(105) 佐世保海軍工廠『食後一言』貳　佐世保海軍工廠、一九二六年、一月二日。

(106) 前掲注(105)、序。

コラム

佐世保鎮守府の東郷平八郎

西尾典子

日本海軍を代表とする提督として、東郷平八郎元帥を日本の近代史上に位置づけることの重要性については論を俟たない。周知のことではあるが、ここに彼の来歴を簡単に記しておくこととしよう。東郷平八郎は、一八四八年（弘化四）一二月二二日に薩摩藩の鍛冶屋町に、同藩の下層藩士である吉左衛門とますこの四男として生まれ、幼名は仲五郎といった(1)。生誕からしばらくは地元にいたため彼の幼少期の成育歴には、ほぼ直接的な影響を及ぼさないことではあったのだが、マクロ的な視点に立てばこの時期は、天保の改革が終わり世情も移ろいつつある世情であった(2)。この後東郷平八郎は、幕末の薩摩藩に生まれたこともあって、当然のように世の中の急激な変化に巻き込まれながら成長していくこととなった(3)。薩英戦争に参加後は維新戦争の真っ只中を生きることとなり、維新後はイギリスへ留学をして結果的に、当時最新の技術や知識を身に着けることとなった。そして日本への帰国を命じられると、イギリスにて習得した英知を駆使し、日本政府から同国へ発注していた最新鋭艦とともに帰朝したのであった。

その後の東郷平八郎は日本海軍にて勤務し、一九〇四年（明治三七）に勃発した日露戦争では、聯合艦隊の司令長官に就任するなどの数奇ともいえる人生を歩んだ。この東郷平八郎の人生は、近代における日本の科学技術的発展、東郷平八郎本人の身近なトピックでいえば、兵器を中心とする海軍軍備の進展と軌を一にするものであったともいえる。ものの見方を変えると東郷平八郎は、江戸末期というような不安定な時期に誕生し維新期に成長したからこそ、日本海軍の軍備を中心とする日本の近代化と同時代を生きた人物であったともいえよう。

以上述べてきたような背景もあって東郷平八郎元帥は、いわゆる「軍神」として日本の近代・近現代を通じてその生前から神格化をされていった人物でもある。また彼の死の直後が、ちょうど日中戦争期に該当していたため、日本軍を中心として日本全体の士気向上のために、メディアを通じて宣伝が行われ、神格化に更なる拍車がかけられた。それ故に彼自身を扱った出版物も、彼が携わった事象に関する書籍も多い(4)。

この一例として、東郷平八郎の死後直後である一九三四年（昭和九）に日本コロンビア蓄音器株式会社から一般向けに発売された一枚のレコードについて紹介しておこう。このレコードは、東郷平八郎元帥が日露戦争終結後に行った「聯合艦隊解散式に於ける訓示」を一九三三年（昭和八）に本人の肉声で吹き込めたものであった。さらにこのレコードの出版にあたっては、海軍省も積極的に協力をしていたようであり、東郷平八郎元帥を「軍神」と位置付けた上で、一九三一年（昭和六）五月に行われた第二六回海軍記念日の際に配布された肉筆の同訓示の縮版印刷までもが付せられていた。また教育機関の監督官庁である文部省も、東郷平八郎を扱った書籍に「文部省認定」を与え、それの普及を促進させていた(5)。これらのことからも、官衙や民間企業が一丸となって「東郷

日露戦争直後の東郷平八郎
出典：国立国会図書館デジタルコレクション
小笠原長生著『侠将八代六郎』（政教社）

元帥」の神格化を進めていたことがわかる。

これらのことを踏まえ、ここで注意しておきたいことはそこに描かれている人物像は、その出版物が編まれた歴史的背景や、その風土を代表するような良識を反映又は内包するかたちで、多種多様に魅力的であるとそれぞれの筆者が感じたように描かれているということである。そこに垣間見える東郷平八郎像は、いわばその時々の思想や社会的に存在した、何らかの理想化された精神や観念を映す鏡のようなものになっていたともいえる。つまりこれらから垣間見ることのできる東郷平八郎像とは、その時代時代における社会的な規範と考えられた姿を示したものであり、衆目に触れる人物伝や文学作品を通じて、人に影響を及ぼす存在となっていったといえる。第二次大戦後に執筆された著作も[6]、ここで行った東郷平八郎元帥についての若干の紹介も、それらの資料や文献からの引用に依拠する歴史学の技法上、当然のことながらそれらの中で神格化された東郷平八郎像の影響を少なからずは受けているであろう。

これらのことは決して悪いことではないのだが、東郷平八郎元帥が神格化されたことにより、彼の本領である海軍軍人としてどのように任務を遂行していたのか、という現実的な側面が隠れてしまう傾向にある。手本とすべき存在として東郷平八郎元帥が紹介された本来の目的は、当該期の読者に対して平時や戦時における生き方の参考にするために編まれた点にある。言語矛盾的ではあるが、参考にすべきとされたのは東郷平八郎が神格化されたからこそ現存している、神格化される前の東郷平八郎が持っていた学問や職務に対しての能力を習得する上での勤勉性であるとか、実直性を貫いた姿勢についてであろう。

この点に関しては、東郷平八郎の伝記を扱った書籍でも強調されている。例えば、函館戦争後に薩摩藩の海軍士官として東京遊学を命じられ、若年の塾生中において青年一人で英語についての就学意欲を示す様子である(7)。また、その後兵部省が発足し日本海軍の見習士官となり、イギリスに渡って商船であるウースター練習船に乗って、学術面や実地などの日本海軍に必要となる諸技術を習得していったことである(8)。これらのことは、戦前期に多数の著作者により多数の著書で賞賛を得ている東郷平八郎像の一アスペクトである(9)。この点については本書の先行シリーズである舞鶴編においても、舞鶴鎮守府司令長官時代の東郷平八郎が任地において職務に勤しみ、また子女の教育にも熱心に取り組み現地の人々から敬愛された様子が検証されている(10)。

本論ではそのような東郷平八郎元帥が、佐世保において実際はどのように実務を熟していたのかについて焦点を当てる。そしてここで注目する東郷平八郎の熟した実務とは、皆さんのよく知る戦場で東郷平八郎提督が行った輝かしい実務ではなく、平時の任地・佐世保鎮守府において淡々と、しかし実直に遂行した海軍軍人東郷平八郎の実務についてである。東郷平八郎と佐世保が結びつくのは、何も日露海戦という戦闘行為に限ったことではない。何故なら佐世保鎮守府に赴任するということは、それ即ち鎮守府の仕事を執り行う職能として赴任してくるのであって、戦闘やそれに付随する訓練は行われる主たる任務であるにしても、それらは業務の一部として執り行われているものであるからである。より簡略化していうなれば、戦闘を行う関連業務以外にも有事の際にそれらを円滑に執り行う上で、平時の鎮守府の運営に欠かせない仕事はしなければならないのである。

それではまず、佐世保鎮守府の機構と役割について、簡単に説明しておこう。佐世保鎮守府が開庁したのは一八八九年（明治二二）七月一日のことであり、初代の司令長官には赤松則良海軍中将が就任した(11)。鎮守府は各軍港（横須賀・舞鶴・呉・佐世保）に置かれ、所管海軍区の防禦や出師準備に関することを掌り(12)、その長を鎮守府司令長官と定め、この役職には天皇に直隷する大中将の階級の者が補職された(13)。佐世保鎮守府には警備艦隊が所属し、立地上特に西海防備の要としての役割を担った。一八九四年（明治二七）に勃発した日清戦争の際には、佐世保鎮守府司令長官である相浦紀道海軍中将を艦隊長として西海艦隊と呼称を改め、聯合艦隊の一翼を担うなどの活躍を見せた。

この佐世保鎮守府に東郷平八郎海軍中将が司令長官として着任したのは、一八九九年（明治三二）一月一九日付のことであった(14)。東郷平八郎海軍中将が新しい司令長官として赴任してきた時期は平時であったが、佐世保鎮守府はとある難題を抱えていた。この難題は、次のような経緯と関わっている。当該期の日本海軍は、エネルギー供給源の確保も国策及び軍事上の戦略の一つであったため、石炭確保のために北部九州エリアの炭田を海軍予備炭田と指定し、これを保持・経営していた[15]。この海軍予備炭田は福岡県の筑豊地方に立地しており、そこで問題は起きていた。福岡の地元事業者たちによる海軍予備炭田への不法な侵入と、石炭の盗掘が起きていたのである。当該期の資料をみると、日本海軍の側は組織の資産に対して行われたこの不法侵犯行為を「該地鉱業者流」と位置づけており、この行為を集団で行う福岡人を「飯上ノ蒼蠅」に擬え、蛇蝎の如く嫌悪していたことがわかる[16]。そしてこの「飯上ノ蒼蠅」たちへの対応が、東郷平八郎の佐世保鎮守府司令長官としての最初の仕事となった。

この問題への東郷平八郎佐世保鎮守府司令長官の対応は、実に迅速であった。海軍省は海軍予備炭田での盗掘事件を受けて、盗掘者たちのことを徹底的に調査し、福岡県の地方裁判所に提訴していた。しかし福岡県では、地方裁判所や県の警察といった本来法律に則って機能していなければならない司法機関が、機能不全に陥っていたため問題解決能力を欠いていた。そのことを見抜いた東郷平八郎佐世保鎮守府司令長官は調査の結果も踏まえ、効果的に「飯上ノ蒼蠅」を駆逐する術を自筆で「意見開陳」として認め、直ちにこれを海軍省へと提出した。これは、一八九九年（明治三二）二月二日のことであった。この意見書の内容は、海軍予備炭田からの盗掘を犯した「飯上ノ蒼蠅」を完全に排除した上で、信用できる事業主に海軍炭田の石炭の採掘を下請させる計画を記したものであった。これは、佐世保鎮守府に東郷平八郎が着任して僅か一三日の間に処理された出来事であった。

東郷平八郎佐世保鎮守府長官の意見書は、海軍省を通して内閣に上げられた。この時の内閣は第二次山縣内閣であった。首相の山縣有朋をはじめとして、青木周蔵（外務）、桂太郎（陸軍）、曾禰荒助（農商務）が長州出身者、西郷従道（内務）、松方正義（大蔵）、山本権兵衛（海軍）、樺山資紀

（文部）が薩摩出身、更には山縣側近官僚の清浦奎吾（司法）と芳川顕正（通信）を据えた超然内閣としても有名な内閣である。この内閣の特徴は、勅令による法改正を得意としたところにある。彼の有名な文官任用令の改正や文官分限令および文官懲戒令の制定、軍部大臣現役武官制に関係のある陸軍省官制および海軍省官制などは、この勅令を用いるという手段により法改正がなされた(17)。このような状況を背景として、松方正義大蔵大臣と山本権兵衛海軍大臣の輔弼副署を付した上で、一八九九年（明治三二）六月六日付きで明治三二年勅令二二九号が発号された。この勅令をもって海軍炭田については鉱業条例を適用せず、日本海軍側の主導により事業者を選んで随意契約によって採炭を行う請負契約を結ぶことが定められたのである。何故ならこの勅令は、大権事項に関する勅令の一つである軍制令として処理されていたため、この決定が法律よりも上位の優位性を有することができたのである。

こうして海軍炭田に「蜂屯蟻集」していた「飯上ノ蒼蠅」こと不法な盗掘作業に集団で勤しんでいた福岡人は、無事に駆逐されることとなった。そして彼らの代わりに、これらの不法行為に関わることなく普通に生活していた福岡の事業者が、日本海軍の採炭請負業を発注されることとなったのである。この顛末を迎えるために、東郷平八郎佐世保鎮守府司令長官の職務に忠実でまじめに働く姿勢の必要性がどれだけ重要なことであったかは論を俟たないだろう。やはり後に偉大な軍神として位置付けられることとなる東郷平八郎は、平時においても機能不全に陥った福岡の自治体を尻目に任地である佐世保鎮守府において、日本海軍の軍人としての職務を毅然と全うしていたのである。

（1）池田清「沈黙の提督（1843～1934）東郷平八郎と英国」イアン・ニッシュ編『英国と日本』（博文館新社、二〇〇二年）第九章一七四頁。
（2）天保の改革については、藤田覚『天保の改革』（吉川弘文館、一九八九年）が詳しい。
（3）明治維新の経緯や構造及び維新後に政権が、どのように近代日本を展開させていったのかについては松尾正人『維新政権』（吉川弘文館、一九九五年）が詳しい。また近世期の刀工や鉄砲鍛冶が、技術的な側面から複層的に日本の近代化を推し進めたことについては、石塚裕道『日本資本主義成立史研究』（吉川弘文館、一九七三年）一九〇～一九一頁、二七三頁を参照のこと。
（4）例えば、東郷平八郎の副官であった小笠原長生が編んだ小笠原長生『東郷平八郎全集　第二巻』（平凡社、一九三〇年）などが代表的である。
（5）伊藤仁太郎『元帥東郷平八郎』（郁文舎、一九三四年）鹿児島県立図書館所蔵、表紙。
（6）例えば米沢藤良『東郷平八郎』（新人物往来社、一九七二年）、相良俊輔『海原が残った』上下巻（光人社、一九七四年）が挙げられる。
（7）小笠原長生『東郷平八郎』（三教書院、一九四〇年）五四頁。
（8）前掲注（7）、六〇-六一頁。
（9）柴田賢一『東郷平八郎』（青年書房、一九四一年）、伊藤仁太郎『元帥東郷平八郎』（郁文舎、一九三四年）、鹿児島県立図書館所蔵、田中周二『東郷平八郎』（学習社、一九四二年）、菊池寛『東郷平八郎　乃木希典』（新日本社、一九三六年）、山下信一郎『我等の聖雄　東郷平八郎』（鹿児島出版協会、一九三四年）なども同様である。
（10）飯塚一幸「舞鶴鎮守府の東郷平八郎」坂根嘉弘編『軍港都市史研究Ⅰ　舞鶴編』（清文堂、二〇一〇年）一二八～一三二頁。
（11）佐世保市史編さん委員会『佐世保市史　軍港史編』上巻（佐世保市、二〇〇二年）二九頁。
（12）百瀬孝『事典昭和戦前期の日本　制度と実態』（吉川弘文館、一九九〇年）三四九頁によると、鎮守府に出師権限が法令上正式に付与されたのは一九二三年（大正一二）の大正十二年軍令海第五号鎮守府令による。
（13）前掲注（12）、三四九頁。

（14）福川秀樹『日本海軍将官辞典』（芙蓉書房出版、二〇〇〇年）二五六頁、日本近代史料研究会編『日本陸海軍の制度・組織・人事』（東京大学出版会、一九七一年）一〇六頁。
（15）佐賀県の唐津を中心として九州北部地方に立地した海軍予備炭田については、東定宣昌「唐津海軍炭坑の設定とその経営」（『経済学研究（九州大学）』第五九巻第三・四合併号、一九九三年）が詳しい。筑豊地方の海軍予備炭田については西尾典子・宮地英敏「御徳炭鉱にみる海軍予備炭田の実態」（『地球社会統合科学』第二二巻第二号、二〇一五年）を参照のこと。
（16）アジア歴史資料センター Ref. 06091243500 明治三一年「公文備考」物件巻三〇（防衛省防衛研究所所蔵）。
（17）当該内閣で行われた政策の決定過程と勅令の関係については、前掲注（15）「御徳炭鉱にみる海軍予備炭田の実態」を参照のこと。

第三章

軍港都市佐世保におけるエネルギー需給

—石炭を中心として—

佐世保海軍工廠の船渠《せんきょ》（ドック）
http://www.mod.go.jp/msdf/sasebo/5_museum/36_sasebokaigunkousyou/index.html

北澤　満

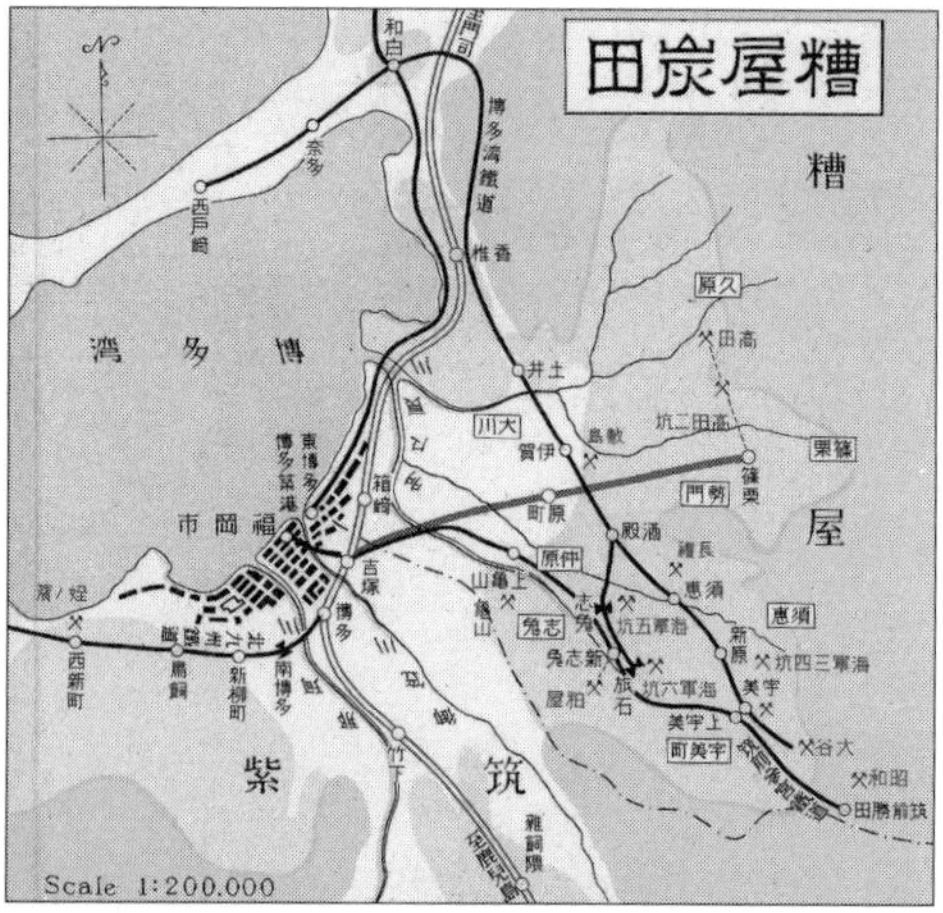

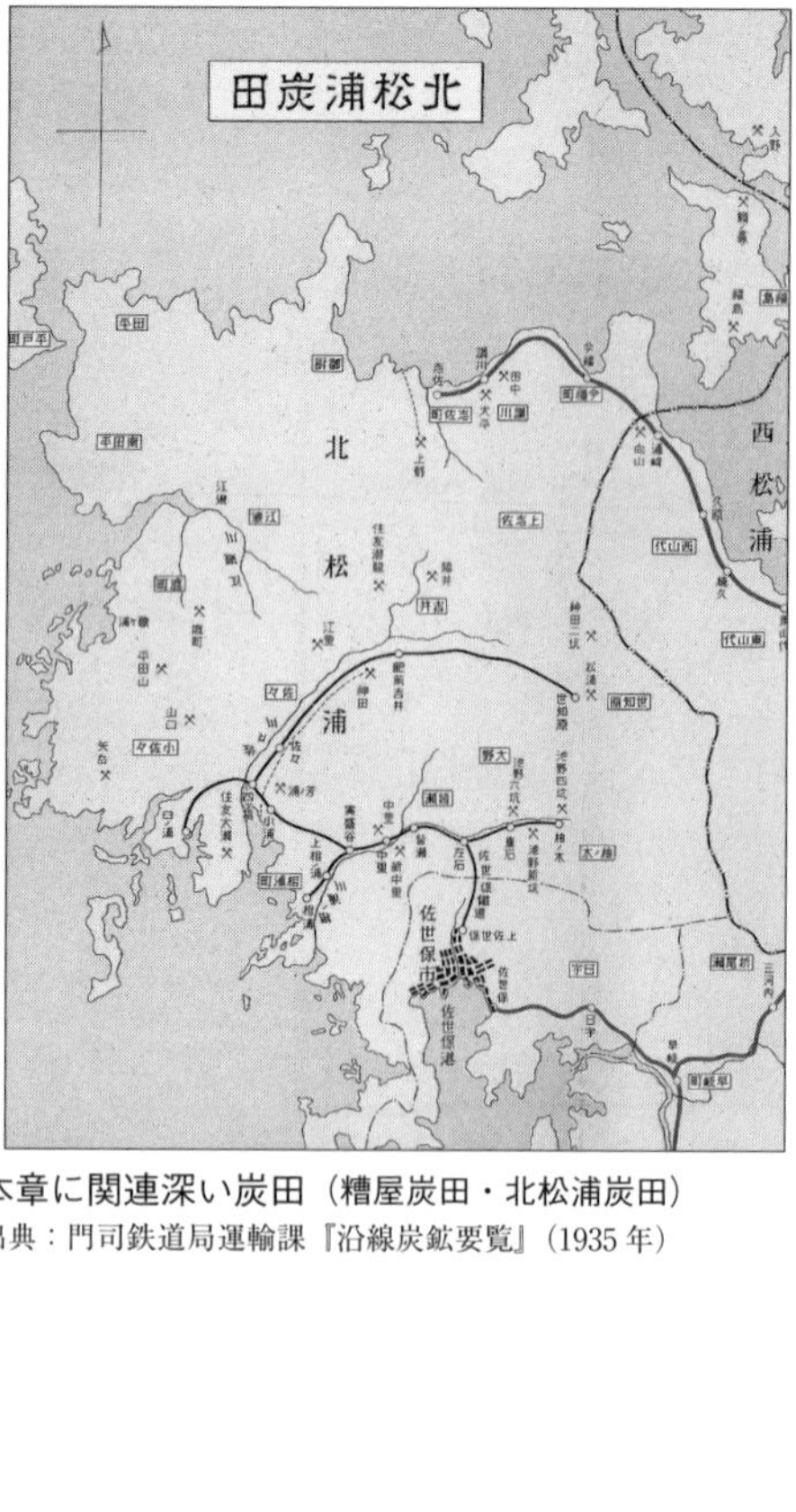

本章に関連深い炭田（糟屋炭田・北松浦炭田）
出典：門司鉄道局運輸課『沿線炭鉱要覧』（1935 年）

はじめに

本章では、軍港都市であった佐世保におけるエネルギー需給について、当時の主要なエネルギーのひとつであった石炭を中心としつつ、考察していく。

佐世保は、横須賀、呉、舞鶴など他の軍港都市と同様に、鎮守府、および海軍工廠の設置とともに人口が大幅に増加し、都市として展開してきた。軍港都市においては、艦船による消費、軍工廠における燃料といった軍用のエネルギー需要のほか、工業用需要、都市としてのエネルギー消費も当然のことながら存在する。これらのエネルギー需要がどの程度存在し、またそれに対してどのような主体が供給していたのかを確認することは、軍港都市史研究としても有用であろう。その考察にあたって、佐世保の場合にはほかの軍港都市とは異なる側面が存在する。すなわち、戦前期においては主要なエネルギーであった石炭が、その都市の内部、さらには周辺地域の地下に埋蔵されていたという点である。このことは、軍港都市佐世保におけるエネルギー需給に、どのような影響を与えたのであろうか（または、与えなかったのであろうか）。

先行研究に関しては、エネルギー需要・供給に区分した場合、石炭供給、すなわち北松（佐世保）炭田[1]における石炭産業史については、それなりの蓄積がある[2]。ただ、文書資料がほとんど残されていない状況のため、戦前期については聞き取りを中心とした炭鉱労資関係史が中心となっており、特に石炭流通面での研究は大きく立ち後れているといってよいだろう[3]。この点について、刊行されている種々の統計類を組み合わせつつ、可能な限り具体的な数量を導き出すことが、本稿における一つの重要な課題となる。

また、第二次大戦後に刊行された『佐世保市史』においては、昭和初期の「佐世保炭田」（北松炭田）の躍進についてふれられているが、その要因に関して同書は「佐世保炭田は中小企業による小規模炭鉱が多く、軍都佐世保という大需要源をもっていたため、炭界の不況にも左右されず、毎年少しずつ増産されていったのである」と述べている[(4)]。これが事実であるとすれば、軍港都市佐世保の石炭需要は、北松炭田の成長に多少なりとも影響を及ぼしたということになるが、果してそのように捉えることが可能かどうか。

もう一方の佐世保における石炭需要については、（これは、佐世保地域に限らないのだが）ほとんど研究がなされていない。この問題に関しては、企業、自治体、業界団体、および海軍関係の資料・統計類を突き合わせることで、大まかな見取り図を描くくらいしかできそうにない。ただ近年の研究においては、佐世保が「生活必需品も工業製品も大部分を市外からの供給に頼る完全な消費都市であった」と把握されているので[(5)]、この点を念頭におきつつ考察をすすめていくこととしたい。

以下、まず佐世保における石炭需要について、民間と海軍関係（鎮守府・軍工廠など）とに区分しつつ、可能な限りその数量を概観する。その後、佐世保軍港における石炭の供給状況、新原《しんばる》海軍炭鉱による出炭と石炭輸送、および北松炭田における出炭増加とその送炭（仕向）先について考察し、両者を併せて眺めることで、さきに設定した課題について些かなりとも応えることとしたい。

なお、本稿の分析対象時期としては両大戦間期を中心とするが、一部資料の残存状況から第一次大戦期を含み、また「おわりに」では両大戦間期との対比において、第二次世界大戦後の佐世保における石炭需給を展望する。

第一節　佐世保におけるエネルギー需要

(一) 民間のエネルギー需要

まず、佐世保におけるエネルギー需要について確認しよう。佐世保市内の工場におけるエネルギー消費については、佐世保市の『産業方針調査』によって、一九二三〜二五年の数値を得ることができる（表3-1）。同期間において工場数は伸びているのに石炭・電力の消費量が減少していたり、ガスの消費量が一年間で七倍以上に増加していたり、やや不可解な部分もみられるが、ひとまずこれを用いる。

表3-1の典拠資料においても「工場燃料中最モ主要ナルモノハ石炭ニシテ」とされているように[6]、燃料としては石炭が中心であった。しかし、最も消費量の多い一九二三年でも一万t程度に過ぎず、同規模の都市と比較してもかなり少ない量であった。その原因として「本市ノ工業ハ逐年進展シツヽアリト雖モ未ダ概シテ幼稚ノ域ヲ脱セズ大正十四年中ニ於ケル総生産額五百十一万円七千百七円ニシテ人口十三万ヲ抱擁スル本市トシテハ誠ニ少額ト云ハザルベカラズ」というように、佐世保海軍工廠以外の工業の幼弱性が指摘されていた[7]。なお、工場使用動力についても確認すると、一九二五年において職工五人以上を使用する工場は七六であり、そのうち動力を使用する工場は四九、その原動機数は五八個であった。その内訳については、蒸気機関五個

表3-1　佐世保市における工場燃料と電力消費高

	石炭	コークス	石油	ガス	木炭	電力	工場数
1923年	10,350	103	4	171,000	86	241,015	48工場
1924年	8,128	1,171	38	1,293,400	76	140,237	60工場
1925年	8,318	1,252	69	2,672,903	74	244,740	76工場

出所：佐世保市『産業方針調査書』1929年、商工91頁。
注：石炭・コークス・木炭の単位はt、石油は石、電力はkW、ガスは立方フィート。

表3－2　佐世保における石炭消費量内訳　（単位：t）

	公用	民間				総計
		船舶用	工場用	雑用	小計	
1918年	51	516	6,072	20,613	27,201	27,252
1919年	56	684	9,162	21,214	31,060	31,116
1920年	110	1,305	14,129	23,679	39,113	39,222
1921年	114	60	12,147	24,908	37,115	37,229
1922年	96	3,527	10,947	2,542	17,017	17,113
1923年	126	4,364	10,350	2,475	17,189	17,315
1924年	97	4,049	8,128	11,177	23,354	23,451
1925年	78	4,003	8,318	13,996	26,317	26,395
1926年	139	3,703	8,459	14,048	26,210	26,348
1927年	229	3,775	8,368	14,333	26,475	26,704
1928年	222	3,643	8,155	14,407	26,205	26,427
1929年	206	4,226	7,972	13,877	26,075	26,281
1930年	191	3,892	6,587	14,616	25,095	25,286
1931年	263	3,355	6,313	14,302	23,970	24,233
1932年	537	5,390	5,591	15,800	26,780	27,317
1933年	557	5,479	5,810	16,535	27,824	28,381
1934年	435	6,291	5,847	19,151	31,289	31,724
1935年	532	6,324	5,384	19,584	31,292	31,824

出所：『佐世保市統計書』各年。
注：軍用石炭については、含まれていない。

（一二七・五馬力）、ガス機関二個（二四・五馬力）、電動機五一個（二七〇馬力）であり、小工場が大半であることを反映して、電動機が中心であった。両大戦間期においては、佐世保地区は東邦電力による電力供給地域であり、佐世保市域、北松地域ともに発電所が所在しておらず、周辺地域から電力を供給されていた[8]。このことは、北松炭田の周辺地域において、電力会社による石炭需要が存在しなかったということを意味する。

次に、佐世保市内における民間の石炭消費の内訳について、表3-2によって確認しよう。これについても、一九二一年に「船舶用」が六〇tしか計上されていないことや、二一年から二二年にかけて「雑用」が一〇分の一に減少していること、それらの影響によって二二～二三年の「総計」がそれ以前の半数以下に低下していることなど、消費量の把握が不十分なのではないかと推測される箇所が存在するが、おおよその推移は捕捉できる。これによると、第一次世界大戦後期には一時的に約四万tまで需要が増加しているが、前述した一九二二～二三年の激減を経た後は約二万t台で推移しながら漸増し、一九三〇年代半ばに三万t台に達している。

その内訳を確認すると、まず「船舶用」の需要は常に一万tに（一九二〇年代には五〇〇〇tにも）満たず、少量であった。周知のとおり、港湾としての佐世保は軍港が中心であり、商港における石炭需要は相対的に少なかったことによるのだろう。それでも、一九三〇年代半ばには六〇〇〇ｔ台にまで増加している。

「工場用」については一九二〇年代半ばがピークであり、以後は漸減傾向で一九三〇年代半ばには「船舶用」よりも少なくなっている。この間、工業生産額は増加傾向にあるので、工業用動力が蒸気機関などから電動機へと移行していったことなどによるとみられる。一般的に、当該期における石炭の主たる工業用需要先とされる紡績、機械、セメント、化学などといった諸産業の大工場が佐世保にはほとんど存在していないことが、「工場用」の低調につながっているのであろう。

表３－３　佐世保における工場の石炭使用量の内訳

（単位：ｔ）

	飲食物	化学	機械・器具	特別工業	計
1923年	3,080	18	193	7,058	10,350
1924年	2,683	60	157	5,228	8,128
1925年	2,992	68	126	5,131	8,318

出所：前掲佐世保市『産業方針調査書』、商工90頁。

他方で、「雑用」は一九一〇年代後半には二万ｔを超えており、その後（二二～二三年を除くとしても）一万ｔ台に減少するが、二〇年代半ば以降の増加によって三〇年代半ばには二万ｔ近くにまで増加しており、ほとんどの年で全体の半数程度を占めている。その内訳については判明しないが、銭湯・飲食店などの商業用炭・家庭用炭などがこれにあたると考えられる。前述の通り、工業生産額に対して相対的に人口規模は大きいので、このような消費量の構成となったものとみられる。

石炭の業種別消費内訳については、やはり一九二〇年代の一部の時期しか判明しないが、表3-3のとおりである。いずれの年も「特別工業」が六割以上の比率を占めているが、このカテゴリーにはガス、コークス、コールタールの製造が含まれており、一九二五年におけるコークスの製造量は二一二四ｔであった。佐世保市内の石炭消費量のかなりの部分が、ガス・コークス関連によって占められていたことが理解できる。また、佐世保の工業構成において酒類・醤油・菓子類など食料品工業が上位を占めていること

表３－４　佐世保における主要工場と石炭消費量　（単位：ｔ／円）

工場名	工場主	創業年	製品種別	石炭消費	製造価額
野田鉄工所	野田實一	1898年	汽機・機関	129	130,280
野田醤油醸造所	古賀勘四郎	1894年	醤油製造	62	125,029
丸善醤油醸造所	古賀政一	1888年	醤油製造	374	153,265
宮地石鹸製造所	宮地金吉	1890年	石鹸	18	235,750
山領鉄工所	山領浅吉	1906年	機械類	7	10,972
井上鉄工所	井上久米三郎	1914年	機械類	7	65,002
株式会社大和屋洋服店	大和屋洋服店	1922年	洋服	—	225,100
新見鉄工所	新見市助	1912年	機械類	6	18,900
中島鉄工所	中島儀助	1914年	車	27	4,500
福石工作所	藤瀬雪雄	1913年	機械船具	14	5,694
木島鉄工所	木島春吉	1905年	車	15	8,700
新進舎	松永一郎	1911年	活版	—	7,900
冨田酒場	冨田等平	不詳	酒	8	106,500
佐世保海軍工廠現業員共済会家族授産場	池田一索	1907年	海軍被服品	—	52,490
佐世保下士卒家族共励会	家族共励会	1904年	海軍被服品	—	146,920
魁成舎	熊沢武二	1894年	印刷業	—	37,000
西部合同瓦斯株式会社営業所	中原太一郎	1912年	瓦斯	106	233,826
合資会社軍港新聞社	近藤徳壽	1913年	新聞印刷	—	49,600
佐世保飲料株式会社	竹内八百吉	1919年	飲料水及濁酒	—	18,908
大倉組裁縫場	浦山禎三	1913年	軍衣裁縫	—	42,500
杉谷製綿所	杉谷良一	1913年	製綿	—	16,800
沖支店	木下幸一	1904年	醤油製造	143	30,160
武駒商店	熊井萬吉	1912年	味噌醤油	21	132,349
株式会社田中丸商店精米所	田中丸商店	1910年	精米	—	14,214
日東製氷株式会社第65工場	中島仙太郎	1919年	製氷	1,971	38,125
同第50工場	山口一郎	1910年	製氷	—	58,264
久部飲料製造所	久部七郎	1902年	清涼飲料水	—	13,920
久部飲料水製造	久部萬一	1911年	清涼飲料水	—	45,924
佐世保活版舎	須藤敬一	1899年	印刷業	—	14,000
高倉商会	高倉勇次郎	1918年	鉄工	—	7,900
佐田鍍金所	佐田四三	1920年	鍍金細工	9	5,440
川久保活版印刷所	川久保卯七	1918年	活版	—	9,000
北村精米所	北村伊之次	1902年	精米	—	32,780
大社飲料水製造所	大社三之助	1919年	ラムネ製造	—	12,300
小林製綿所	小林儀助	1912年	製綿	—	21,800
佐世保在郷軍人家族裁縫場	朝村運吉	1921年	軍衣裁縫	—	25,642
毛利鉄工所	別府光由	1913年	器械	15	7,400
マルカ醤油醸造所	梯政吉	1897年	醤油諸味	53	52,129
石田印刷所	石田虎三郎	1912年	印刷	—	8,700
佐世保軍港ラムネ製造所	草野源一	1922年	飲料水製造	—	72,000
砕石混凝土株式会社	砕石混凝土株式会社	1922年	砕石	—	40,880
古川製綿所	古川要太郎	1915年	製綿	—	29,220
笹野缶詰製造所	笹野雄太郎	1918年	缶詰製造	6	4,700
平野洋服店	平野忠次	不詳	洋服	—	4,236
市瀬醤油醸造所	市瀬兵吉	1921年	醤油製造	48	41,032
鈴木靴下製織所	鈴木マス	1919年	靴下製造	—	8,338
隆文舎印刷所	江島萬吉	1912年	印刷	—	4,200
上西製麺所	上西鶴蔵	1918年	素麺製造	14	21,600
小林酒造場	小林憲一	寛永年間	酒類醸造	30	48,000

出所：『佐世保市統計書』大正12年版、1924年、57～58頁。

注：1921年12月末現在で、職工５名以上を有する工場。1921年１年間の数値。

を反映して、「飲食物」が三〇〇〇t前後を占めている。ほかの業種の消費は少なく、繊維関係、および雑工業についてはそれなりの生産額があるものの、石炭消費量はゼロということになっていた。これらの工場は規模も小さく、主として電動機を使用していたものとみられる（他方で、調査上の限界による脱落も多かったものと推測する）。

最後に、一か年分のみではあるが、佐世保における主要工場（職工五名以上）について、具体的な石炭消費量を示した資料が存在するので、表3-4にそれを示そう。製造価額が大きいのは宮地石鹸製造所、西部合同瓦斯株式会社営業所、大和屋洋服店などであるが、これらの石炭消費量は西部合同瓦斯を除いてほぼゼロに近かった。他方で、群を抜いて大きな数値を示しているのは日東製氷第六五工場であり、全体の三分の二近くを占めていた。やや不可解なのは、西部合同瓦斯の部分である。前掲表3-3に示した「特別工業」の消費量がほとんどガスによるものであることを考えても、ガス製造に使用した石炭が一〇〇t程度であるはずはない。この資料に関しては、「特別工業」に含まれる部分の石炭消費を除外していると考えれば（すなわち、ガス製造に使用した石炭以外の部分がここに計上されていると考えれば）、おおよそ前掲表3-3の数値と整合する。

いずれにせよ、佐世保市内における民間の石炭消費は少なく、とりわけ工業用の消費が小さかったことがわかる。

(二) 佐世保鎮守府・海軍工廠関連の石炭需要

次に、ここまでのデータには反映されていないと思われる海軍関係の石炭需要について確認していこう。まず、「海軍省年報（極秘）統計」に記載された佐世保鎮守府による石炭・煉炭受入量については表3-5のとおりである。比較のため、呉鎮守府の数値も掲載した。周知のように、軍用燃料としては明治末期より既に「重油の時代」に突入していた。[9] しかし、平常用の軍艦燃料や軍港内の小型船燃料については、両大戦間においても煉炭・石炭が多量に使用されていたことがわかる。とはいえ、この期間においても「エネルギー転換」は進行しており、佐世保における重油の受入高が一九二〇年代から三〇年代にかけて最大三倍にまで増加する一方で、第二種・第三種和炭の合計は、約二〇万tから五万五〇〇〇tへと減少していた。この「転換」については呉も同様（重油の増加については、呉の方が著しい）だが、和炭の減少の程度については佐世保の方がやや急であった。

ただし、表3-5に示した燃料受入量については、艦船に用いられた分の内訳は明記されているが海軍工廠の需要量については含まれていない。佐世保海軍工廠における石炭需要量については一九二一年度まで『海軍省年報』に記載があり、二〇年度は二六七一八t、二一年度は二六七一〇tであった。[10] また、門司鉄道局の資料から一九一〇年代末～一九二〇年代前半の六か年分のみ、海軍工廠への石炭到着数量を確認することができた（表3-6）。これによると、最大時の一九一九年には約六万tの到着量であり、軍縮期に入った一九二四年においても三万t台となっている。到着量イコール消費量というわけではないが、佐世保における民間の石炭総消費量よりも多くの石炭が、この期間には海軍工廠で使用されていたのである。その輸送方法としては一九二一年頃までは鉄道輸送が多く用いられていたが、徐々にその数量が減少していき、一九二四年には〇となっている。この点に関しては、後述する。

また、同じ門司鉄道局の資料では、一九二三年における佐世保の石炭消費量は約一三万tであったとの記述がある。[11] 同年における軍需約一一万tに、[12] 官民需二万t弱（前掲表3-2）を合計すると、ほぼこの数字と整合する。[13] いずれにせよ、佐世保における石炭需要は、圧倒的に海軍関連のものが多数であったことが理解できる。

表３－５　佐世保・呉鎮守府における石炭の受入高（第２種・３種のみ）　（単位：ｔ）

	1920年		1924年		1928年		1933年		1935年	
	佐世保	呉	佐世保	呉	佐世保	呉	佐世保	呉	佐世保	呉
煉炭	660,839	348,818	113,696	183,382	68,149	152,103	53,030	108,431	22,912	55,644
第2種和炭	148,145	61,967	55,595	49,360	75,944	29,611	51,986	26,971	32,299	29,140
第3種和炭	52,585	30,028	11,737	1,620	18,511	4,000	23,432	5,936	22,818	9,181
和炭合計	200,730	91,995	67,332	50,980	94,455	33,611	75,418	32,907	55,117	38,321
重油	103,679	67,178	193,989	588,790	153,583	908,437	325,514	546,032	251,055	805,727

出所：「海軍省年報（極秘）統計」大正10、13、昭和３、８、10年度（防衛研究所所蔵、①中央―年報―18、23、30、38、41）。

注１：煉炭については、第１種・第２種・天草など煉炭類の合計。第１種英炭等については少量のため、省略した。

注２：「第１種」～「第３種」は品質のちがいである。「第１種」は英炭（または、品質的にそれに相当するもの）であり、「第２種」は北海道・九州産出炭のうち優良な品質を有するものが含まれる。

では、鎮守府や海軍工廠で用いられていた石炭がどこから供給されていたのか。また、その石炭はいかなる方法によって輸送されてきたのか。これらの点について、次の節で確認していこう。

第二節　軍港都市佐世保への石炭供給

(一)　一九一四～一五年における海軍用炭の供給元

佐世保海軍工廠需品庫「石炭事業報告」（大正三年八月）という資料が存在する[14]。この資料により、一九一四年八月～一九一五年二月までの七か月間のみであるが、佐世保軍港において受け入れられた石炭が、どこから供給されたものかを確認することができる。本章の主たる分析対象時期からはやや前にずれるが、大変貴重なデータなのでひとまずこれを参照しよう（表3-7）。

この期間の石炭受入総量は、約一二万五〇〇〇ｔであった。単純

表３－６
佐世保海軍工廠到着石炭数量
（単位：ｔ）

	鉄道	船舶	合計
1919年	17,590	40,886	58,476
1920年	27,736	26,717	54,453
1921年	16,239	29,364	45,603
1922年	1,995	43,871	45,866
1923年	426	48,464	48,890
1924年	0	34,273	34,273

出所：門司鉄道局運輸課『産物と其移動・上』1925年、531頁。

表３－７　佐世保鎮守府における石炭の受入状況

（単位：ｔ）

石炭納入者	受入炭量	炭種
日本煉炭会社	38,121	天草二等煉炭
徳山煉炭所	27,554	海軍一等煉炭、二等煉炭、英炭など
海軍採炭所	18,509	二等、三等和炭
三菱合資	18,265	二等、三等和炭
森永商店	15,154	三等和炭
三井物産	7,758	三等和炭
合計	125,361	

出所：佐世保海軍工廠需品庫「石炭事業報告」（大正三年八月）、JACAR（アジア歴史資料センター）Ref. C10080427300、（防衛省防衛研究所）。

注：「三菱合資」・「三井物産」については、原資料では「三菱」・「三井」とのみ記されていたが、当該期における石炭販売を担当した企業名に修正した。

計算で一か年分を推計すると約二一万五〇〇〇ｔということになる。前述したようにこれは煉炭を含んだ数値であり、「和炭」のみであれば一年間で約一〇万ｔ程度の受入にあたり、これは一九二〇年代以降の数値と比較してやや少ないようにもみえるが、とりあえずこれによって供給元を確認していこう[15]。

この表で、最も多い数量を示しているのは「日本煉炭会社」であり、その供給はほぼ全てが「天草二等煉炭」であった。同社は、一八九七年（明治三〇）に天草炭業株式会社として創業し、後に日本煉炭株式会社と改称している。天草地域で無煙炭を採掘し、それを原料として海軍用の煉炭を製造し、販売していた。一九一四年度（一九一四年四月～一五年三月）においては、海軍用二種煉炭を六万六五〇〇ｔ製造している[16]。日本煉炭の納入量からその一か年分を推計すると約六万五〇〇〇ｔにあたり、同社の製造量とほぼ整合していることがわかる。

日本煉炭に次いでいるのが、「徳山煉炭所」であった。これは、一九〇五年に創設された海軍煉炭製造所を指す。ここから供給されているのも、ほとんどが一等・二等煉炭であり、他にイギリス炭なども少量ながら供給されていた[17]。

「海軍採炭所」については、約一万九〇〇〇ｔ程度であり、供給されているのは、二等・三等和炭であった。これは、糟屋炭田に所在する新原炭鉱産出の石炭であった。新原炭鉱は、一八九〇年に「新原採炭所」として開庁され、一九〇〇年に「海軍採炭所」に改称され、この時期に至っている[18]。

その他、民間企業については、三菱合資が約一万八〇〇〇t、森永商店が約一万五〇〇〇t、三井物産が約八〇〇〇tを納入している。いずれも、運輸手段としては和船や帆船を用いており、近隣の炭鉱からの輸送が推測される。三菱合資であれば高島炭鉱、九州炭礦汽船株式会社崎戸炭鉱や、唐津の相知《おうち》炭鉱など、三井であれば三井鉱山三池炭鉱などがそれにあたる[19]。森永商店については、どこの石炭を取り扱っていたのか不明である。ただ、この資料で三井物産が登場するのは一九一四年九月のみであり、その他の月については森永が三井の石炭を委託されて納入していた、という可能性もある。

前掲表3-5の一九二〇年の数値や、海軍新原炭鉱の産出量（同年に、二四万八〇〇〇tを産出[20]）を考慮すると「海軍採炭所」の数値がやや少ないようにみえるが、これは新原炭の一部が徳山に送られ、二等煉炭となって佐世保に送出されていることなどと関係していると思われる。以上を考慮したとき、供給の中心となったのは徳山および天草から移送される煉炭と新原の石炭であり、一般炭鉱からの供給は相対的に少数で、また隣接する北松炭田からの供給と確定できるものはなかった。仮に、森永商店扱い分がすべて北松炭であったとしても、重要な取引先とまではいえないだろう。

(二) 新原炭鉱の出炭量の推移

上述したとおり、佐世保鎮守府における燃料のうち、「和炭」および「二等煉炭」として、新原海軍炭鉱産出炭の使用は重要な位置を占めた。そこで次に、糟屋炭田に所在していた新原海軍炭鉱における出炭と、その輸送について検討していくこととしたい。

新原炭鉱の戦間期における出炭量については、図3-1のとおりである。昭和恐慌期にやや落ち込みをみせ、

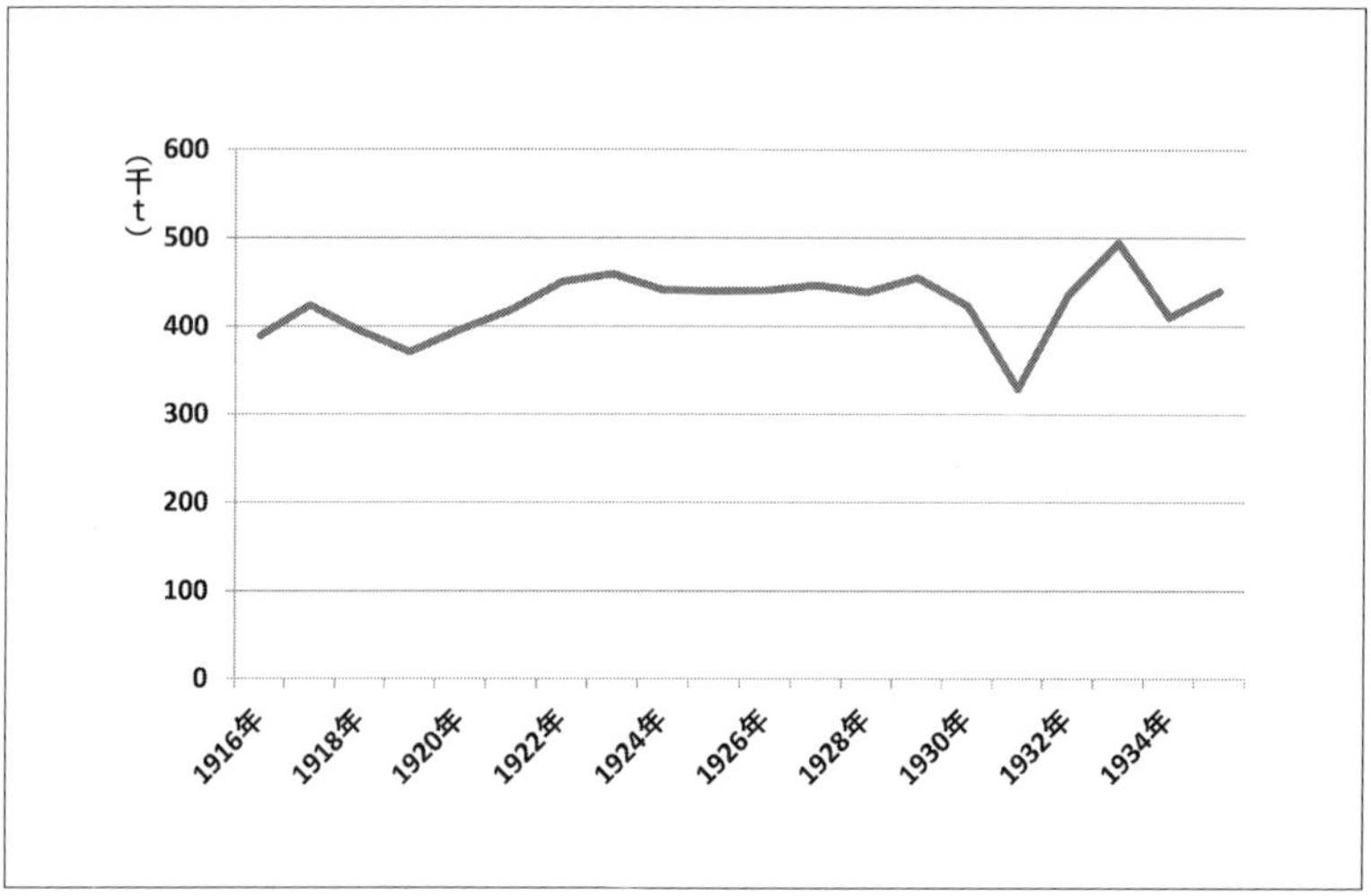

図3－1　新原炭鉱（海軍炭鉱）の出炭量
出所：「海軍省年報（極秘）統計」各年度（防衛省防衛研究所所蔵）。

その後二年間に二〇万tほどの急増をみたほかは、年間約四〇～五〇万t程度の出炭で安定している。このことは、二つの点で注目される。一つめは、民間炭鉱との対比である。多くの民間炭鉱においては、第一次大戦期・戦後期に大きく出炭量を伸ばした後、戦後恐慌によって出炭量が減少し、その後は石炭鉱業連合会による送炭調節によって送炭量がコントロールされるなか、出炭を漸増させている[21]。新原炭鉱の場合は、この間の増減が緩やかである。昭和恐慌期には、統制の強化もあって多くの炭鉱の出炭量は激減していたし、その後の回復期においては送炭調節の継続に加え、販売統制機関である昭和石炭株式会社が設立されたため、それほど急激には出炭量を増加させることができなかった。新原についてはこの時期も民間炭鉱とは傾向を異にしており、いったん一〇万tほど減少した後、速やかに出炭を回復している。同炭鉱が、海軍という特殊な需要先に供給する主体であるということ、またそれに起因して、石炭鉱業連合会・昭和石炭株式会社などの統制機関に対して、アウトサイダーとして存在していたということなどが大きいだろう。
もう一つ注目すべき点は、前述したように、一九二〇年代半ば以降において艦船による石炭需要が急激に低下していたにもかかわらず、新原炭鉱の出炭量は減少しておらず、一九三〇年代半ばには、むしろ二〇年代よりも増加していたということである。特に二点目に関しては、佐世保における石炭需要と関係するため、その輸送について確認していこう。

(三) 新原炭の輸送

新原海軍炭鉱で産出された石炭は、糟屋炭田の宇美と港湾のある西戸崎を結ぶ、博多湾鉄道（一九〇〇年〈明治三三〉の設立当初は博多湾鉄道株式会社、一九二〇年より博多湾鉄道汽船株式会社。現・九州旅客鉄道株式会社香椎線、および西日本鉄道株式会社貝塚線）によって輸送された。ただし、その輸送のあり方については、一九二〇年前後を境として異なっている。

一九一〇年代までは、新原炭鉱から博多湾鉄道に積載された石炭を、西戸崎《さいとざき》港で東京湾汽船などが所有する船舶に積み替え、他地域へと輸送していた。ただし、佐世保地域への輸送に関しては、主として新原炭鉱から馬車などで九州鉄道雑餉隈《ざっしょのくま》駅へと輸送し、そこから鉄道で佐世保まで輸送していたとされる[22]。

しかし、一九一九年（大正八）より博多湾鉄道が船舶を所有したことで、特に佐世保への輸送方法に変化が生じる。これより以降は佐世保・呉・鎮海などへの石炭輸送を、海軍から博多湾鉄道（汽船）が請け負うこととなったのである。前掲表3-6において、一九二〇年以降に鉄道による佐世保海軍工廠への着炭が急激に減少しているのは、この輸送方法の変更が大きく影響している。

こうした変化のあった一九二〇年以降における博多湾鉄道汽船による石炭輸送について、表3-8に示した。

表3-8　博多湾鉄道（汽船）による石炭輸送　（単位：t）

	鉄道輸送	海上輸送				
		呉	徳山	佐世保	その他	合計
1920年度上期	235,060	49,527	45,366	19,842	2,680	117,415
1920年度下期	254,363	54,477	47,631	17,404	1,320	120,832
1921年度上期	227,479	55,651	42,631	6,779	12,870	117,931
1921年度下期	269,936	60,489	55,954	9,502	3,812	129,757
1922年度上期	264,962	60,292	48,002	18,706	9,479	136,479
1922年度下期	247,507	84,026	28,692	29,734	3,132	145,584
1923年度上期	254,275	71,613	33,953	41,424	4,638	151,628
1923年度下期	272,920	99,036	28,522	36,244	4,270	168,072
1924年度上期	291,987	98,182	29,584	36,179	0	163,945
1924年度下期	276,986	85,848	24,055	17,919	5,398	133,220
1925年度上期	281,739	88,791	24,032	16,553	8,499	137,875
1925年度下期	334,228	114,041	22,068	20,127	724	156,960
1926年度上期	288,138	87,128	22,224	20,233	10,991	140,576
1926年度下期	296,612	103,876	26,814	24,902	2,426	158,018
1927年度上期	270,653	88,898	15,546	35,285	13,829	153,558
1927年度下期	310,715	119,833	2,325	23,165	14,050	159,373
1928年度上期	304,610	84,858	13,346	36,076	23,326	157,606
1928年度下期	320,263	96,684	12,397	31,694	22,401	163,176
1929年度上期	312,801	90,687	17,524	35,617	28,385	172,213
1929年度下期	304,813	88,529	23,998	27,003	29,151	168,681
1930年度上期	255,504	89,876	21,343	25,365	22,370	158,954
1930年度下期	274,478	91,034	15,833	18,185	24,540	149,592
1931年度上期	204,585	59,541	8,391	15,198	17,574	100,704
1931年度下期	224,583	61,322	7,325	20,052	20,481	109,180
1932年度上期	207,981	75,760	10,875	12,625	12,793	112,053
1932年度下期	310,432	119,801	11,657	15,248	27,766	174,472
1933年度上期	288,148	110,428	11,336	16,808	25,838	164,410
1933年度下期	316,161	160,099	－	－	8,713	168,812
1934年度上期	335,821	123,809	－	－	37,811	161,620
1934年度下期	382,194	153,149	－	－	30,403	183,552
1935年度上期	389,168	149,798	－	－	31,114	180,912
1935年度下期	403,654	168,645	－	－	27,019	195,664
1936年度上期	402,083	145,999	－	－	38,814	184,813
1936年度下期	446,446	169,833	－	－	42,414	212,247

出所：博多湾鉄道汽船株式会社『営業報告書』各期。
注：1933年度下期以降の海上輸送については「呉他」とあり、行き先が明示されていない。

西戸崎までの「鉄道輸送」については、一九二〇年代初頭で年間四〇万t台であり、徐々に増加していき、一九三〇年代後半には八〇万t台まで増加している。図3-1とあわせて確認すると、当初は海軍炭鉱炭の輸送が大きな比率を占めいているが、その後は糟屋炭田諸炭鉱による輸送も増加しているものとみられる。

次に、西戸崎港からの海上輸送をみていこう。佐世保へは一九二〇年には約四万t弱の輸送であったが、翌年には二万t以下へと急減し、(23)その後は再び増加を続け、二八〜二九年度には六万t台の輸送となっている。昭和恐慌期には佐世保への輸送が急減し三万t程度となっているが、その後は海上輸送の内訳が示されなくなっているので、詳細は不明である。なお多くの期において、佐世保よりも呉、徳山への送炭の方が多量であるが、これは艦船用のほか、軍工廠における工業用利用（主として呉）、および煉炭燃料としての利用（徳山）などの要因が挙げられよう。(24)

前掲表3‐5とあわせてこの表をみると、一九二四年については新原から佐世保へと輸送された石炭の量（約五万四〇〇〇）tと、佐世保における軍用炭（和炭）の受け入れが近い値となっている。ただし、新原炭鉱の出炭量と、博多湾鉄道汽船の海上輸送量（全体）の間には一貫して乖離があり、同社以外による新原炭の輸送経路が存在していたことをうかがわせる。

一九三〇年代初頭については佐世保への輸送炭が大きく減少していることになっているのに対し、軍用炭の受入はそこまで減少していない。前述したとおり、前掲表3‐5の数量のほかに海軍工廠による需要も存在することを考えれば、さらに石炭需要の側が超過していることになる。他方で、前掲表3‐5に示した一九三〇年代の呉の石炭受入数量と、表3‐8における呉への輸送数量も大きく乖離している（こちらは、表3‐8の数量の方が多い）。これらを勘案すると、一九二〇年代後半以降については、（佐世保で）海軍炭鉱以外の一般炭鉱からの石炭受入が増加したか、呉、徳山などから佐世保へと再輸送されていたか、または博多湾鉄道汽船とは別の主体による輸送が増加したか、のいずれかということになる。後述するようにこの時期に一般炭鉱から海軍への石炭販売が増加したとは思われないので、恐らくは後二者のいずれかではないかと推測する。

この点について傍証するために、一九三四年度（昭和九）上期における海軍用炭（佐世保のみでなく、全国の）需給について、大手炭鉱による販売カルテルである昭和石炭の資料を確認する。これによると、一九三四年度上期（四～九月）における海軍用炭の需要実績は二三万八〇〇〇ｔであり、海軍炭鉱の供給が二〇万七〇〇〇ｔであったことが判明する。[25] 海軍炭鉱の石炭は、当然ほぼすべてが海軍需要に向かうとして、その差は約三万ｔである。海軍全体（年間換算で五〇万ｔ弱の需要）に対し、民間の炭鉱全体で年間六万ｔ程度の取引しかなされていなかったということになる。その前年、一九三三年度（昭和八）については、一～一二月における昭和石炭加盟炭鉱による海軍全体への販売量が判明する（海軍全体の需要量は不明である）。これによると、同年における海軍への販売量は昭和石炭加盟会社全体で約一万九〇〇〇ｔに過ぎず、三菱鉱業がおおよそ半分の約九〇〇〇ｔを占め、さらに三菱商事による輸移入が約五〇〇〇ｔほどであった。[26] 以上にみたとおり、いずれの年度も民間炭鉱による海軍への石炭販売はわずかなものであった。佐世保鎮守府・海軍工廠が購入した民間炭鉱産出炭は（あったとしても）さらにその一部ということになり、やはり表3-5と3-8における数値の乖離を埋めるほどの数量にはなり得ないことがわかる。一九一〇年代とは異なり、軍需用消費が減少する一方で海軍炭鉱の産出炭量に大きな変化のなかった戦間期には、海軍炭鉱産出炭が軍需に占める比重は上昇したものと推測される。

㈣　佐世保周辺の諸炭鉱の動き

最後に、佐世保周辺の北松炭田における出炭、および送炭の状況について確認し、軍港都市佐世保の石炭需要との関係について言及していく。まずこの地域の特徴として、佐世保鎮守府・軍港の境域内に炭田が存在していることが挙げられる。軍港規則・要塞地帯法の存在により、軍港境域・要塞地帯に含まれる鉱区については、採掘が厳しく制限された。[27] たとえば一九一九年には、官営製鉄所が「北松浦郡山口村日比炭鉱中五尺層ト称スル炭層ヲ採掘シ之ガ積出港トシテ鴛鴦ヶ浦ニ若干ノ水陸設備ヲナスコトヲ計画」し、「白仁製鐵所長官ハ

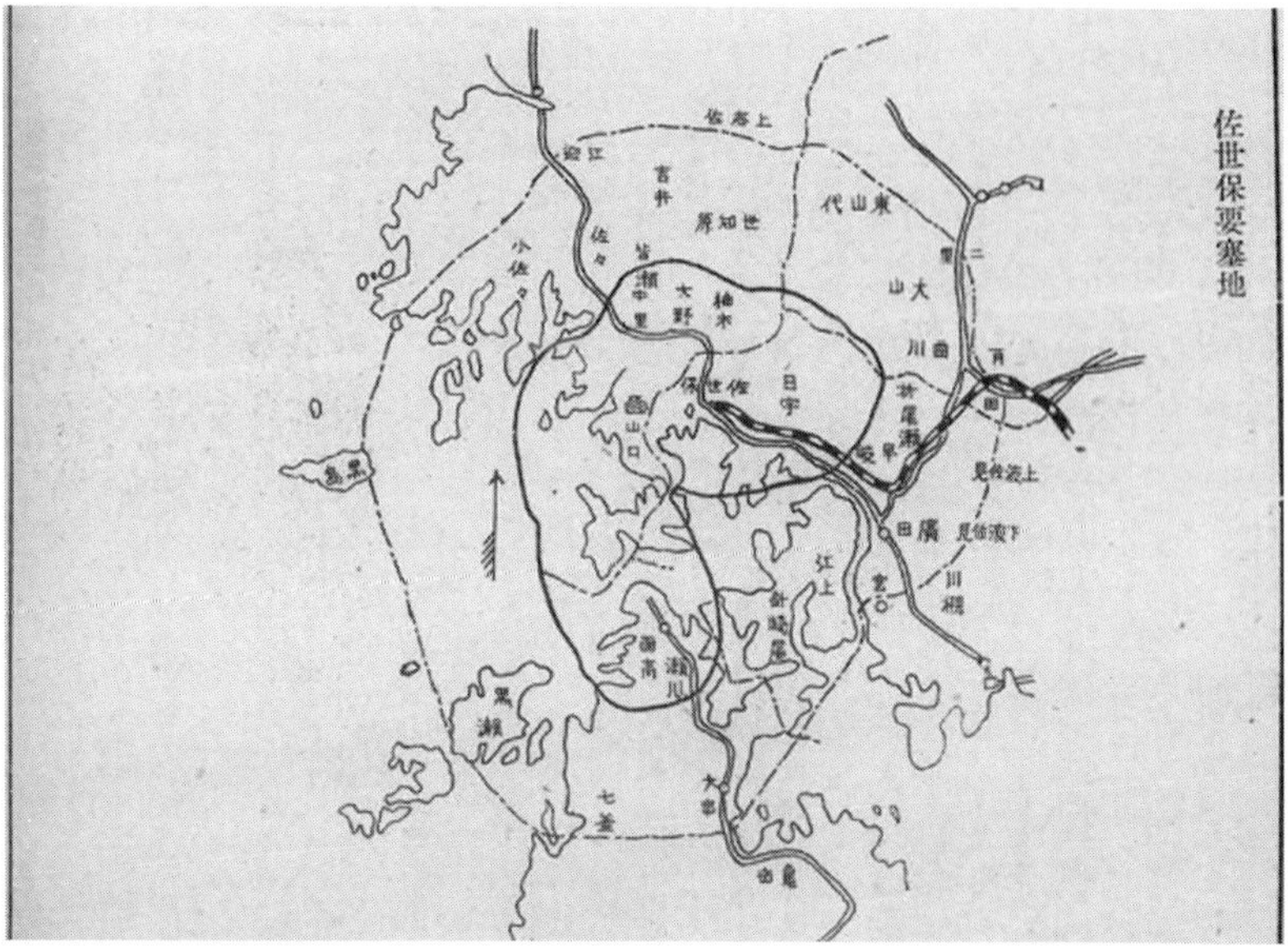

図3-2　佐世保要塞地帯

出所：海軍省『海軍制度沿革・巻一五』海軍大臣官房、1942年、116頁。

注：1899年（明治32）における境界。実線内は陸軍防御営造物の地帯。点線は、要塞地帯法第七条第二項にかかる境界線。

先以テ本件ニ付財部佐世保鎮守府司令長官ノ同意ヲ求メ」たが、海軍は「海軍将来設備ノ予定地タルノ理由ヲ以テ円満ニ之ヲ拒絶」している[28]。結果として戦前期においては、佐世保市内、およびその周辺についてはほとんど石炭の採掘が行われなかった。要塞地帯の範囲は、図3-2に示した。

他方で、北松炭田全体の出炭量は図3-3のとおり順調に増加している。三井鉱山・三菱鉱業は進出しなかったとはいえ、もともと大手として存在していた松浦炭坑のほか、両大戦間期には住友合資会社（後、住友九州炭礦株式会社を経て、住友炭礦。芳野浦・大瀬炭鉱など）、官営製鉄所（後、日本製鐵株式会社。鹿町《ししまち》・池野炭鉱など）などが進出しており、その他中小規模の炭鉱とともに、出炭量を伸ばしていた。問題は、北松炭田諸炭鉱がどこに石炭を売り込むことで成長したか、である。残念ながら当該期を通じてこの点を明ら

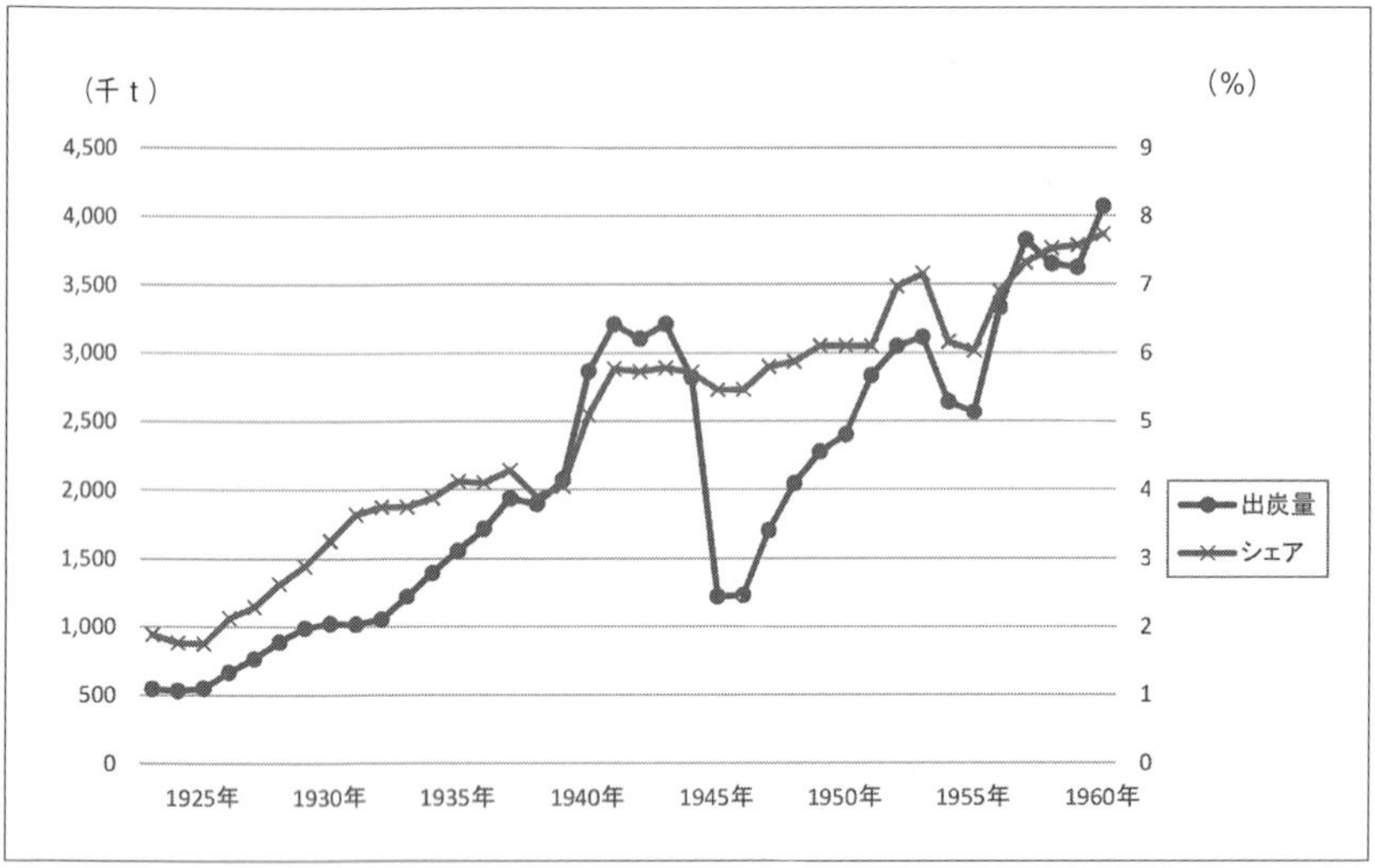

図3－3　北松炭田の出炭量とシェア
出所：拙稿「北松（佐世保）地域の石炭生産と流通」『エネルギー史研究』第32号、91頁。
注：出炭量は左軸、シェアは右軸。

かにできる資料は存在しないが、用途別・地域別の送炭先は一部について確認できる（表3-9、3-10）。

表3-9によると、筑豊など他炭田と比較して輸移出・船舶焚料としての使用は非常に少なく、鉄道用炭としての販売も決して多くないことがわかる。表3-10から内地地域別の送炭先をみると、北松炭の半数は阪神を中心とする国内各地に輸送されていた。他方で、佐世保を含む九州については、そもそも原資料にもその項目が存在していない。普通に考えれば、表3-10の「その他」にそれは含まれることになるが、一九三八年以外についてはいずれも二万tにも満たず、わずかである。

ここで問題になるのが、表3-9の「地売その他」である。一九三五年などは、これが北松炭送炭全体の三分の一以上を占めており、他炭田とは大きく異なっていた。この「地売その他」が、「地売」という名称が意味するとおり、北松地域、および隣接する佐世保地域において需要されたのであれば、軍港

表3－9　北松炭の仕向先　(単位：千t)

年度	内地	輸出	移出	船舶焚料	鉄道	地売その他	合計
1926	112	134	0	4	22	97	369
1930	112	124	4	14	69	130	453
1935	418	28	18	12	77	279	830
1938	1,496	9	43	77	168	41	1,834

出所：前掲拙稿「北松（佐世保）地域の石炭生産と流通」、94頁。
注1：1926、30年度について、出所資料は山陽と四国地域を併せて「山陽」としている。また、「内地移送」に朝鮮を含んでいるため、これを除外し、「移出」に含めた。
注2：製鉄所所有炭鉱（鹿町）については含まれない。

都市の展開と炭田の成長がリンクしていることになるのだが、恐らくそうではない。これも一九三三年度のみのデータであるが、北松炭田各炭鉱の八幡製鉄所契約数量について記録が残っており[29]、それによると合計二二万五〇〇〇tが製鉄所に向けて販売されていた。前掲表3-9の一九三五年度「地売その他」の数量と近い数値となっている。一九三八年度については、この「地売りその他」が減少しているが、かわりに表3-10の「その他」地域が急増しており、同様に八幡製鉄所による需要が大きな部分を占めたと推測されうる。注意すべきなのは、これが八幡製鉄所による需要のみということである。全国に所在する製鉄所、金属製煉所においては、一定量の（弱粘結炭を含む）北松原料炭[30]に対する需要が存在していただろう。これが、上述した表3-10にみたような広範囲への送炭につながっていた。こうした原料炭の出炭・販売が、北松炭田の成長の主動力となっていたことは間違いない。

ただ、強粘結炭を産出しない一般炭産出炭鉱も、北松炭田には多く存在する。炭田の開発当初より稼行している松浦炭鉱もそのひとつである。松浦については一九三〇年代後半の『営業報告書』が伝来しており、営業の概況に関する記述も存在する。これによると、一九三〇年代末には鉄道省納炭や重化学工業需要について記載されているが、一九四二年度上期に「佐世保工廠納炭及大阪方面積出活発ニヨリ安堵」と、はじめて佐世保海軍工廠に関する記載がある[31]。つまり、松浦炭鉱のような北松炭田の有力炭鉱でも、石炭需給が逼迫する戦時期になってようやく、海軍工廠を主要な販売先とすることができた、ということになるのであろう。一般炭炭鉱についても、海軍需要と結びついての成長とは、いえそうにない。

おわりに

最後に、冒頭の課題に立ち返って本稿をまとめた上で、第二次大戦後期における石炭需給について、戦前期と比較しながら展望し、むすびとしたい。

まず、両大戦間期を通じて、佐世保における石炭需要は、民需・軍需とも大きく増加していなかった。民間需要については、特に工業需要が小さいということもあり、そもそも大きくはなかったし、当該期に大きく伸びたということもなかった。また軍需についても、一九二〇年代における軍縮の影響のほか、艦船における石炭から煉炭・重油へのエネルギー転換の影響もあり、軍港において受け入れる石炭の量は、当該期においてむしろ減少していた。海軍工廠で使用された石炭の量は一九二〇年代の一時期しか明らかにできていないが、やはり一九二〇年代後半には軍縮の影響で伸び悩んだものと推測される。一九三〇年代には、ある程度の増加をみたかもしれないが、上述した艦船側の石炭需要減少分で十分に増加分を賄うことができたであろう。冒頭に確認したとおり、佐世保はまさに「消費都市」であったが、こと石炭の消費という面では、この時期を通じて停滞的に推移したということができる。

表３-10　北松炭の仕向先（国内地域別）　（単位：千ｔ）

年度	山陽	阪神	伊勢湾	京浜	山陰	北陸	四国	福岡	その他	合計
1926	9	54	24	14	0	0	－	－	10	112
1930	12	61	10	10	2	0	－	－	17	112
1935	54	195	57	45	2	20	27	－	17	418
1938	194	505	96	135	39	108	244		175	1,496

出所：表３-９に同じ。
注：表３-９に同じ。

他方で、佐世保周辺に所在する北松炭田については、他炭田と比較しても順調に成長していたといえる。ただしその成長が、先行研究がいうように「軍都佐世保という大需要源をもっていた」ためかというと、やはり疑問である。上述の通り、佐世保周辺における石炭需要の増加はわずかであったうえ、両大戦間期の軍需についてはほとんどが新原海軍炭の送炭で賄われ得る規模であり、民間炭鉱が供給する余地は非常に小さかったこと[32]、北松炭田が全国的にも稀有な強粘結炭を産出するという特性を持つため、産出炭のかなりの部分が八幡製鉄所をはじめとする製鉄業方面に供給されていたこと（そして、戦間期の佐世保周辺では、海軍工廠を含めてこれに対応する需要は存在しなかったこと）、などがその理由である。

では、このようなエネルギーの需給構造は、その後どのように変化していったのであろうか。戦時期に関しては、供給サイドはおおよその動向が判明するが、需要サイドはほとんど明らかにできない。このため、戦後期の需給構造の一端を確認し、戦間期と対比しておこう[33]。

まず供給サイドについて確認すると、戦時期には強粘結炭を中心とする原料炭が増産され、ピーク時の一九四三年（昭和一八）には約三二二万ｔ（原料炭生産のピークは四四年で、約七六万ｔ）の出炭を記録した。他炭田と同様、敗戦直後においては出炭が激減しており、一九四五年（昭和二〇）には約八八万ｔへと落ち込んだ。だが、その後の回復は早く、一九四九年（昭和二四）には早くも約一六〇万ｔへと増産している。この回復を支えたのが、かつて採炭を禁じられていた区域における新規開坑と、その出炭増加であった。佐世保地域における要塞地帯指定の解除により、佐世保市内の炭鉱は一九四六年（昭和二一）に三炭鉱・約七万四〇〇〇ｔの出炭であったものが、五二年（昭和二七）には三四炭鉱・約三六万ｔへと急増した[34]。こうした変化により、北松炭田の出炭シェアは敗戦直後の四％台から一九五〇年代前半の六％台へと急伸したが、一方で炭鉱の平均出炭規模の低下を招いた[35]。また、北松炭田の特徴であった強粘結炭の出炭については一般炭同様には伸びず、それらを含む原料炭の出炭比率は減少していった。以上のように、軍港都市からの転換は、戦後復興期における同炭田の急進を促す要因となったものの、同時に、低品質（北松炭の品質の低さは、戦前期以来一貫している）・

低能率な小規模炭鉱が密集するという産業構造にもつながっている。

他方、需要についてはどうだろうか。戦前期同様、佐世保市内の石炭需要については断片的にしか判明しないが、戦時期に完成し、送電を開始した相浦《あいのうら》発電所の存在は大きいだろう。一九四八年度（昭和二三）における佐世保市内の石炭需要を確認すると、相浦発電所が約二三万t、ガス用需要が約八〇〇〇t、その他が約三万tで、合計約二七万tであった。ガスやその他需要についても戦前期よりは伸びているが、発電用の需要が大きく立ち現れたことにより、北松一般炭の供給の道が開かれた[36]。

以上の簡単な概観からいえることは、戦後復興期においてはじめて、（佐世保市内炭鉱を含む）北松炭田諸炭鉱と、軍港都市から転換しつつある佐世保との間で緊密な関係が生じた、ということであろう。ただし、同時期における小規模炭鉱の急増は、エネルギー転換期において同炭田に早期の整理を強いることにもつながったのである。

（1）佐世保市、および長崎県北松浦郡周辺に存在する炭田については、戦前・戦時期には「北松炭田」、戦後期は「佐世保炭田」と呼称されていることが多い。この点については、拙稿「北松（佐世保）地域の石炭生産と流通―一九二〇～五〇年代―」『エネルギー史研究』第三二号、二〇一七年を参照のこと。本稿では、資料引用の場合などを除き、「北松炭田」に呼称を統一する。

（2）山口日都志「佐世保市およびその近郊の石炭産業の歩み―その二　明治末期から大正まで―」『郷土研究』第一三号、一九八六年、前川雅夫『炭坑誌―長崎県石炭年表―』葦書房、一九九〇年など。また、市史や周辺の自治体史においても、石炭産業史に関して多くの言及がある。前掲拙稿、一〇二頁注（1）における研究史整理も参照のこと。

（3）三浦忍『近代地方交通の発達と市場―九州地方の卸売市場・鉄道・海運―』ミネルヴァ書房、一九九六年や、自治体史などに若干の言及がある。

（4）佐世保市総務部庶務課編『佐世保市史・産業経済篇』佐世保市役所、一九五六年、二七三頁。

(5) 山口日都志・中島眞澄「日本海軍と佐世保」（林博史編『地域のなかの軍隊　六・九州・沖縄』吉川弘文館）、九七頁。
(6) 佐世保市『産業方針調査書』一九二九年、商工九〇頁。
(7) 同上書、商工九一頁。なお、本資料におけるエネルギー消費や工業生産額については、佐世保海軍工廠分は含まれていないものと思われる。海軍工廠分については、後ほど検討する。
(8) 一九一〇年代前半までは佐世保に発電所が所在しており、一九一二年（明治四五）六月～十一月において柚木《ゆのき》切込炭（柚木炭鉱は北松浦郡柚木村〈現・佐世保市〉に所在した炭鉱。「切込炭」は塊炭と粉炭を篩い分けていない炭種）を約六一六万斤（約三七〇〇t）消費していた（逓信省電気局編『大正元年電気事業要覧』逓信協会、一九一四年、四七七頁）。しかし、その後一九一三年（大正二）に佐世保電気株式会社が九州電灯鉄道株式会社に合併され、一九一四年（大正三）より佐賀県の水力発電所から佐世保に電力供給がなされるようになったことで、この発電所は廃止されている（東邦電力史編纂委員会編『東邦電力史』東邦電力史刊行会、一九六二年、六四～六五頁）。その後、九州電灯鉄道と関西電気株式会社との合併を経て、一九二二年（大正一一）に東邦電力株式会社が成立している。
(9) 燃料懇話会編『日本海軍燃料史（上）』原書房、一九七二年、六七～七三頁。
(10) 海軍大臣官房『海軍省年報』各年度。なお、海軍工廠全体の石炭消費量は、一九二〇年度（大正九）が約四四万t、一九二一年度（大正一〇）が約三四万tで、呉の製鋼部が大半を占めた。
(11) 門司鉄道局運輸課編『産物と其の移動・上』、一九二五年、五三〇～五三一頁。
(12) 「海軍省年報（極秘）統計」大正十二年度（防衛省防衛研究所所蔵、①中央―年報―一二）、二七頁の「和炭」の受入数量（約六万t）と、前掲表3-6における佐世保海軍工廠の受入数量の合計値。
(13) 同上資料、二七頁によると、ほかに海軍用煉炭の使用が約六万t程度あった。
(14) 佐世保海軍工廠需品庫「石炭事業報告」（大正三年八月）、JACAR（アジア歴史資料センター）Ref. C10080427300、（防衛省防衛研究所）。この資料では、佐世保鎮守府における石炭の受入数量のほか、艦船などにどういった種類の燃料が、どの程度の数量積み込まれたかも知ることができる。
(15) 各軍港における「燃料」としての石炭の供給量・使用量は、「極秘」扱いの「海軍省年報」にのみ記載されている。一九一四年度（大正三）については、「極秘」扱いの「海軍省年報」が現存していないので、この数値を比較することはできない。ただし、海軍全体で「燃料」に投じられた金額は極秘扱いでない『海軍省年報』でも把握できる。これによると、一九一四年が約五八三万円であったのに対し、一九二〇年（大正九）には一一七五万円へとほぼ倍増していた。第一次世界大戦による炭価の上昇があるにせよ、この期間に使用量が増加していたことも事実であろう。

(16) 前掲『日本海軍燃料史（上）』、六五～六六頁、日本煉炭株式会社『営業報告書』大正三年度上期・下期を参照。なお、この時期においては天草炭を用いて煉炭を製造していたが、天草炭の出炭不振により、一九一九年度（大正八）以降は平壌炭、鴻基炭、さらには新原炭などが原料として用いられていた（「海軍省燃料沿革・第一編（海軍炭山）」一九三五年九月三〇日〔防衛省防衛研究所所蔵、⑥技術―燃料―三九八〕）。

(17) 海軍煉炭の規格である第一種煉炭、第二種煉炭に相当するものと思われる。第一種は、英炭・平壌無煙炭・鴻基炭などが用いられ、第二種には、これら諸炭の低質なものや、大嶺無煙炭・新原炭などが用いられた（前掲『日本海軍燃料史（上）』、一三八～一四一頁）。

(18) 前掲『海軍燃料史（上）』一三～一四頁、第四海軍燃料廠編『海軍炭鉱五十年史』一九四三年、を参照。なお、海軍煉炭製造所、海軍採炭所とも、一九二一年における海軍燃料廠の創設に伴い、同廠の一部門となっている（同上書、一九頁）。

(19) 本書第一章で、一九一〇年（明治四三）において相知炭鉱から海軍向けの送炭があったこと、一九一九年（大正八）には三池港、長崎港から佐世保港に石炭が移入されていることが指摘されているが、上述の推論を裏付けるものといえよう。ただし、表3-7で分析しているのは海軍用炭であるため、その数量が民間の統計に表出していない可能性もある。

(20) 農商務省『本邦鉱業ノ趨勢』大正三年度版を参照。

(21) 奥中孝三編『石炭鉱業連合会創立拾五年史』石炭鉱業連合会、一九三六年、二四～二九頁などを参照のこと。

(22) 前掲「海軍省燃料沿革・第一編（海軍炭山）」、九三～九七頁を参照。

(23) 同年には、佐世保の船舶用炭消費も急減している（前掲表3-2を参照）。両者の急減について、何らかの関係があるのかもしれないが、現時点では解明できない。

(24) 新原炭は、前述の通り第二種煉炭の原料として利用されたが、その製造にあたっていたのは海軍煉炭製造所（後、海軍燃料廠煉炭部）であった。なお、西日本鉄道株式会社一〇〇年史編纂委員会編『西日本鉄道百年史』西日本鉄道株式会社、二〇〇八年、六七頁には「ここ（西戸崎港―引用者注）から積み出された石炭は、仕向地の軍工廠で燃料として用いられた」と記述されている。確かに、例えば佐世保に向けて「和炭」として送炭された石炭は、一定量が軍工廠で使用されたものと推測できるが、港湾内の作業用の艦船の燃料にも用いられていた。また、上記のとおり、新原炭は第二種煉炭の原料ともなっており、軍工廠のみで用いられたわけではなかった。

(25) 昭和石炭株式会社「協議員会協議事項」昭和一〇年二月一五日、を参照。なお、販売統制機関である昭和石炭には、三井鉱山・三菱鉱業・北海道炭礦汽船をはじめとする大手企業は軒並み加盟しており、一九三四年（昭和九）における加盟企業の出炭量は約二七〇〇万tであり、約七五%のシェアを占めた（松尾純広「石炭鉱業連合会と昭和石炭株式会社」橋本寿朗・武田晴人編『両大戦間期日本のカルテル』御茶の水書房、一九八五年、二五四頁）。

(26) 同「協議員会協議事項」昭和九年三月二七日、を参照。なお、三菱商事による輸移入炭は、恐らく煉炭用の無煙炭（朝鮮、仏領印度などで産出される）であろう。

(27) 前掲『佐世保市史・産業経済篇』、二六二〜二六三頁。

(28) 前掲「海軍省燃料沿革・第一編」、八七〜八八頁を参照。

(29) 前掲拙稿「北松（佐世保）地域の石炭生産と流通」、九五頁表三を参照。なお、このなかには八幡製鉄所所有の鹿町炭鉱分は含まれていない。

(30)「原料炭」とは、主として製鉄用コークス原料に用いられる石炭を指し、粘結性が不可欠である。これに対し「一般炭」とは、粘結性を有さず、船舶焚料用、発電用、鉄道用、一般工場用などに用いられる石炭を指す。

(31) 松浦炭礦株式会社『営業報告書』昭和一七年上期。なお、海軍工廠に対する販売代金の取り立ては遅延しがちになり、一九四三年度には約七万七〇〇〇円の「未収入金」として計上されている（同上、昭和一八年度下期）。

(32) 本論でみたとおり、実際には民間炭鉱の石炭も海軍は受け入れていた。しかし、一九一四年（大正三）の事例では北松炭田に炭鉱を有しない三井物産・三菱合資による納入が多く、北松炭の受入があったとしても少数に留まった。また、佐世保への送炭ではないが、北松炭田に所在する住友合資会社大瀬炭鉱産出炭は、一九二〇〜二二年にかけて海軍二種煉炭の原料として使用されているが、この期間のみの使用であった。二種といえども海軍用煉炭の基準は厳しく、全体として低品質な北松炭ではそれに合致しなかったのであろう（「海軍省燃料沿革・第二編（煉炭）」一九三五年九月三〇日〈防衛省防衛研究所所蔵、⑥技術―燃料―三九九〉）。一九三〇年代については、新原炭鉱の出炭量増加と艦船による石炭消費の減少により、民間炭鉱が食い込む余地はさらに狭まっていたとみられる。

(33) 以下については、前掲拙稿「北松（佐世保）地域の石炭生産と流通」、九八〜一〇二頁に依拠している。

(34) 佐世保市統計課『佐世保市市勢要覧』一九五一年（国立国会図書館所蔵）を参照。

（35）一九四八年度（昭和二三）において北松炭田に所在する五八炭鉱のうち、二一炭鉱が一万t以下の出炭であった（前掲拙稿「北松（佐世保）地域の石炭生産と流通」、九三頁）。
（36）前掲『佐世保市史・産業経済篇』、二八六～二八七頁。

コラム

軍港都市佐世保と菓子

北澤　満

他の都市と同様、佐世保にも長い歴史を持つ菓子・甘味が多く存在する。そのうちのいくつかについては、佐世保が「軍港都市」であったことと深い関連を持っている。例えば、名称からそれが一目瞭然であるのは「入港ぜんざい」であろう。ただし、商品としての「入港ぜんざい」は、必ずしも長い歴史に根ざすものではない。「旧海軍の艦船で入港前夜、艦内でぜんざいが振る舞われたという習慣にちな」み、二〇〇〇年代に新たに名物料理として「考案」されたものが、定着したのである(1)。

他方で、こうした商品とは異なり、戦前期から密接に「軍港都市」と関わりつつ、発展を遂げた菓子店も存在する。本コラムでは、戦前期における佐世保の菓子業の位置を確認した上で、菓子店と軍港との関わりについて、いくつかの例を示す。

まず、一九二五年度の工業生産額における「飲食物工業」の比率を確認すると、佐世保市の場合は、おおよそ工業生産額全体の半分近くを占める。これは第三章でもふれているとおり、軍港都市が「消費都市」であることを如実に示すものである。同年度における佐世保の「飲食物工業」生産額は約二三〇万円であったが、このうち「菓子」が約五四万円を占めていた。これに、「餅・饅頭」（約二九万円）を合算すると「飲食物工業」全体に対して約三六％、工業生産額全体に対しても約一六％に達する。[2] 必ずしも工業生産額が多くはないなかで、菓子類の製造が非常に盛んであったことがわかる。

ほかの軍港都市について確認すると、同じ年度における県の菓子生産額は六五万円（食料品工業生産額全体の約一四％）、横須賀の場合は約四八万円（同三三％）であった。[3]『工場統計表』によって全国平均の数値を確認すると、菓子（菓子とパンの合計）工業が食料品工業全体に占める比率は約八％に過ぎなかった。[4] 額はともかく、佐世保や横須賀における菓子工業の比重は確かに大きいことがわかる。

では、佐世保における菓子業者の数は、歴史的にはどのように変遷していったのであろうか。これについては、商工人名録などにより、ある程度の規模を有する業者のみしか知ることできないが、ひとまずそれらを確認しよう。一八九四年（明治二七）刊行の『長崎県商工人名録』においては、佐世保の菓子業者は共産商店（舶来菓子取扱）一軒のみであった。[5] さらに、一九〇七年（明治四〇）刊行の『佐世保市街全図』においても、記載されているのは池田松月堂と久栄堂の二軒であり、[6] 一九一四年（大正三）の『日本全国商工人名録・第五版』では五名の記載であった。[7]

これに対し、一九三二年（昭和七）刊行の『市勢調査記念・佐世保市街町別図』では、三四軒もの菓子業者が記載されるようになった。[8] また、一九三八年刊行の『佐世保商工人名録』では主に営業収益税一五円以上の業者を収録しているが、パン屋四軒、餅・饅頭屋九軒、菓子業者四八軒の記

写真　戦前期の松月堂支店
提供：池田育郎氏。

載があった。さらにいえば、明治から続く池田松月堂（営業収益税二二〇・一八円）、竹田パン屋（同一二一・八四円）など、かなり大規模な店舗もみられるようになっている。[9] 以上は、ある程度の規模を有する菓子業者数であるが、一九二四年（大正一三）については菓子業者の名簿があり、より網羅的に確認できる。これによると、佐世保市の菓子業者は七三軒、横須賀市は一〇軒、呉市は四〇軒であった。[10] はっきりとした推移は跡付けられないが、おおよそ両大戦間期に菓子業者が増加し、規模を拡大していったこと、佐世保の菓子業者数は他の軍港都市と比較しても多かったことなどが推測されよう。

　佐世保で菓子業が盛んになった理由については種々考えられるが、やはり菓子業者が多い長崎市に隣接していること、隣接している北松地域の炭鉱や、離島への販売が見込まれることなどがあげられる。そのようななかで、佐世保が「軍港都市」であることによって、発展の糸口を見出したケースも存在する。以下、二つほど事例を紹介しよう。

一つ目は、全国的にも知名度の高い文明堂（現・株式会社文明堂総本店、株式会社文明堂東京など）である。文明堂は、一九一〇年代頃より茂木《もぎ》港（現・長崎市）に軍艦が入港すると見本箱をかついで注文を取りにいっており、海軍との関係が深かったという。時には佐世保鎮守府周辺にも注文をとりにきており、配送にはモーターボートも利用していたようである。こうした経緯から、海軍の人々から佐世保への出店を勧められ、一九一六年（大正五）に佐世保支店が設置されることとなった。この佐世保支店の成功は、文明堂の飛躍の契機となったとされる[11]。

さらにもうひとつ、大坪梅月堂の事例も紹介しておこう。梅月堂は一九一六年（大正五）、佐世保市宮崎町において、塩せんべい製造を業として創業した。その後、卸売業や和洋生菓子の製造にも進出しており、一九二七年（昭和二）には出資金一万円で合資会社大坪兄弟商会を設立、三八年（昭和一三）には営業収益税一五・五二円という規模であった[12]。合資会社設立直後の移転先の立地として選択されたのが、佐世保市塩浜町であった。塩浜町への出店については「鎮守府をはじめ海兵団や軍需部等の軍事施設に近く位置し、さらに大正三年に竣工して五島、崎戸、大島その他の離島航路の拠点としてようやく活気を帯びてきた万津町桟橋と、商店街を結ぶ線上にある、塩浜町の一角を選んだのは、今後の商勢拡大を期した（大坪―引用者注）忠次の慧眼であった」とされている[13]。いくつかの狙いが込められてはいたが、その第一となったのが海軍相手の御用商売であった。この一九二八年（昭和三）における店舗移転の狙いはあたり、売上が大幅に伸びたという。

以上のように、海軍による大口の需要を商機とし、経営を拡大した菓子業者は、さらに多く存在したものと思われる。冒頭に記述したように、海軍軍人は艦船上で長期間を過ごすことが多いため、「入港ぜんざい」のエピソードにみられるような甘味への渇望もあっただろうし、それとは別に贈答用としての注文も多量にあったとも推測される。さらに、一番ヶ瀬一心堂の「元祖佐世保名物軍艦煎餅」のように、軍港をモチーフとした「名物」商品の開発も存在していた[14]。

以上みたように、佐世保が「消費都市」として存在したということ以上に、「海軍」の存在が、菓子業者の成長に大きな影響を与えていたのである。

（1）『朝日新聞』二〇〇三年一二月九日朝刊長崎面。入港ぜんざいについては、筒井一伸「『海軍』・『海上自衛隊』と舞鶴の地域ブランド戦略」坂根嘉弘編『軍港都市史研究Ⅰ　舞鶴編』清文堂出版、二〇一〇年、三九〇頁も参照。

（2）佐世保市『産業方針調査書』商工一〇三〜一二〇頁。

（3）『大正十四年・広島県統計書第三編其二』一九二六年、横須賀市役所編『横須賀市統計書・大正十四年』一九二七年。

（4）商工大臣官房統計課編『工場統計表』大正一四年版、一九二七年。

（5）佐々澄治編『長崎県商工人名録』長崎帳簿製造所。

（6）平岡昭利編『地図でみる佐世保』芸文堂、三一〜三三頁。これは、地図の裏側の広告のようなものなので、人名録よりさらに網羅性は低いものと思われる。

（7）渋谷隆一編『都道府県別資産家地主総覧・佐賀長崎編』日本図書センター、一九八八年、四三七頁。『日本全国商工人名録』は、納税額によってハードルを設けているので、やはり一定規模以上の業者しか記載されない。

（8）前掲平岡編『地図でみる佐世保』、五八〜六〇頁。

（9）川原慶一編『佐世保商工人名録』佐世保商工会議所、一九三八年、三五～四〇頁。
（10）松井喜次郎編『和洋菓子製造大鑑　附・全国菓業者名鑑』東洋製菓新聞社、一九二五年。この名簿については、横浜市、横須賀市など業者数が不自然に少ないところがあり、地域的なバイアスも大きいと思われる。
（11）以上については、中川安五郎述『文明堂総本店主中川安五郎苦闘録』一九四〇年、四七頁を参照。
（12）石丸照司編『風雪の道—大坪梅月堂六十年を顧みて—』株式会社大坪梅月堂、一九七六年、一三頁、前掲『佐世保商工人名録』、三九頁。
（13）前掲石丸編『風雪の道』、一六～一七頁。
（14）前掲松井編『和洋菓子製造大鑑』東洋製菓新聞社、一九二五年。

［付記］

本コラムの作成に際して、株式会社松月堂の池田育郎氏に資料をご提供いただき、また種々ご教示をいただいた。記して感謝申し上げる次第である。

第四章

せめぎあう「戦後復興」言説

—佐世保に見る「旧軍港市転換法」の時代—

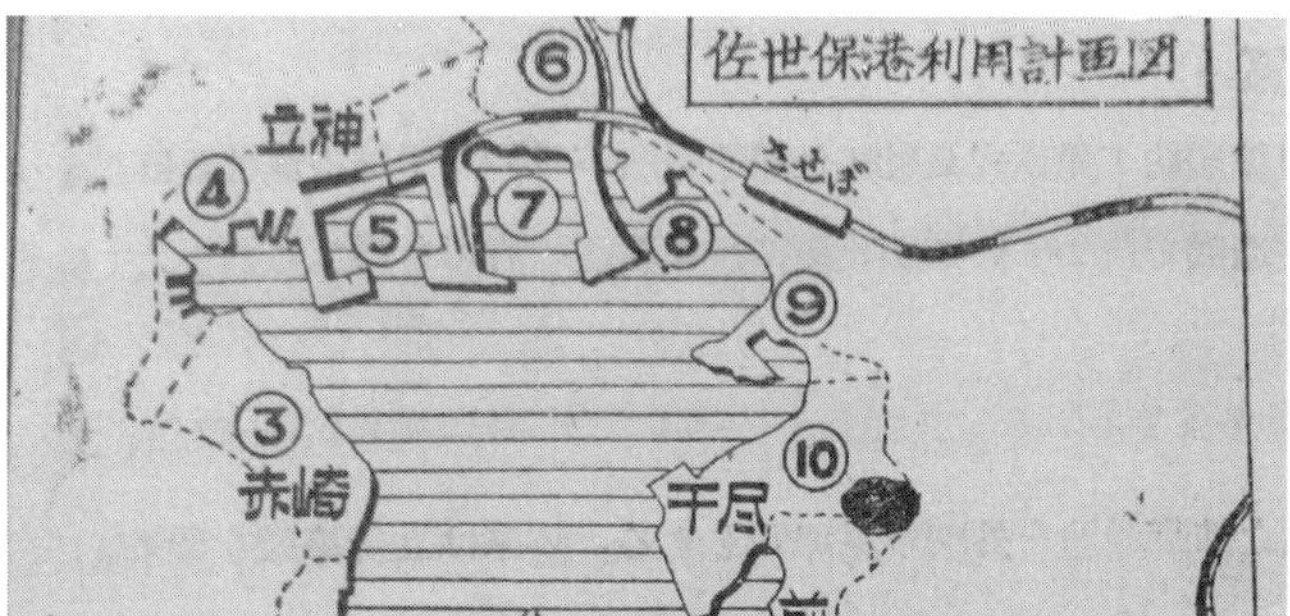

本章に登場する地名

（出典）佐世保商工会議所編『佐世保年鑑』（1952 年）より、PA43 地図

（所蔵）佐世保市立図書館

長　志珠絵

旧軍港市転換法住民投票の呼びかけ

出典：『させぼ　1960』（佐世保市総務部企画調査課　1960年）より
（佐世保市立図書館蔵）

はじめに

「軍港都市」という枠組みは、「地域」を考える有効な方法だろう。海軍「鎮台」としての都市開発は、人口流入による膨張と軍優先のインフラ機能、軍関係を顧客とした経済活動と消費中心の産業構造をもたらす。一方で港湾とはいえ商港機能は抑制され、豊かな外海を前に、漁港としては海面利用の制限を受けた。また国有地として市税の対象から外されるうえ、工廠で働く現業労働者の賃金は低く、市は税収入に乏しい。近代都市として特異な歴史性は、戦前社会の人々の生活や経済活動にとって地域の軍隊—海軍との関係性を問う、という興味深い試みに加え、「海の時代」の比較研究や工廠の技術水準等、現代歴史学としての課題を豊富化させる題材だ。

本シリーズでのこうした成果をふまえこの章では、戦後初期の軍港都市をめぐる「復興」に焦点をあてる。「地域」に視座を置いた歴史研究は、右肩上がりの発展・開発という近代化イメージがもたらす陰影を具体的に論じてきた。戦前の軍港都市は急激な上昇カーブを描く典型例の一つである。そしてとするならば、開発近代という物語の頂点でもあり、破綻の極みでもある「戦争」の「その後」への問いは重要だろう。本稿では主に一九五〇年（昭和二五）前後の、佐世保市行政とその周囲で発信される復興論、特に「旧軍港市転換法」（以下、軍転法とする）に関わる議論を中心に、戦後直後の「平和産業都市」構想のありようを、これまで自治体史記述でも用いられてこなかった新たな資料も含め、検討してみたい。

ところで軍転法は、いわば戦後史研究の文脈では忘れられてきた、と言っていいだろう。それは「旧軍港市」を称した四市（横須賀、舞鶴、呉、佐世保）の一九五〇年以後の「戦後史」と密接に関わった。特に軍転法の前提であった、占領政策の収束とこれに伴う「接収解除」の流れは朝鮮戦争と日米地位協定によって一変し、同法の歴史化そのものを阻んできたように思われる。例えば旧軍港市をめぐる同時代の語りはその独自性が強調される。軍転法の施行一〇年、佐世保財界を基盤に長崎県選出の元参議院議員、法案発議者議員でもあった門屋盛一《かどやもりいち》は、旧軍港市の産業復興が「はなはだ歩みが遅々としている」「転換産業の現状は矢張り他の産業の成長率に比して必ずしも順調には延びていない」としてその理由を以下のように述べている。

「四軍港が海軍の生贄になった都市であるということを世間では兎角忘れがちとなり、四軍港だけが特別の恩恵に浴するのは不都合だとの声も聞かれる。然しそれは考え方と事実の認識が違う、勿論敗戦により犠牲を蒙らないところはないが、旧軍港市のように全部市をあげて専ら海軍の目的に使われていたというところは特異の事情があり、その何よりの証拠には、今日まであれだけの努力をしながらも未だ完全には立ち直れないという現状であります(1)」(傍点引用者)

軍転法は近年ようやく歴史研究の対象となるが(2)、議論の関心は主に成立過程にある。本稿では成立過程に加え、成立「後」及び佐世保をとりまく情況にも即し、同時代史的な動きに注目していきたい。

第一節　旧軍港市転換法をめぐる「政治」

(一)　旧軍港市転換法への道

旧軍港市転換法は、一九五〇年（昭和二五）三月、参・衆での委員会提案、国会本会議通過後、新憲法七五条にそって四市での「市民投票」（六月四日）を経た六月二八日に公布・施行された。旧軍施設・旧軍用財産について、「旧軍港市」を四市に限って転用や譲渡を優遇し、戦後復興としての四市の産業基盤育成を目指した特別立法である。第五回通常国会での法案主旨は「（四市を）平和産業港湾部市に転換し、恒久の平和を実現しようとする日本国民の意思を世界に明らかにするとともに、国有財産たる旧軍用財産等を広くこれに活用する道を開くために提案(3)」とされた。条文は、平和産業への転換を高らかに宣言（一条）、四市に旧軍港市転換計画作成を求め、都市計画法・特別都市計画法の適用下とし（二条）、国の援助努力を求める（三条）など理念的性格が強い。他、国有財産法（一九四八年）と国の援助の関わりを規定（四条）、国有財産法の制限を超えて、国が転換事業として必要と認める場合には「普通財産を譲与しなければならない」と踏み込んだ文言（五条）と転換法の推進について市を含めた「旧軍港市国有財産処理審議会」設置を定め（六条）、事業の国への報告義務（七条）、市民の義務を明記（八条）、など八条からなる。

ところで成立過程と施行の特徴について強調すべき点は、四市市長とともに四市関係府県の衆参両国会議員による組織化が極めて重要な役割を果たすことだろう。成立前には参議院議員を事務局とした「旧軍港市転換促進委員会」（一九四九年一二月一日）が衆議院議員も含めて積極的な活動を展開した。成立後には改めて法案を具体的に進めていくための「旧軍港市転換連絡事務局」（以後「事務局」と略す）を設置（一九五〇年七月一日）、超党派からなる「旧軍港市転換促進議員連盟」（以後「連盟」と略す）を結成（一九五〇年一一月二四日）し、ＧＨＱ司令部や米海軍軍政司令部、日本政府の関係諸機関や省庁との折衝を繰り返した。

以下ではまずは立法化に向けた動きを、法案可決後での市民投票向け解説書としての『旧軍港市転換法』（一九五〇年）[4]および同時代史的な総括『軍轉法の生れる迄』（一九五四年）[5]の刊行物に加え、同時代での立法化に向けた動きを記録した「旧軍港市転換促進委員会」及び「事務局」による内部資料「旧軍港市転換問題会議経過概要」から補足して成立前史の経緯をたどる。[6]戦後初期の地域と国家、さらにはＧＨＱ／ＳＣＡＰの存在という興味深い政治力学の反映を指摘することが可能だろう。

まず、法案の発案をめぐる主体は四市長の動きにあった。きっかけとして、一九四九年（昭和二四）五月、四市長による国有財産払下の請願が国会で採択[7]、これを受け九月頃から四市理事者および関係する参議院議員団によって立法化の準備が進められ、東京での各市理事者協議会が開催（一〇月一九・二九日）[8]、呉市市長鈴木術による構想案が示され、次いで市長会議（一〇月二七日）では各市の「現況」とともに共通案が作成、「旧軍港市転換法案要綱」（以下「要綱」と略す）が決定（一〇月二八日）したという。一九四九年「要綱」による法案「目的」は以下である。

「一　この法律は旧軍港市（横須賀市、呉市、佐世保市及び舞鶴市）を平和産業並びに港湾都市に転換し、そのため巨額なる国の投資による旧軍の残存施設及び財産を利用して困窮の極にある旧軍港市民の更生を図ると同時に日本再建に寄与することを目的とする。[9]」

「要綱」には「目的」に続いて「二　計画及び実施」とこれに対応する「三　理由書」として「1　平和宣言」と「2　各市の現況」がまとめられている。この「要綱」を得て関係議員は関係省庁への交渉を開始、呉市長の要請によって法制局との打ち合わせも入れたとある（一一月五日）。

ところで市長会議を主体に押し出した交渉は、戦後初期の地方行政首長の性格の過渡的なあり方がその背後にあるだろう。まず案件全体においての知事の役割、つまり、内務省官僚としてではない戦後初期の公選知事としての存在感はない。佐世保の場合、長崎港との関係もあって県知事は協力的ではない(10)。他方で四市市長は、市に特化した地域利益誘導に徹するものの、彼らの多くは戦前からの中央政治家の系譜や省庁のトップ官僚との人的ネットワークを持ち、自ら上京を繰り返し交渉にあたった。

佐世保市戦後初の公選市長中田正輔《まさすけ》（一八八四〜一九六〇年）は戦前、政党政治末期の代議士としての経歴を持つ(11)。佐世保商工新聞主筆で終戦直後、後述する「復興委員会」にも関わった江口礼四郎は中田を「地元政治家」「純粋に近い佐世保っ子」としつつ、「県会の方は補欠で当選しただけ—佐世保の同志とイガミ合い」「全くの政党、否政治一本で泳いで来た男(12)」と、中央政治家と評した。実際、市の港湾行政の責任者であった関屋徹雄は「終戦後の大臣は中田さんなどよりも後輩の方が多」くて「押しが強」い、「とても普通の中小都市の市長ではできないような面々を多々(13)」見受けた、と中田の政府要人交渉に随行した印象を述べている。横須賀市長太田三郎は一九二八年外務省入省のキャリア官僚出身で敗戦直後は終戦連絡中央事務局第三部長、同横須賀事務局長を兼任した(14)。呉市長・鈴木術は戦前は末永姓で、商工省の企業局長や商務局取引課長、戦争末期の軍需省企業整備本部長などを歴任した。政府委員もつとめ、当時の総理大臣芦田均など政府中枢に顔見知りも多く、交渉相手の省庁の官僚は皆後輩ばかりだったと述懐している(15)。こうした人的関係をもつ四市市長の集まりについて中田佐世保市長は、そのまとまりを以下のように、戦前来のネットワークの延長にみた。

「軍転法の一番の種蒔きは佐世保だということです――海軍御用達商を対象に特別行為税をかけようということ―海軍助成金という名目で市の財政を援助しようということになつて――私の印象の深いのはこの軍港助成法で、四軍港は海軍から金をもらつていたということがその（軍転法の）基になつている」[16]

（（ ）内は引用者）

税収難に喘ぐ四市は戦前、佐世保市の提案から「海軍助成金」を得る関係にあった[17]。他方で敗戦による海軍省廃止後の各市には軍港市ならではの、新興の港湾都市計画としての戦後復興計画構想が必要とされた。横須賀市の参院議員大隅憲二は「終戦とともに全く孤児同様となった横須賀市の復興再建をどのように取り組んだらよいであろうか―容易ならぬ問題[18]」とする。共通した歴史的背景を持つ四市市長の戦後初の会合は中田の回顧によれば、中田が太田横須賀市長に声をかけ、一九四七年四月頃、横須賀市役所での集合にさかのぼるという。直接の動機は一九四七年二月内閣次官会議において佐世保と他三港も含め、様々な制限がかけられていた合計一一港への一般商港としての指定だったという[19]。

特に四市の復興課題にとって、国有財産法（一九四八年六月）の存在は大きい。同日交付、内閣提出による「旧軍用財産の貸付及び譲渡の特例等に関する法律」（昭和二三年法律第七十四号）は五条にわたって、公共団体に特例を認めた。軍転法の直接的な前史ではあるものの、課題は多い。佐世保財界から参議院議員に選出された北村徳太郎は、国有財産法案の段階では芦田内閣の蔵相として、衆議院の財政及び金融委員会でこの特例法案を説明した。旧軍用財産のうち「水道施設及び臨港施設」は利益を生まないとして公共団体に「無償」で貸付け（第一条）、医療施設や学校教育法に規定のある学校の用に供することで、時価の二割以内の対価売却（第二条）とした[20]。これらの文言からは旧軍用財産全体を産業転化するには遠いことがわかる。この点で先の一九四九年一一月の「要綱」は以下のように国有財産法の「一般規定」を批判する。

「三　国の援助と特別措置を必要とする理由――旧海軍根拠地時代、軍は一般産業の勃興を抑圧したことにより、旧軍工廠等の残存施設を活用して、有力工場を此の地に誘致せざる限り、地元産業の振興は望み得ない状況にある。然し乍ら、海軍が長年に亘って建設した施設を現在の国有財産法の一般規定によって、処理することは実際不可能の事に属する。何等かの相応しい立法措置を講じて、払下価格及びその支払い方法に一般企業の成立し得る如き考慮を払う必要があるのである。数千億の国幣と百年間に亘って完成した施設をその利用価値を考慮せず価格を評定し短期にその代金を収納しようとする如きは、到底不可能な事であり、自明の理である。――」（傍点は引用者）

国有財産法の理念は、旧軍用財産の早期払い下げ・回収による国庫財政の安定化にあり、施行の過程で旧軍用財産を多く持つ旧軍港市と対峙する。他方、ここまで検討してきた「旧軍港市転換法案要綱」は、長崎県選出の参議院議員藤野繁雄文庫の冊子だが、その表紙には鉛筆書で一一月二八日の日付がある。(21) 国有財産法と関係づける一方、法制局の指導を経てＧＨＱとの交渉のための案件としてまとめられたと見ておきたい。

改めて「要綱」全体を見ると、四市それぞれの「現況」項目や「平和宣言」といった要素を除けば、理念を中心とした一～二条、国の義務を言う「三　事業の援助　国及び地方公共団体の諸機関は本事業に出来るだけの援助を与えねばならない」、特別措置としての「四　特別の措置　1国は運用財産を旧軍港市転換計画達成に寄与する如く有効に処理しなければならない　2前項の旧軍用財産については国は国有財産法（昭和二十三年法律第七十三号）及び旧軍用財産の貸付及び……の特例等に関する件（昭和二十三年法律第七十四号）の関係・

規定にかかわらず管理及び処分をなし得るものとする」について、事業の、国（大蔵省）への報告義務（五）、「市長及び住民の責任」（六）とある。構成要素的には成案となった「軍転法」の内容を持つ。

他方、上山和雄は元の案件に甲乙の二つの軍用財産処理をめぐる組織案（甲案「旧軍用財産処理促進法案大綱」乙案「旧軍用財産処理公社（仮称）法案大綱」）が存在し、甲案の、公社方式にしない案が選ばれたことに言及している。[22]この二つの案は藤野文庫にも同名の製本冊子が存在するが、加えて「旧軍港市転換問題会議経過概要」の一一月一六日の記述からは、甲乙案が、一九四九年九月の四市請願と深い関係があること、しかし、立法作業を進めていくにあたり、市側は「旧軍用財産処理法案大綱」ではなく、「要綱」を主軸にこの問題を進めていく方針、「促進法案の制定を希望、此旨議員団に申入れ」を決定したとある。甲案「旧軍用財産処理促進法案大綱」は「旧軍用財産の転活用促進」の目的を持ち、「産業用は民間会社に利用せしめる」など旧軍用財産を民間産業に転換させる、はっきりとした提案が特徴であった。四市は立法化の戦略のなかで、この甲乙案についてはどちらも成案に盛り込まなかった。まずは「平和宣言」を含めた法の背後の理念を明確にすること、さらに四市が置かれた「特殊な状況」をめぐる説明など、いわば法の必要性を訴える内容を多く含んだ「旧軍港市転換法案」を優先させた、と見てよいだろう。

「旧軍港市転換法案」を受けて「過半四市長において国会両院における地元選出議員各位と懇談したる結果、出席議員の間にこれが問題の措置につき調査研究し、適切なる対策を講究することとなり四市長と協議」、委員を選出、戦前民政党の系譜を持つ宮原幸三郎（衆・広島・日本自由党）を委員長に、当日の座長は佐々木鹿蔵（参・広島・無所属）により、「旧軍港市転換問題調査委員会」を立ち上げ（一二月一日）、同時に「旧軍港市転換促進委員会」が地元府県出身の衆議院議員も含めて結成された。以後GHQ司令部に承認を得る段階を迎え、原案について数度修正が加えられ、承認が得られたのは一九五〇年二月二七日とある。

(二)　占領下の軍転法

ところで軍転法案は占領期での動きである。実際の地域での旧軍用施設は占領直後に連合軍が接収、一部接収解除後には大蔵省管財局が国有財産として管理した。また議員立法による法案はGHQ／SCAPの最終的な認証を必要とし、そこに至る過程でGHQ担当官との渉外活動が必要であった。このため国会提出審議用の法案原案は関係省庁の協力も含めてすでに一九四九年の一二月に作成されていたものの、最終的なGHQ司令部による認証はずれ込み（二月二七日）、一九五〇年三月国会の会期末にいたってようやく参議院事務局に法案提出（三月一八日）、委員会審議をふまえて参議院本会議で全会一致で可決（四月七日）、衆議院本会議で賛成多数可決（四月一一日）を経て原案通り国会を通過する、という流れをたどる。佐世保市議会はこの時点で四月二〇日付での感謝決議を出した。[23]

ではGHQとの交渉は何が問題となったのだろうか。この点で『軍轉法の生れる迄』は、占領軍司令部担当将校との折衝経過を綴る記録としての性格も持つ。[24]これをたどってみると、GHQ司令部への交渉は第二回常任委員会（一二月二二日）以降、第一〇回同会（二月二七日）に及んだ。難航した要因として同書は、当初の交渉相手であった担当官ウイリアムス国会課長の交代に加え、アメリカの軍事視察団の訪問等、「横須賀の軍事基地が多少問題になつている様に考えられる」（二月六日、二八頁）といった観点から「この様に世界情勢の変転によつて支配されると思はれる転換法案の生れ出る悩みは極めて深刻で、当事者は日毎に歓声をあげたり、悲嘆に暮れたりの精神的苦痛はいうべからざるものがある」（二月七日、二九頁）と嘆息する。ところが一方で、「司令部のポリシイと称するものは米国の最高政策の意味ではなく、G・H・Q部内各セクションの総合意見を指すもので、提出案に賛成のセクションもあるが、未だ反対意見もあり結論に達していない」（二月二〇日、三四頁）と、ＧＨＱ組織内での意見統一の困難さも指摘する。間接統治方式である以上、意思決定上の機構としてどの担当者がもっともふさわしいのか、互いに手探り状況であったのが実情だろう。

特に原案へのＧＨＱによる異議は、政治的というよりは法案文面に対する原則的な意見ではないか。記録された法案へのＧＨＱ担当者側の「意見」を見ると、ウイリアムス国会課長は「転換法案は大義名分が明確」（一二月二二日、一九頁）と発言していたとある。高い評価を得た、と転換促進委員会側は期待を寄せたが、一連の流れからいうとＧＨＱ司令部ＧＳ（民政局）で回覧予定前、一担当官の口頭での発言に過ぎず、組織内での議論を経た結論ではない。このため上級職位者のオブラーからは「四条二項は国有財産の処置を将来に委した点が弱い」（二月一九日、一九頁）と法案の不明瞭さを指摘される。同様に、ウイリアムスと交代した担当官グイダの意見も「法案は決議文であって、法律の感じが少しもなく頗る曖昧」、「ＧＨＱの各部門の合同会議で異口同音に法律全体がばく然としている」といった意見が多く出たこと、「四都市に限定した理由が不明瞭」（二月二三日、二二頁）等とある。同時期の国会請願では例えば岐阜市への特別法案が同様の理由（なぜ特別法なのか、平等性を欠く等）で却下されているなか、ＧＨＱ側の法案への意見はごく一般的な指摘に過ぎないのではないか。

実際、転換促進委員会側も、旧軍港四市への「特別法」たる戦略としては、一般の都市復興との違いを強調する文書や発言を多く残す一方、国有財産法との関係性など法案の「あいまいさ」は自覚していた。例えば法案成立後一九五一年の座談会で先の門屋は、「出来上がりました法律としては非常に物足りないような解釈に非常に骨を折るような文句になつておる」と述べ、一～三条について「司令部へ持つて行つて決議文みたいな法律だと言つて笑われた[25]」と回顧し、理念的であることを自負とともに認めている[26]。

他方で「回答引き延ばし」に映じたＧＨＱ／ＳＣＡＰの態度は、横須賀や佐世保が持つ極東の軍港基地としての魅力とは無関係だったのだろうか。交渉中の一月一八日「米海軍当局は横須賀市を恒久基地とするような発表を行」なったことは関係者に強い衝撃を与えたと、中田とともに動いた佐世保市幹部の中本昭夫は記している。[27]

この点で横須賀市では軍転法成立に向けてのデッカー米海軍横須賀基地司令官の山田議員宛書簡があり、横須賀海軍司令部の「脱軍港」化がはらむ両義性を示すテキストとして興味深い。デッカー書簡は軍転法案の修正文言として、特別法としての「期限を設定」、「地方代表を含む委員会を設置」、「適正なまたは低廉な価格をもって私経営に払下ることができるものとする」等、法案の明確さを加えた修正を求めた。審議会を「地方代表を含む委員会」とする論点は、先にみた一九四九年「要項」にはなく、交渉をふまえて法案に盛り込まれた枠組みであり、とするならば、四市側に立った提案と言えるかもしれない。しかし同時に書簡は「以下の修正により本司令部はこの法律が佐世保舞鶴呉の旧軍港及び更に限られた範囲で横須賀（to a lesser extent, Yokosuka）に利益する」[28]と見て、横須賀を他の三都市から区分した上で交渉相手としての横須賀の独立性に期待した。横須賀海軍司令官にとって横須賀港が極めて魅力的な軍港であったことは明らかだろう。

もっともデッカー書簡が求めた「地方代表を含む委員会」という提案は、国会審議で、結局は大蔵大臣の下に置く「旧軍港市国有財産処理審議会」に多くを委ねすぎるのではないか、と強い調子で批判された。[29]これに対し提案議員は「第六條の審議会で審議をした上で特例を、特典を與えて頂く」とする。この点は門屋も先の座談会で「法の一番精神になるところは第一条から第三条までの間、即ち旧軍港を平和的産業港湾都市として生かすためには国はあらゆる努力と援助を与えなければならん。この目的が一番大事」と政府による軍港市への恩恵を強調する。軍転法が当初から、法思想として課題を抱えていたことは明らかだろう。法の運用主体や目的、譲れない一線は常にぶれる。この点は、議員集団側の旧軍港市転換法の参議院議員代表山田節夫以下、佐々木鹿蔵・門屋盛一・青山正一・大隅憲二名でGHQ司令部のGS（Government Section：民政局）に提出された、一月三〇日「懇請書」に明らかだ。「懇請書」は旧軍港四市の特殊性について詳述する一方、以下のように占領軍による占領政策の優位性をただし、国家間のとり決めを前提に確認してみせる。

「四　又当面する国際情勢の下においても、旧四軍港又はその一つが他の国の海軍根拠地に利用されるというような事態が起りましても、日本の法制下においてはそのことを規定した国際条約が国会の承認を得て締結されましたならば、その条約が効力においてこの法案に優先するものであつて、財産の譲渡を受けた市の側においてこれを拒否する様な事はできないのであります。――」（「懇請書」）

いくつかの「たら・れば」を仮定するものの、会期内に法案を出すことを優先させた議員代表たちの申し出は、同法の理念との齟齬をきたすものだろう。

では「要綱」から法案へ、GHQ司令部側は何を求めたか。七条のような、四市を委員会に加えた点も原案にはなかったが、ここでは極めて強い文言で国による「無償譲与」を提言した軍転法成案の六条を見ておきたい。この条は「要綱」段階と異なるうえ、国会審議でも法の背後の理念が問題にされた。成案として出された六条条文は以下である。

「国は、旧軍港市転換事業の用に供するために必要があると認める場合においては、国有財産法第二十八條に規定する制限にかかわらず、その事業の執行に要する費用を負担する公共団体に対し、普通財産を譲与しなければならない」（傍点は引用者）

六条案について衆議院大蔵省建設委員会連合審議会（一九五〇年三月三一日）では「譲與という言葉は、ただでやるということで、ほかに解釈はつきません。—特にかように強い意味を持たせた提案者の気持は」と問うた。これに対し、中野哲夫参議院法制局第三部長は「立案にお手伝いいたしました際の原案は、必要があると認めるときは——譲與することができるといたした」が、「関係方面との折衝の際」「関係方面の強いかつ相当時間切りの意見」によって、「普通財産を譲與しなければならない」と書くことで、「立法機関が立法によって政府の行政行為を羈軛するということをはつきりしたらどうかという意見に従つた」と述べている。同様に佐々木参議院議員も「私どもしろうとでありまして、また交渉に数回参りましたが、向うのさしずの通り」「向うさんのおさしずを厳粛に守るという意味で」とくり返す[30]。司令部担当官が法案文言の細部に対しいわば「介入」していることがわかる。この点について中田佐世保市長は興味ふかい回顧を披露していた。国有財産法との整合性が指摘された六条案「無償で譲与」について中田も草案の文言そのものがＧＨＱ担当官の意向で書き換えさせられた結果とする。が、その解釈は「これは僕らも本当に思いもよらない収穫」であり、「法制局の協力者」は法案に協力し、文言を訂正してくれたが「従来の行き方」が残るのに対し、ＧＨＱ／ＳＣＡＰの担当司令官たちは、政府を主語にした草案の文言にただちに反応したという。

「主権は国民にあるんじやないか。……主権在民、国民が政府の役人を使うべきじやないか。なぜこういう威力のない、力のない条文にするか。だから市が産業を起こす場合には政府の国有財産は無償で払い下げなければならぬという命令的な文句になぜせんかといつて、無償譲渡しなければならぬということに書き換えさせられた」

「これは本当に特色のある法律でアメリカさんが考えてくれなければ、そういう思想はわれわれになかつた。これには国会議員もあ然としていた[31]」

中田の解釈はつまり、原案の「政府は払下げることができる」は、「政府の考え一つ。いわゆる官僚政治」によるもので、書き換え案によって法の言語の主体が発見されたと見る。政府の裁量主義ではなく、市民の代表者たる「市」を主語とした新たな行政思想を持つ法として、軍転法が捉えられていることは大きな特徴といっていいだろう。

他方、法の理念をめぐって軍港からの転換が強調されたことも特徴だろう。いずれの案もその目的部分については呉市長提案段階からキーワードとしての「平和産業港湾都市」が提示され、目的も「旧軍港市を平和産業港湾都市に転換することにより、平和日本実現の理想達成に寄与」におかれた。このことは少し丁寧に見てもよいかもしれない。

国会での法案通過をうけ、住民投票の前に同法の解説を意図した『旧軍港市転換法[32]』は、法の名称を批判し「旧軍港市であった横須賀市、呉市、佐世保市及び舞鶴市を転換して平和産業と港湾を建設する法律」と詳述することで、積極的な意義がわかる、とする。同時に同書は旧軍港市の戦後復興にあたっての「二つのハンディキャップ」として「誤つた戦争の支柱をなした旧海軍根拠地と云う後味の悪い軍港都の烙印」「市の繁栄を支えて来た唯一のものである軍需工業の壊滅[33]」をあげている。こうした「烙印」からの脱却は、「平和産業港湾都市」という新しい語を掲げたことにも顕著だろう。同法の理念法的な性格の中核は、「平和」という時代のキーワードを下敷きにしながらも、軍港からの産業転換の積極的な姿勢を示すことにあるとみて良いのではないか。

この点は参議院の委員会での提案理由のなかでも「我国は新憲法において戰争を永久に放棄し、平和国家として新らしく発足した」「今日四市の市民以来の軍港色を市の性格から根本的に払拭し、平和産業港湾都市として新たに出発したい」「日本が旧四大海軍根拠地を平和都市に転換するということを世界に宣言するということは、平和運動として意義の深いものがある」等の説明が繰り返される[34]。

では、用語の持つ具体性をどのようにとらえるか。歴史的検討が必要である一方、本稿では迎合主義的な概念とはみない。特に佐世保市では周到なキャンペーンが展開したとされるものの、六月四日の住民投票の投票率八四・七%は同日投票の四市のうち最も高い数字となった（うち賛成票九二・〇%）。また投票に先立って一九五〇年一月一三日、中田市長による「平和都市宣言」も出された。平和都市宣言の文言は旧軍港市転換法要綱の「目的」とほぼ同文ではあるが、佐世保の「日本は新憲法により非武装平和国家を中外に宣言した」の一文は「要綱」にはなく、これが挿入された点で踏み込んだものといえる。横須賀での市民大会会場に撒かれた共産党による反対ビラ「平和を売り物に軍事基地化の陰謀　旧軍港市転換法に反対！」では「本日の大会に初め予定されていた平和都市宣言すら行はれない[35]」と批判がある。このことからも佐世保での市民宣言や平和概念の表明は、歴史的な意味を持つ。とともに、地域復興としての平和産業構想という、戦前軍港都市には許されなかった民間起業が強く意識されていたことは、改めて強調する必要があるだろう。

第二節　港を知る――佐世保の戦後復興論――

(一)　商港都市に向けた構想

敗戦直後の佐世保では、親和銀行頭取だった地域財界の中心・北村徳太郎を軸に、復興委員会を結成（一九四五年〈昭和二〇〉九月一五日）[36]、中田も農会会長として名を連ねた。占領軍の本格的な佐世保進駐（九月二二日）によって市役所二階には佐世保軍政部が置かれる中、一一月には市役所の一角で活動を本格化した復興委員会は、旧軍港施設の活用や旧佐世保工廠の民業事業化を含めた「復興計画」を作り、商港への転換を前提とする都市計画が模索された。自身も復興委員会を担った江口礼四郎は「北村組」が集められたとし、その始点を佐世保空襲（六月一八日）にみる[37]。市の中心部を焼尽させ、死者一二〇〇名規模とされる佐世保空襲は、エリア内での死者は存在したものの、佐世保海軍工廠の諸施設については「無傷」とされた。軍事施設を外した無差別爆撃としての、中小都市空襲の典型例の一つだろう。

九月、アメリカ海兵師団の一員として佐世保に上陸した、後の日本古典文学の泰斗サイデンステッカーは、「佐世保の中心は全くの廃墟。長崎には中国貿易という未来もありそうなのに、海軍の町佐世保には、海軍が消滅した今、何の未来もなさそうだ」「佐世保の中心は焼け野原で、この町に未来はないと思った」[38]と「長崎」と対比して回想している。「国破れて山河ありという形容が最も相応しい」「その存在価値を失い、前途は真っ暗やみ」「生ける屍と化した町、廃墟と自棄の気持ちが溢れた市民の群」[39]と称された状況は、四市に共通した特異な「地方」都市の機能不全のありようである。また、軍港に依存して生きるという選択肢が全く存在しなかったことも改めて想起されるべきだろう。

同時に、時局に沿った看板[40]と無縁ではないものの、一連の軍転法に関わる法や政治宣言の言説の中核的な理念が「平和」であり、「平和産業都市」への「転換」という未来宣言としての要素を多く含む点は分析的にとらえる必要がある。以下では軍転法が理念とする「平和」の内実を具体的に検討する方法として、敗戦直後の佐世保に存在した商港論、貿易港論、さらに漁港論に注目したい。

市長就任後の中田正輔は「佐世保には別に産業がない」「海軍に頼った純然たる消費都市」とする佐世保認

識を持ち、「海軍は従来軍港ということで秘密にしておつたんですから、私は佐世保に生まれながら佐世保の港の内容というものは全然知らぬ。その内容を調べねば[41]」という捉え方を持った。軍港とは地域住民にとって他者化された「海」に他ならない。回顧録によれば具体的な復興計画の準備として、自身の中央官僚とのコネクションや同郷・同窓の富永能雄（函館船渠社長）[42]を介して財閥の鮎川義介を紹介された。その人脈から三井船舶で商港部門に関わっていた杉本甚蔵に、商港としての佐世保港の評価をめぐる調査を委託したという。杉本による「佐世保港の将来に就て」は一九四六年一一月一八日付、佐世保市親和銀行講堂での講演録速記として記録されている[43]。講演は復興委員会に向けた具体的な提案であり、鮎川や市行政も同席した。以下、ここから何が提案されていたか見ておこう。

杉本は佐世保港調査から同港が、水深や平水が良好、湾内が広く、港の中の係船場所の多さに加え、多数の副港がそれぞれ充実し、「施設の雄大さに一驚」として「流石に軍事費ならでは」と高く評価した。軍艦用のため商船を繋ぐには岸壁は高すぎるが、これらは変更可能とみる。他方、今後発展が期待される港湾像とは「終点港」としての上海、サンフランシスコ、大連、香港、シンガポール等であり、「海洋からまたは海洋へ大型巨船が出入り容易なこと」「港内安全停泊可能」「陸上交通至便」「船舶修理可能」「工業用水及び燃料が得易きこと」「優秀なる設備ありて船舶荷役早く且つ安価なること」など七つ列挙して理想とする。これらの条件に佐世保港は適応可能というが、ただし以下は絶対的に欠けているともいう。

「大生産地か又は大消費地を背後に控えていること。是又近代港としては絶対要件として、此条件が主となって近代港を造るものである[44]」

いわゆるヒンターランドの欠如問題はこのように早速指摘されていた。他方で杉本は佐世保を日本の「最南端に位し、亜細亜大陸及び南洋各港とに最短距離」にあることから「対支、対南基地港」としての未来の見通しの一方、港湾管理者としての市の位置を強調し、市の主体性を以下のように述べている。

「――現在国有財産である佐世保港が今回市に移管されると致しまして、其残存設備の利用と新設置増強とを如何に按配するか――一般雑貨取扱設備の方は市自身で経営管理して之を業者に利用せしむる方法を取るのは勿論でありますが、特殊貨物、例へば石炭、礦物、油類、木材、冷凍物、其他サイロを利用する穀物、セメント等の如き物は、其各々の利用者が最適の設備装置を施すことでなければ有効な仕事はできない――特別装置は業者に任せるのが原則」「港湾の利用に就ては、各港に於てドサクサの際、火事泥的に、利権屋に真先に権利を占められて、港湾としては最も重要なる地点を独占され――此轍を踏まぬ様充分御警戒を……」[45]

ではここで強調されている、港湾管理者としての市行政の役割とはどのような論点を含むものだろうか。

戦前、佐世保市政にとっての軍港は、市内にあっても管轄外であり、戦争末期には実際に鉄条網が張り巡らされ、空間として隔離された。一般的にも戦前、港湾の管理主体は国家であり、大蔵省・運輸省管轄の「国の造営物」とされた。これに対し戦後、特にその管理者をめぐる思想性は大きく変容する。敗戦直後、軍事解除をすすめるＧＨＱは「日本港湾の回復を快く思わず、非常に消極的[46]」であった一方、一九五〇年五月に公布された港湾法は占領下の新たな港湾思想が指摘される。それは「港湾法はアメリカにおけるポート・オーソリティを教本としたもの……民主化と地方分権に徹した考え方[47]」、「港湾の主人公はその港湾の発展に最も身近な利害をもつ地域住民—港湾管理者はその代表としての地方公共団体」、「GHQは—明らかに英米式の地方自治的民主主義型、すなわち港全体経営を地方自治による公企業によるものとして、国家権力の一切を排除するものとした。現行法の立法精神がそこにあったことは間違いない(48)」とされる。GHQ/SCAP司令部は、地域住民を主権者とする考え方から、その代理執行機関としての地域行政による港湾管理を求めた(49)。また運用定着までに「中央、地方自治体とも戸惑いや不慣れのため多くの時日を費やした(50)」とされるものの工学部系キャリア官僚からの評価は高かった。

日本港湾協会理事でもあり、運輸省港湾局建設課長（一九五五年七月〜一九五七年四月）在任中の著書『港湾計画論』がある東寿《あずまひさし》は、同書の「緒言」で港湾法制定を「港湾計画がみずからのものであって政府によって「与えられるもの」ではなくなった」「港湾を計画するものは—地方住民の意志(51)」と以下のように高く評価した。

「わが国の道路、河川、港湾などの公共施設は国の造営物として、その計画は社会生活の基盤をつくるために国または地方公共団体の行う保育行政の一つとして扱われてきた。絶対主義的な封建的支配機構のもとでは、それが社会生活とどのように結びついているかを国民に知らせる必要がなかった。政府の意志によって、政府が必要と認める場合に限って計画された。国民の要求もまた、その欠陥が災害あるいは社会生活の大きな弊害となって現れてきたときに始めて、請願の形においてなされるにすぎなかった。したがって過去の公共施設計画は、権力をもつものの立場にたつ計画であり、「与える計画」になりがちであった」「しかるに終戦後に制定された港湾法は、港湾を国の営造物とすることなく、その発展に最も身近な利害を持つ地方住民のものであるとし、第一に一切の港についての業務は地方住民の代表である地方公共団体が行うものとして管理者の業務の内容を規定[52]……」

港湾法の成立は地元行政の主体性および都市計画をめぐる港湾担当者、技術系官僚の比重を高めるものだろう。こうした議論をふまえる形で一九四九年から一九五〇年にかけて国会で盛んに論じられたテーマは、戦前での「大連」の例を紹介しての保税工場制度の拡大や新たに関税特区や自由港市を設置する請願が相次いだ「自由港問題」である。[53]関税特区としての自由港論も戦前以来の議論の系譜を持つが、一九四九年八月での国会答弁で、政府―運輸省委員会はこの議論がなぜ今なのか、その理由に東アジア情勢の変化をあげる。天津、上海など「貨物の藏置保管の機能」を持つ港湾都市が「中共の手に帰する」なか、「東洋地域に対する諸外國の貿易」という観点から日本での代替地帯を調査検討し、港湾の一部を「自由積替港地域」「自由港地帯の自由貿易地帯法試案」を検討中という。[54]佐世保もまた自由港に期待を寄せた港湾を抱える市の一つであった。以下、項を改めて見てみよう。

(二) 自由港論と漁港論

自由港問題は佐世保では、長崎港との対抗関係もあり、『佐世保時事新聞』『長崎日日』ともに一九四九年の七月頃から記事が増える。では実際の港湾使用の状況を行政はどのように把握していたのだろうか。

表4-1は一九四九年での佐世保湾の港内船のデータである。行政資料のなかの「佐世保港に於ける輸出入の概況」（一九四六～一九五三年）では、入港船舶数は、四八年二一七隻、翌四九年は二〇八隻と、四六、四七年の八隻に対して上昇傾向にあると評価する一方、輸入価格は四八年から四九年にかけて倍増したとみている。[56]入港船舶の増加は、立神岸壁（立神町）と隣接する軍需物資倉庫群を利用した貿易業及び関連の港湾荷役

業、前畑町の軍需物資倉庫を利用した荷役・倉庫業など、労働集約的な産業として多数の雇用者を生み出した。一九四九年一月四日付『佐世保時事新聞』の社説「四九年佐世保の構想」は、前年八月一五日以降の民間貿易開始に期待するとある。もっとも立神岸壁に寄港する塩船などで佐世保港は門司港と競う地位にはなく、中田市長は同年五月の紙面インタビューで、現実的な見通しとしてSSKの育成、漁港基地の整備、外国船修理の許可、北松炭田と佐世保を結ぶルートの確立などをあげる[57]。ともあれこのように、朝鮮戦争直前、占領末期の佐世保では、軍転法施行後の具体的な未来像として自由港が論じられ、漁港基地が計画されていた。

他方で同時期、松浦炭鉱では経営合理化による失業者も増大し、一九五〇年二月一日から九〇〇人の組合員とその家族も含めた一五〇〇人規模での二四時間ストが敢行されていた。雑誌『真相』は佐世保市内に繰り出した、松浦炭鉱労組のデモのスローガンが、炭鉱への武装警官の投入などによって次第に「賃金よこせ」から「佐世保の軍事基地化反対」に変わった、としている[58]。軍転法案はまだ国会に上程されていない段階でもあり、『真相』はそこに、中央での軍転法制の準備交渉への懸念や「平和都市佐世保の内外宣伝」の一方で、「自由貿易地帯の設置」に関わる動きに疑念を呈している。一つは後述するように、一月末から二月にかけて、中田が自由貿易港問題について鮎川義介等を招請した点だ。『真相』記事は「ここにも顔だすパージ組」と批判的であるうえ、一月から一斉に始められた赤崎地区の接岸工事、川谷水源地の本格工事、さらに立神地区への臨港線の着工など一千億円予算規模の公共事業が「九州一を誇る土建王国佐世保の姿の再現——貧乏都市佐世保は相当うるおいのあるもの」とする文言を『毎日新聞』佐世保版（一九五〇年三月一一日）記事から紹介している。『真相』の紙

表4－1　港内船

船の種類	運営者	隻数
曳船	西部海運	12
	佐世保通船運輸	3
	佐世保市	4
	佐世保港湾運輸	10
	佐世保共同組	4
	長崎事業	2
給水船	佐世保市	9
給油船	船舶運営会	4
派遣船	佐世保通船	8
艀	各業者	70
計		126

出典：1949年　海運局調[55]

面そのものは特集記事「旧軍港はどうなっているのか」なのだが、本稿にとって極めて興味深い指摘は、鮎川等が招請される経緯についての前後の事情が述べられていることである。

軍転法案上程前から成案を得、施行直前でもあったこの時期には、佐世保行政が作成した、いわば占領政策の収束と接収解除が前提となった旧軍用財産の転用計画を含めた産業都市計画として資料A「旧軍港市転換の計画及び要望」（一九五〇年一月）と青焼きの地図B「佐世保港利用計画図」が存在する。A・Bのどちらも朝鮮戦争で接収された立神岸壁を重要な地点ととらえている点、また、一九五三年には海上警備隊基地の誘致が決まる倉島地区（旧防備隊跡地）は「漁業基地」としていた。資料Aと地図Bは計画書と地図という形式の違いに加え、時間的な関係がわからなかった。またBについては中本昭雄の『佐世保港の戦後史』が詳しいものの、後述するような鮎川等の来佐との前後関係はわからなかった。

これに対し『真相』の旧軍港特集は、佐世保に自由港施策をもたらした意見書として、運輸省第四港湾建設局企画課長の叶清[59]の「佐世保と自由港」をあげ、叶が佐世保の自由港としての好条件を提案し、中田市長は「佐世保の将来を憂える大文章」として「感激」、具体化を進める一方、鮎川等を再度招請したとする。叶の論じる自由港としての佐世保の利点とは、「土地・労働共に比較的安価」なうえ、「工作関係の経験大なる真面目な失業者の多いこと」といった労働者の雇用環境をめぐる経営側のメリットのほか、港内三か所に分散している貯油槽群にも着目する。これらをふまえ、自由港地区として「立神地区を中心として東西に広がるSSK赤崎地区」「平瀬地区を含む当湾中枢部」など市中央部と、さらに市に隣設する「日宇の旧空廠跡」を加えるなど地理的情報をふまえた具体的な提言であったとみている。

㈢ 一九四九年佐世保の都市復興構想

こうした流れのなかで作られた先の資料A（一九四九年一一月現在）に加え、一九五〇年一月、佐世保市役所による『佐世保市の現況』のうち、「旧軍港市転換の計画及び要望」に付された「繋船岸壁荷役機械調書」を見てみよう。(60)

この資料では、荷役用の機械が整った岸壁として、繋船池岸壁・赤崎岸壁・元防備隊岸壁を、また倉庫設備の主要な所在地として、立神岸壁・万津町岸壁・千尽岸壁をあげ、うち港湾に隣接した倉庫設備は六五棟、四九〇〇㎡、うち西九州倉庫会社（社長　辻一三）と占領軍接収分がそれぞれ二六棟を占めた。ほか、占領軍使用中の貯油タンクの説明としては「二十九基、収容可能力六十余万t、東洋一を誇る容積をもっている」とある。立神岸壁は旧軍港時代の一九二七年、一万t級の軍艦九隻を横付け可能とする—として戦艦大和型の巨大軍艦の修理用に作られた巨大な繋船池である第七船渠とともに、軍港佐世保のシンボルでもあった。占領下とはいえ、すでに臨港として使用可能だった立神岸壁は、佐世保の戦後復興の鍵となるランドマークとしての意味をもっていたこともわかる。

この「旧軍港市転換の計画及び要望」は書類全体としては、復興計画の中心の「自由港」としていかに佐世保がふさわしいか、書き連ねたテキストでもある。その内容を見ると、「二-2-A　自由港区設置の条件完備の状況」として七項目（1　地理的条件がすぐれている　2　特に自由港設置が容易である　3　繋船岸壁と荷役機械が優秀である　4　保管設備が充実している　5　船舶造船修理施設が完備している　6　補給施設の完備していること　7　その他）があがる。1及び3以降は、5での佐世保船舶工業株式会社（S・S・K）の存在も含め、旧軍用施設の秀逸さを強調する。7では、市内の空襲被害によって丘陵地に多くの戦災跡地が得られ、ホテル等の建設が容易である、練兵場や鎮守府など占領軍による接収解除によって転用可能な旧軍用建築が多くあるとする。一方で、肝要の自由港のイメージについてはそれほど具体的ではないが、

「②自由港区　旧海軍工廠地区の一七〇〇米の繋船岸壁を中心として油槽地区造船及修理地区倉庫地区事務所地区とする。」

として、旧軍港エリアのいわば目玉でもある係船池や立神岸壁を充てる計画であるほか、旧軍港時代に鉄柵で隔離したため「特別一区域の感」があるとし、空間的な隔離が容易である歴史的経緯を強調する。

ことに「旧軍港市転換の計画及び要望」は、港湾地区を市行政としてどのように利用するのか、いわば未来の都市計画としての要素を備えたもので、接収解除を前提に、未来の佐世保市の産業エリアを描いた貴重なものだろう。その計画は、一一区画の区分からなる。旧海軍の巨大な重油槽のある庵崎の①「貯油・補油地区」、②は既出の「自由港区」、③「厚生地区」は、旧佐世保海兵団・鎮守府・病院跡一帯を想定し、官庁、商社、海員会館、船員住宅、ホテル等を置くとする。④の「内国貿易地区」とは、一九一六年来の万津町等、市による港湾施設で、佐世保駅裏も含めて修築整備し、一九四四年に海軍に接収された「市営港」のエリアである。⑤の「水産基地区」は、倉島の旧海軍防備隊跡で「理想的漁港」とある。魚市場を移転し、臨港線を引き込み、「製氷冷凍給水給油施設」や水産加工業の起業のために、水産会社の底曳船、近海漁船を誘致する、とある。⑥の「工業地区」は主に臨海港湾地区ですでに水産加工や機械製造業などが操業を開始している。(61) ⑦の倉庫地区もそれぞれすでに工場や企業による操業地区でもあった。(62)

倉島は防備隊跡地でもあり、接岸部もあるうえ、いわばまとまった面積を持つ場所であった。このためすで

に一九四八年下半期の段階で大手の山領造船が払い下げを求め、財務局をはじめ、中国国有財産処理、長崎地方幹事会でも払い下げを認可した、との事由が一九四九年三月に記事となって「防衛隊跡はどうなるのか　水産基地行づまる」との見出しが出されているほどだ。水産基地構想は急がれる事案でもあった。[63]

他方でこれらの「自由港区」「水産基地区」を含め、産業港湾地区計画を実現するための具体的な計画の一つとして目をひくのは、鉄道敷設計画である。戦時中には臨港地域の殆ど全域に軍用路線が敷設されていた。しかしこれらは道路と兼用のうえ曲率半径が小さく、一般の機関車には使用できないこともあり、駅から第六船渠への三・二㎞のみ残された後は、撤去または埋没状態という。このため改修および新路線を立神岸壁〜赤崎油槽地区間、旧防備隊〜干尽前畑区間、さらに臨港各地区を結ぶ道路を計画するとある。都市計画としての青写真が作られていたことがわかる。この計画は住民に向けて何等かの説明があったのだろうか。

一九五〇年、先の元旦の『佐世保時事新聞』には、市行政の三課長（水道課・港湾課・土木課）へのインタビューによって「佐世保建設の懸案」としての「建設のカギ、自由港」「立神岸壁に新佐世保駅」等、臨港線計画も含めた上記の構想計画が語られている。後に新潟市へ転出、新潟港湾建設を担った柳沢一誠佐世保港湾課長は、今後の港湾法及び自由地帯法案の国会上程を前提に、倉庫や岸壁施設、近在の貿易港への圧迫などもないことから佐世保が自由港として適性と認められると発言、国家補助に期待するという。臨港鉄道線は着工が決まり、近い将来、立神岸壁に貨物列車が並ぶ予定ともある。[64]

こうした状況下、中田は軍転法の会議（国会通過促進会）に上京した一月、鮎川義介ほか、財界人を伴って帰任した。節を改めて以下、見てみよう。

来佐した八名は以下、八田嘉明（元北支開発総裁）、富永能雄（函館ドック株式会社取締役社長）、横田千秋（元日立製作所常務取締役）、山本五郎（元住友倉庫株式会社社長）、工藤治人（元日産重工業株式会社社長）、前根寿一（南日本漁業統制株式会社理事長）、鮎川義介等いわば、占領初期でのパージ組を含む財界人で、山本には『港湾経済』（一九四九年）などの専門著作もある。門屋盛一参議院議員があっせん役、一行は市の幹部の説明を受け、港湾施設を中心に熱心に視察した。幸い、鮎川義介の関係文書には佐世保調査についての資料が残されている。これによると一行は一九五〇年一月二七日から二月七日までの九州旅行を組み、佐世保には一月二八日到着、二月一日朝に出立、長崎・水俣も含め、別府・大牟田・博多・小倉と少人数に分かれての九州視察を行った。(65) 一月二九日、午前九時半、万津町桟橋発、中田市長の他、先に登場した土木課長・港湾課長の案内で、内貨地区を中心に、右回りに「数多き副港を凡そ隈なく」見て回る。ＳＳＫでは午後が「生憎解雇申し渡しの日」に遭遇した。(66) 社内の機械は英国製が目についたという。翌日は午前中に相浦港や倉庫群を、午後は懇談会で、その論点は早速地元新聞の記事になった。『佐世保時事新聞』は二月一日付で「魚、石炭面で生せ」「急激な変化困難（鮎川氏談）」「簡単にゆかぬ自由港　山本氏談　急な商港転換は無理」との見出し、『長崎民友新聞』の二月一一日では「港として申し分ない　財界の調査団　再建に大きな期待」として談話を掲載している。

次いで鮎川資料によれば二月二五日に「佐世保問題ニ関スル会合」がほぼ同様のメンバーで持たれた。この討議要旨は手厳しい。適宜抜き出してみると、「ＳＳＫは無資産―イヨイヨ食ヘナイ所マデ来テイル」（山本）、「今迄海軍ガヤッテイタノデ得意先トユウモノガナイカラ難シイ」（鮎川）、「職工ヲ逃シテハ困ル」（前根）とされる一方、ヒンターランドの欠如に加え、「長崎ニハ東支那海ガアルガ佐世保デハ朝鮮ノ漁場ハ現在ノ状況デハ考ヘル事ガ出来ナイ——日本トイフ大キナ目カラ見レバ長崎モアリ戸畑モアルノニ何ヲ苦シンデ佐世保ニ力ヲ入レルノカ」（前根）という。長崎港に加え、鮎川らはこの時期、戸畑港開発に力を入れており、商港佐世保の困難さの指摘は多い。ただ、「昨今ノ情勢デハ戦争ガ起コルカモシレナイ」「ＧＨＱガ佐世保ヲドウ考ヘテイルカ意向ヲタダシテ見タイ」と一九五〇年二月の段階で一人発言している八田は「将来、中国、満州、朝鮮トノ関係ハ必ズ出来ルノダカラソレニ備ヘテ漁港トシテノ設備ヲ、マタ保税ノ問題モ考ヘネバナラナイ」とし、ＧＨＱの意向を慮りつつも、東アジアに向けての漁港基地および関税特区構想を強調した(67)。

他方、ブラッシュアップされ、提言となっての「意見書」は一九五〇年三月四日付、財団法人野口研究所から中田市長あての長文の報告書としての「佐世保復興対策に就て」ほか、参考資料として各人の個人名による意見が添付された。これらは提出され読まれたようだが、この提案を紹介した中本昭雄は「27頁にも及ぶ参考資料を含めても、ほとんど抽象的な内容で利するところは少なかった(68)」と手厳しい。報告書冒頭の「佐世保復興対策に就て」は、暫定策としては、漁場と水産加工業に焦点を絞ること、ＳＳＫを船舶修理業として特化することなどが挙げられるほか、長崎との対抗措置として「歓楽施設を完備するなど思い切った施策」を提起する。

他方で「恒久策」は極めて興味深い。それは中国共産党の成立を承けて、亡命華僑の資金力とネットワークに着目し、佐世保に居留地を形成せよとするもので、旧軍港施設の安価での払い下げを前提に「暫定の対外自由港」として以下の二点をあげている。

一．中国其他第三国人にして、財産の保全を期する意図を以て居留せんとする者の収容に便ならしむるも

の
二、外資の導入に依り、造船業及機械工業並に水産業等を居留産業の線に副って国際的に発展せしむること[69]

中本本では項目に限って列挙しているが、「中国人誘致に関する件」が意図する点は報告書の全体を読む必要がある。そこには距離的な近さとともに東アジア情勢に即しての特区型の自由港が想定され、「中国が共産化した為に中国の資本家で世界の何処かに安住の地を求めようとして今探し廻っていることは事実」「佐世保市が中国人に対して或る特殊の優遇的な便宜を与えるということを具体的に発表し」と踏み込んだ提案がなされていた。また自由港案については、船舶の出入りが頻繁になれば「それだけ佐世保は賑わう[70]」として肯定的である。これらの点から報告書は新聞紙面や中本の批判とは異なる内容を持つと考えるべきだろう。

しかしさらに興味深い点は、野口研究所報告書には「追加」として、山本五郎による一九五〇年七月二二日付「佐世保港を生かす道」（以下【A】とする）、一〇月四日付「佐世保港市の振興に関する一考察」（以下【B】とする）、（日付不明）「佐世保自由港の構想並にその居留地産業地案」（以下【C】とする）が付託されている点である[71]。以下、朝鮮戦争をまたいでの提言として、資料紹介的な要素も含め、見ておこう。

朝鮮戦争勃発後の佐世保市に対し「パージ組」でもあった山本五郎は、まず七月の【A】では改めて、工廠の造船工場を保全工場とし、工廠の特殊技術を用いて工業港として発足すべし、とし「工業自由港」という用語を用いる。エリア内には下請け工場の誘致のほか、「外国の工場、または外人の事業を佐世保に誘致する」ことを説く。これは「国としても市としても、特別なる補助、支援、便宜を惜しみなく与え――人と資金と企業を誘致」する必要があるという。またここでの「外国人」は「支那本土、満州、台湾等の富豪、財閥、資産家」であり、佐世保を「居留地―居留工場地」として指定する方向をめざすべきとする。次いで一〇月の【B】では、この件について四市での共同交渉はもはや難しいとみる一方、「外国人」は具体的だ。それは「共産党」中国によって「香港其他」に逐われた軍閥・財閥とその同族や友人等であり、彼らは「投資するに途なく、活用するに事業の根拠がなく」「巨財を擁して―投資するに途な」き状況にあるとする。特に「韓雲階」という具体的な人名をあげ、彼らを佐世保に案内した上での考案とする。韓雲階は満洲国時代の「新京」市長、「満洲国経済部大臣」を務めた「日満実業家」だった[72]。実は同じ鮎川文書のなかには、一九五〇年九月二五日日付を持つ、中田市長と韓雲階の間での経済協力をめぐる中国語と英語の協定書「佐世保自由地域建設計画書」が存在する。日本語文はなく両者ともに実際の署名はないものの、中田は市長として、韓の肩書きは「東方経済振興株式会社（臨時使称）代表人」とある。【C】にはおそらく韓の会社であろう「K社」との関係を広範囲にすべきとの提言のほか、佐世保港での「保税倉庫」の設置を急ぐことや、当面の課題として香港避難民への家族住宅設置、課税優遇策、特別待遇によって、早急に「彼らの生命財産の安住、保金を得せしめる」などの優遇措置が提言されているのである。日付不明の【C】も含め、これらを実際に中田等が手にしたのかどうかはわからない。しかし鮎川等が提示した佐世保の自由港構想は朝鮮戦争後にあらためて、同時代の東アジア情勢の変化のなか、戦前帝国日本時代の人的ネットワークをふまえての提言がなされ、あるいは構想されていたことがわかる。

山本は朝鮮戦争前、一月二六日の提言に向けた座談会では、自由港化による利鞘は扱う商品の価格が高額である必要があり、佐世保にとってメリットは少ないと懸念していた[73]。また『佐世保時事新聞』によれば蔵相ポストにあった北村は、佐世保の自由港化には反対と報じられてもいる。いずれにせよ旧軍用施設が軍転法によって無償で払い下げられる可能性を持つことの魅力は様々な思惑を跋扈させる。佐世保の朝鮮戦争をはさんだ港湾構想は、商港論から軍商港論への二本立てへ、ついで海上警備隊誘致による軍港論へ、との流れが指摘されてきたが(74)、朝鮮戦争下でもなお、こうした議論が展開されていたことは重要であるとともに、商港論として括られる構想の内容には漁港論や工港論、関税特区としての自由港論、さらには居留地論さえ存在した。中国との貿易や経済面での関係強化という論点は中田をはじめ、関係者の回顧録にはしばしば見られる発言でもあるが、冷戦下での「中国」と一体どのような関係を結ぶのか、回顧録ならではの茫漠とした論点かと疑問があった。しかし上記のような文脈を踏まえる際、帝国下で培われた華僑ネットワークとの人脈や財産運用の可能性として語られる「中国」は具体的なものといえるだろう。いずれにせよ、朝鮮戦争後でもなお、軍港以外の産業としての選択肢の可能性が模索され、中田等行政側にとっては見え隠れしていたとみるべきだろう。

他方、叶の動きについて中本の著書は、より詳しい動きを紹介している。おそらく鮎川一行による「野口研究所」の提言が出た後かと思われる。叶は佐世保市港湾課長柳沢とともに「大佐世保港への方途」を作成し、中本は具体的な内容が盛り込まれた、とこれを高く評価している(一五九頁)。おそらく地図Bは中本のいう「市民には知らされないまま、この計画図は姿を消してしまった」「運輸省第四港湾建設局と市が共同して作った1/6000の佐世保港利用計画図」であると思われる。中本が以下のように語る計画案としての「平和産業港湾都市としての見事な商港計画」と地図Bは縮尺や中心部の位置など重なる部分が多い。

「もちろん、米軍や自衛隊の基地はない。佐世保駅は、平瀬橋を渡ったSSK寄りのところに移転し、その佐世保駅を中心に、旅客船埠頭(現在佐世保海軍司令部がある平瀬地区)立神の貿易埠頭(五岸～九岸)駅から陸側は、旅館、商店街、公園、船員ホーム(現ニミッツパーク)各国領事館、国際ホテル(現海上自衛隊総監部)そして万津地区には小型船、離島航路などの施設、青果市場など、魚市場と漁業関係施設は倉

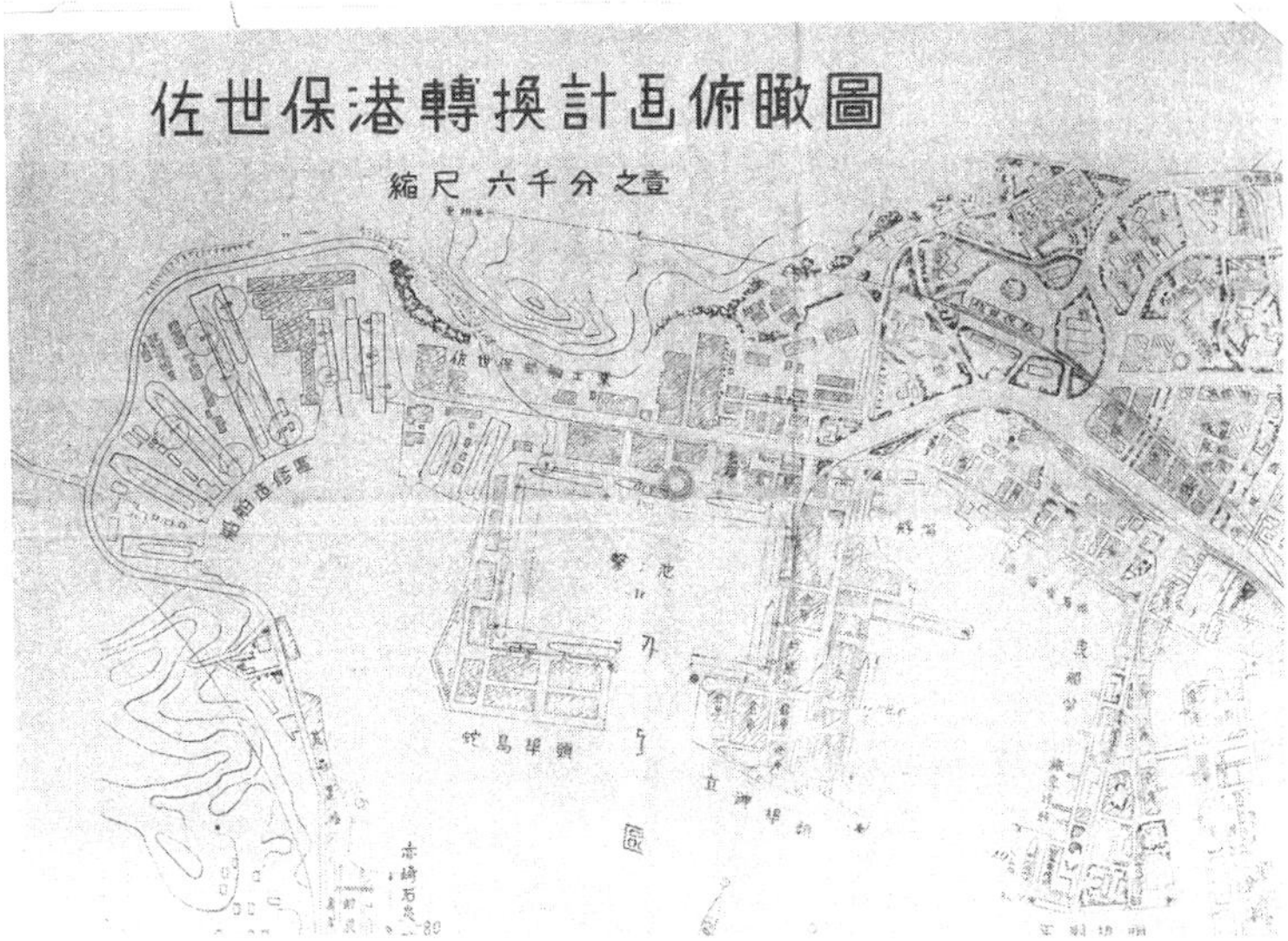

地図Ｂ：『旧軍港市転換計画　1951年佐世保市』中の「佐世保港轉換計画俯瞰図」
（長崎県立長崎図書館蔵）

島地区（現海上自衛隊）——」（一六一頁）

佐世保駅の移転も含めた計画は立神地区や漁港基地を軸に、まさに抜本的な都市復興計画としての性格を持つ。地図Ｂの参考として、下部には縮尺二万分の一、『昭和２４年度佐世保市勢要覧』所収の地図Ａをあげた。一九四九年の上半期に作られたことが予想される地図Ａは、史料Ａの区分と必ずしも重ならず、地図Ｂと比して佐世保駅の

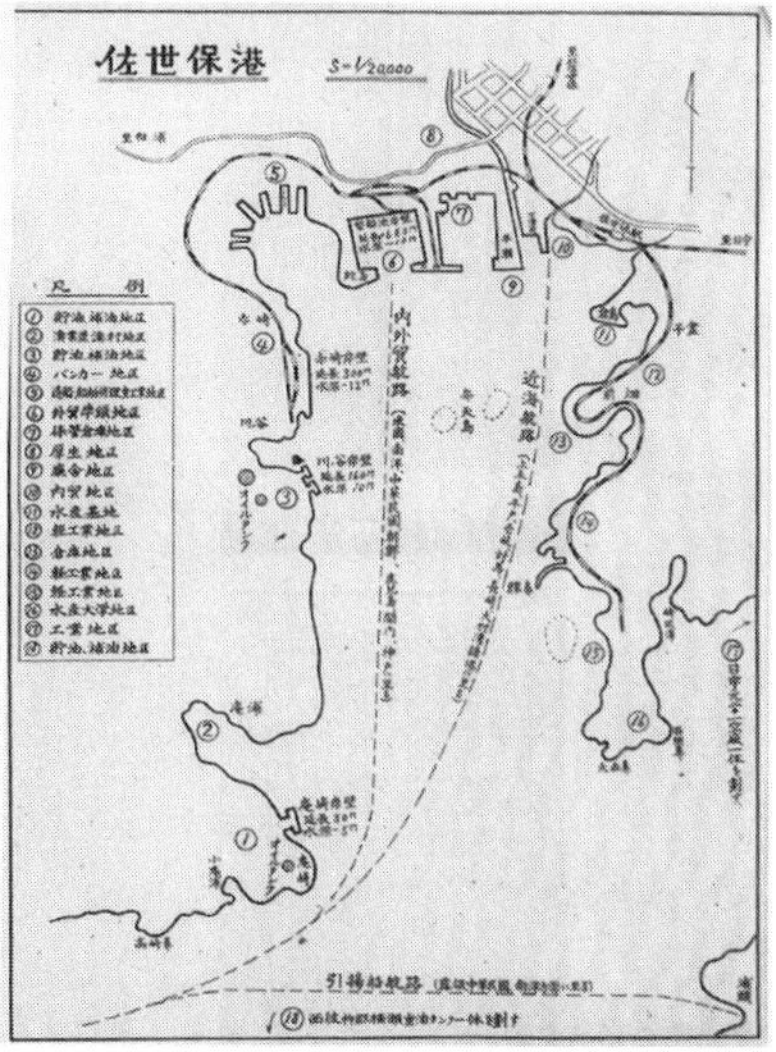

地図Ａ：『昭和24年度佐世保市勢要覧』より
（佐世保市立図書館蔵）

位置が大きく異なることがわかる。

さらに一九五一年六月には改めて『昭和二十六年漁港建設計画　佐世保市』が作られている。立神岸壁や赤崎地区については再接収中ではあるが、倉島地区に期待がかけられる段階での漁港基地案としてみると、「3　本港が漁業基地として発展の有望性」としては、水産長崎県の中心に位置し、東シナ海、南シナ海の漁場に戸畑・下関より近く、阪神地方に輸送する時には長崎より近い、燃料補給、船舶造修施設が完備などがあげられる。また「4　旧防備隊跡が漁業基地として適切有利なる諸点」としては、漁船の入港、繋船、水場等に全体安全で水域も広いこと、また引き込み線建設に至便であり、荷役岸壁、専用引込線建設に十分の面積があるともいう。計画としては「工事費総額6億1866万　岸壁新設並改造工事、埋立工事、鉄道引込線工事などによる」とある。

提言およびこれらの動きをまとめると、商港論の、特に市側の中身としての港湾の産業化には貿易港指定による「開港」以降、長崎港や下関（関門）港など、近在の大規模港湾との商港としての競争力が懸念された。一方、関税特区を狙った自由港論や朝鮮戦争後では、倉島地区を想定しての漁港水産基地構想へと傾斜していたことがわかる。こうしたいわば、忘れられた構想であった佐世保港利用計画やそのための転用施設案とその背後には、華人の居留地が想定される、帝国日本の人的ネットワークの残滓と東アジア情勢の大きな変化とともに、大前提としての接収解除への見通し、あるいは朝鮮戦争勃発とはいっても米軍の早期撤収の未来像が前提とされていた、と考えるべきだろう。特に朝鮮戦争前にあってはこうした見通しは当然だ。そもそも一九五〇年に出版された連合軍総司令部編、共同通信社渉外部訳による『日本占領の使命と成果』は戦後復興の見通しを語っている。占領軍にかかる費用は「終戦処理費」という名目で日本政府の歳出であったが、調達庁史もその規模縮小と朝鮮戦争がなかったら、との見通しを述べている。(75)

だが、軍転法とその施行にとって焦点となったのは、朝鮮戦争勃発そのものよりも講和条約および安保と地位協定そのものであり、軍転法関連の動きはむしろ施行された後に活発な様をみせる。研究史はこれまで成立過程に注目してきたが、行政史料の残り方は、同法をめぐる長い「戦後史」を物語る。以下では最後に、成立後の動向をたどっていきたい。

第三節　朝鮮戦争が始まった

(一)　朝鮮戦争と佐世保

佐世保の復興構想は、極東の新たな戦争に地上軍の投入を決めた米国―米軍によって決定的に断ち切られた。一九五〇年六月二五日開戦当日段階での佐世保海軍基地の兵力は、占領軍史料（GHQ／SCAP文書）ではなく米海軍史料に詳述されていた。[76]『新修　佐世保市史』は米軍資料の収集に力を入れた市史でもあり、その編纂過程で見つかった史料によれば、基地付艦船はすでに漁船監視用の駆逐艦五隻にまで縮小されていた。[77]しかしこの規模の艦船配備は、朝鮮戦争下での佐世保に結集した兵力など膨張していく数字と隔絶している。艦船に限っても七月では三六七隻、八月で四七八隻と激増した。[78]二日後の六月二七日の『佐世保時事新聞』紙面には、翌日の軍転法施行を控え、「先づ漁業基地建設―軍転法早急に具体化へ」とある一方、「南朝鮮に緊急援助、マ司令部武器積出し」、「ソ連・全極東支配を狙う」の見出し、佐世保が「在韓引揚米人第一陣」の受け入れ港になったこと、呉に司令部をおいていた英連邦軍（ＢＣＯＦ）のオーストラリア軍撤退の中止も報じられた。同じ日のこれらの記事を、佐世保市民はどう読んだのだろうか。

しかし旧軍港市転換法（法律第二二〇号）の公布・施行日の翌六月二九日になると、まずは状況は一変した、と見てよいだろう。佐世保を始め北九州では「空襲警戒警報」が発令されるなど直接住民生活に影響をもたらしたからだ。[79] 七月一日の『佐世保時事新聞』の第一面の見出しには「西日本一帯に警戒警報　上空に国籍不明機」「空襲空挺部隊など　佐世保サイレン吹鳴決る」「佐世保地区停電す」といった情報のほか、「韓国軍の半数崩壊、米地上軍派遣有力化」といった戦場情報もすでに書かれている。国鉄輸送が集中し、一般列車の運転が中止される事態も招いた。「佐世保市燈火管制規定」が決められ、一〇月三日には佐世保湾には魚雷を防ぐための「防潜網」の敷設作業が始まった。港内は夜間の航行を禁じられ、漁民には深刻な損害が生じた。[80] 立神地区は接収、他の臨港施設や赤崎のドック、油槽貯蓄地も接収された。兵站基地として重要な弾薬保管については八月中旬までに五三〇〇t、立神岸壁は昼夜の別なく物資の積み込み作業を必要とし、七五〇〇人の労務者確保が求められ、二四時間交代制が取られた。[81] 佐世保はまさに朝鮮戦争の策源地として出撃基地・集結基地・戦闘作戦準備基地としての役割を期待される場所となった。[82]

表4-2は一九四九年時点での岸壁倉庫の管理状況である。西九州倉庫株式会社の倉庫棟をはじめ、これらの多くは接収された。

朝鮮戦争下での日本側の、構造としての「協力」は多く指摘されるが、特に戦場の策源地役割を負った地域にとって、物資や労働力の大量動員は占領下でのPDのしくみやことに特別調達庁の役割が重要だろう。例えば新たに結ばれた労務基本契約（「日本人及びその他の日本在住者の役務に関する基本条約 Master Contract for Services of Japanese Nations and Other Residents of Japan」）は労務提供を政府の義務とし、港湾労働者は日本政府の被雇用者とされた。このため日本の船会社を統括していた船舶管理委員会は米軍の後方支援としての戦地輸送を担い、輸送業務につく船員の身分は日本の企業や日本側の船舶管理委員会による雇用のまま、業務は所属先の管轄から外れたものとなる。歴史化は遅れ、戦地輸送に関わっての死者でさえ、近年ようやく事態が明らかになりつつある。他方、戦場の策源基地役割の一環としての民有地・施設の接収をめぐって、過渡期の支払いや雇用、再接収の費用負担をめぐるトラブルのうち記録に残された事例は氷山の一角だろう。

以下では特別調達庁が「紛議の解決が米国機関によらなければならないため泣寝入りになつた例」と「紛議について業者の主張が認められないため欠損を招き、その結果事業を縮小せざるを得なくなつた例[83]」としてあげた佐世保の事例である。それぞれ朝鮮戦争開始直後の一九五〇年七月八月での接収や発注に関わる。

表４－２　1949年の岸壁倉庫

管理者	棟数	面積（㎡）	収容能力（ｔ）
長崎県食料配給公団	9	1,064	3,000
日本通運株式会社	1	1,530	7,650
西九州倉庫株式会社	26	76,623	296,000
株式会社佐世保水産倉庫	2	1,360	2,000
日本冷凍株式会社	1	200	250
占領軍	26	68,226	28,600
計	65	149,003	594,900

出典：『市勢要覧』より

「US漁網の場合
佐世保市旧航空隊横の国有物払下を条件として一時使用の許可を得て改造し、機械を設備して操業可能の程度に整備した直後（昭和二五年七月）軍から接収の通告を受け、続いて建物内の機械類の搬出を命ぜられたので、命に従って撤去したが、同年十二月建物は接収から除外する通告を受けた。機械の移転補償の請求をしたが却下された。」

「HW汽船KKの場合
佐世保海軍部隊の要求により、昭和昭和二五年八月——一二月佐世保内給油船提供の契約をしたが、支払いが六ヶ月も遅延したため会社は経営に行詰まり所有船舶八隻を売却し、人員を整理した。（その後この契約は、PDに切替が行われ、昭和二六年二月支払いは完了した）」

「US漁網」の例からは、軍転法施行前にすでに「国有物払下を条件」を前提に企業側が設備投資を積極的に進めていたことがわかる。他方、特別調達庁を介し、終戦処理費によって運用されていた占領軍との契約・調達であるPDは、朝鮮戦争下ではその膨大さと緊急性もあって、佐世保では米軍負担がなされたが[84]、ここでの「HW汽船KK」のような、未払・遅延の後の費用負担の切り替え事例が頻出したであろうことは想像に難くない。そもそも敗戦国の民主化という占領政策の延長にではなく、新たな戦争遂行のためのPDは論理としても運用面でも課題を抱え込む構造にある。地域事例に即した実態調査の一方、どのような論理が用いられたのか、いくつかの位相での言説分析が必要でもある問題群だろう。

他方、一章で述べたように、旧軍転法関係の対国会への交渉は、軍転法成立後に加速する。

まず組織としては法施行直前での「「旧軍港市転換協議会（仮）設置」方につき四市長連名で建設大臣宛上申書提出」（六月二六日）が留保扱いとなり、九月にも同様の状態にある。この間七月、先行して「旧軍港市転換連絡事務局」が設置（一九五〇年七月一日）、参議院議員会館第三会議室にて「促進議員連盟結成」の件について関係者懇談（七月二七日）が持たれ、一一月には超党派による「旧軍港市転換促進議員連盟」が結成（一九五〇年一一月二四日）され、旧軍港市関係の衆参議員六四名が名を連ねた。「「議員連盟」および「事務局」は一九五四年三月に解散を決めるが[85]、それまで両者は絶えず密接に連携し、軍転法施行後から日米地位協定施行にかけて積極的な活動を展開していく。その動きは手書きガリ版刷りでの詳細な活動記録としての『月報』に記録され、佐世保市役所文書としてはこれらを適宜抜粋した内部資料『協議会議事録』も残る。すでに用いてきた藤田文庫資料も議員連盟の一員としての資料である。以下ではこれらを適宜用いながら、軍転法施行後の議員連盟・事務局の動きを佐世保を軸にみておく。

(二) 施行・思考される軍転法

結成直後の議員連盟はまず、朝鮮戦争下での四市への現状視察を行なう。一二月は舞鶴に、佐世保には呉とともに一九五一年二月、「促進議員連盟 転換連絡事務局関係者 呉市及び佐世保市における現地の転換状況視察 懇談会」(一二〜一六日)が持たれた。委員会の現地視察・懇談計画をうけて佐世保市は要望として以下を列挙している(86)。

佐世保市におけるもの

一 転換法の制定は素志の半を達したものであるが、これが完成は今後に待つべきものであり、又時局柄転換の方向づけについては示唆を得たい。

一 転換法実施後において市に連絡なく財務局の方で旧軍用財産を処理されたものが約三十件位もある。法の精神にそうような措置をとられるように大蔵・地方関係当局の理解を強く要望する。

一 佐世保市の現況は一時活況を呈してはいるが先は全く判らないこと故二年三年間に支払うことは困難であるから旧軍用財産の払下に当つては価格の査定と代金支払いの方法につき特別の措置をお願いしたい。

一 西九州倉庫では引込線施設を補修実施後一部を進駐軍の用に充てるために接取された。これに対する補償の問題及び将来の動向についての協力及び旧軍用財産の払下価格は企業価値を基準として常識的にやつてもらうよう希望する。

先にみたように、軍転法の持つ理念法的な性格は法案作成段階ですでにＧＨＱ内部でも批判され、国会審議段階でも焦点となっていた。ここでは明らかに「完成は今後に待つべきもの」とされ、政府による方向付けが求められている。ことに朝鮮戦争によって軍転法は、前提であった占領政策の収束に伴う基地縮小や撤退、接収解除の流れが断ち切られた。佐世保をはじめ、旧軍港市の港湾施設は再接収、あるいは新たに接収される。政府に対する「時局柄転換の方向」の指針を求める声は当然だろう。また佐世保においては、戦後の市の事業による臨港地帯の引き込み線施設も接収された。すでに見たように、巨大岸壁立神地区は、戦後復興のランドマークでもあり、このエリアを軸に様々な港湾都市計画が構想された。朝鮮戦争後ではしたがって、戦後復興の核となるこの地区の接収解除が最優先課題となった。市行政による施設接収はどのような論理によって可能とされたのか、接収の主体は占領軍なのか外国軍としての米軍なのか？民間事業の接収について政府はどのような論理を持っていたのか。ともあれ要望書の先行という事態は国の、地域行政に対する説明のなさを示すものだろう(87)。

他方で大蔵省財務局側が「市に連絡なく」旧軍用財産を売却する動きは佐世保に限定されない。早くも前年、施行直後の七月二二日付で「転換法の趣旨が出先地方機関にまで早急に徹底するような措置を取られたき旨の陳情書」が四市長連名で大蔵大臣宛てに出され、以後も事務局での議題にあがる。他方、軍転法事業はその対象を審議会で決定する必要がある。一〇月には「蔵相官邸にて　第一回国有財産処理審議会」が開催され（一〇月一三日）、法施行後、一回目の決定がようやくなされた。以後、一九五四年の「議員連盟」解散までの審議会は一一回に及ぶ。佐世保でも新制の中学校用地や病院施設用の転用財産払下げがなされた。しかし上記の要請にあるような、有償の場合の価格査定のあり方や代金支払いの期間設定への要望など課題は山積みであった。

こうした折、「転換連絡事務局」は一九五一年四月二〇日、佐世保市東京支所を場所に、運輸省港湾局及び港湾協会を招いての「旧軍港市の港湾を語る座談会」を開催した。出席者は一四人、旧軍港市連絡事務局の幹部の元代議士等が三名、各市の関係者が二人ずつ（市長もしくはその代理と市の建設関係の課長級）、他方で運輸省港湾局長、同局計画課長ほか港湾協会理事、元海軍省建築課長からなる関係者が列席した。(88) ここでの議論で行政側の発言は少なく、主に連絡事務局として軍転法成立までの経緯についで「終戦後海軍がなくなって都市としての生計を失った」「終戦後海軍がなくなって国の援助によってこれを平和的に産業転換していこう」「軍の大きな規模でやっておったものであって今そこで始める事業はそんなに広きを要しない」といった全般的な状況が、他方、この時点での各市の復興計画の進捗状況が述べられ、最後に運輸省側からの見通しが述べられた。

四市からの出席者は実務担当の幹部であり、佐世保からは柳沢港湾課長が出席した。市長代理の佐世保助役・城戸は、地方の転換計画だけではなく国土計画としての発想の必要性を訴え、他方、佐世保市の臨港地帯の転換計画としては、中国南方への貿易港を構想している、とする。ほかSSKは佐世保でもっとも規模の大きい工場であり、この育成が重要であること、また大きな水産拠点を構想しており、臨海地帯の建物を利用するほか、ここに企業を誘致計画であること、二万坪の規模で倉庫会社を育成すること、オイルタンクが六六万tあるため、大貯油基地が可能であるほか、石炭の積み出し港としては相浦港から佐世保港への移転の考えを述べた。地図Aの構想が前提とされる一方で、朝鮮戦争後での山本提案に近似した議論が展開されていた、と見てよいのではないだろうか。

呉からは鈴木市長が参加、興味深い発言がある。それは早くも転換法改正の必要性が提起されていた点だ。もっとも法案段階の国会審議でも指摘されていたように、転換法は学校や病院等社会施設は五割減の払下げだ

1952.4.28	参議院議長	米国注文の超大型油漕船及び鉱石運搬船建造のため旧佐世保海軍工廠第四船渠をＳＳＫに使用許可方についての請願	佐世保市長	5.17	外務	
1952.5.1	衆議院議長	呉地区英連邦軍関係日本人労務者の取扱に関する請願	呉市長	6.2	建設	
1952.5.1	参議院議長	呉地区英連邦軍関係日本人労務者の取扱に関する請願	呉市長	5.24	労働	
1952.5.9	参議院議長	行政協定に伴う基地供与地域及び施設の一部除外に関する請願書	横須賀市長	5.3	外務	
1952.5.9	参議院議長	行政協定に伴う基地供与地域及び施設の一部除外に関する請願書	横須賀市長	6.3	外務	

が、「軍港都市はどちらかというとそんな富裕な社会施設のたくさんできるところではない、それよりも工場に充てるために土地、建物を安く払い下げるようにしなければ」と産業施設転換の必要性を強調する。佐世保の助役も財源の配慮を要請した。

しかし一九五一年のこの座談会時点では朝鮮戦争が大きく軍転法の前提を変えた、とする緊迫感や方向転換の必要性というよりは、従来指摘されてきた問題点が確認されている印象を受ける。同時に一九五一年は、港湾法改正法成案が検討されることで、経費負担の国との割合などをめぐり「旧軍港市の特殊事情を加味されるよう要請」（四月二五日）も行われる。すでに述べたように、戦前の「国家の造成物」という枠組みを外すと港湾設備の経費負担や運用は国庫負担の減額の一方、地域行政への財政負担を生じさせる。改正案は地域負担率を下げる提案であり、五月の法案に反映された、旧軍港に対する論点は軍転法三条を根拠に、重要港と同様の負担率を想定する、とある。九月の「第四回国有財産処理審議会小委員会」（九月二六日）では中田市長は指名を受け、有償譲渡となった市民病院敷地の譲渡方針のうち、特に譲渡価格についての値下げの意見書を提出する。すでに一九五一年八月「転換造船所関係一時使用料値上問題」が起こり、一〇月、促進議員連盟宮原委員長等は大蔵省管財

表４－３　「衆参両院に対する旧軍港市関係請願書審査経過表」1952年6月3日まで

提出日	提出先	件名	請願者	付託月日	付託委員会	概要等
1951.5.1	衆議院議長	港湾法の改正に関する請願①	四市長	5.18	運輸	本会議採択6.2、採択のみ、内閣送付せず
1951.5.1	参議院議長	港湾法の改正に関する請願	四市長	5.9	運輸	本会議採択5.30採択のみ、内閣送付せず
1952.2.1	衆議院議長	安全保障条約締結に伴う駐留地域の決定につき請願②	佐世保市長	2.9	外務	
1952.2.1	参議院議長	安全保障条約締結に伴う駐留地域の決定につき請願	佐世保市長	2.23	外務	3.19内閣送付
1952.2.25	衆議院議長	講和成立後の情勢に伴う駐留地域の決定につき請願	横須賀市長	3.7	外務	
1952.2.25	衆議院議長	行政協定に伴う旧軍港施設の利用に関する請願	呉市長	3.10	外務	
1952.2.25	衆議院議長	行政協定に伴う旧軍港施設の利用に関する請願	舞鶴市長	3.10	外務	
1952.2.25	参議院議長	講和成立後の情勢に対応する要望事項に関する請願	横須賀市長	3.8	外務	
1952.2.25	参議院議長	行政協定に伴う旧軍港施設の利用に関する請願	呉市長	3.8	外務	
1952.2.25	参議院議長	行政協定に伴う旧軍港施設の利用に関する請願	舞鶴市長	3.8	外務	
1952.3.1	参議院議長	安全保障条約締結に伴う神奈川県追浜、長浦地区の再接収に関する請願	横須賀市長	3.15	外務	
1952.3.3	衆議院議長	追浜地区の基地供与反対請願	横須賀市長	3.14	外務	
1952.3.3	参議院議長	追浜地区の基地供与反対請願	横須賀市長	3.15	外務	
1952.4.28	衆議院議長	米国注文の超大型油漕船及び鉱石運搬船建造のため旧佐世保海軍工廠第四船渠をＳＳＫに使用許可方についての請願③	佐世保市長	5.13	大蔵	

局長へ交渉を始める。ついで一一月二三日付でＧＨＱ／ＳＣＡＰからＣＰＣ覚書「賠償工場の土地建物解除に関する件」が出され、促進議員連盟と転換連絡事務局は合同で、外務省（井口外務次官他）を訪問・質疑懇談の機会をもった。軍転法にしたがい、払下申請を行うことと、賠償物件として旧軍用財産が転用されることとの間には距離があるが、協議の結果、「覚書については賠償物件に関し行政協定がはつきりするまで当分留保させてくれという程度のもので、払下申請をしてはいけないということではない」という確答を得たとの報告がある。このように『月報』に登場する動きは予算案作成や関係法案改正案、実際の払下げに関わる値下げ交渉など法の運用問題に関わる直近の出来事への対応として考えられる。

しかし国会を通した占領軍への請願は、表４-３のように次第に行政協定を前にした一九五二年に顕著な動きとして現れる。

㈢　地位協定と軍港市

先の『月報』には、他の関係諸機関への請願も多く掲載されているが、一九五二年以降の請願は一九五〇年、一九五一年を量的にも凌駕する傾向にある。一九五二年、市長名による国会陳情のアドレスが外務省であることからも請願要求は占領軍が駐留軍として固定化される段階、日米行政協定とその施行の内容に向けられていたことがわかる。なぜなら一九五二年二月二八日に調印された行政協定の発動は四月二八日であり、旧軍港市にとっては、米軍駐留によって各市に許された「戦後」の範囲の決定を意味するからだ。

例えば表中、②の請願は国会で取り上げられた。内容は以下八点に及ぶ。米軍による策源地確保のための接収、再接収の動きは地域の目線では接収地の放置、もしくは決して有効利用されない様子として捉えられ、また基地提供の施設設定について、政府がコントロールする余地が十分にある、とみなされていることもわかる。

一、立神地区岸壁倉庫臨港線の全部が、朝鮮動乱前と同様国際貿易埠頭としての機能を生かすよう開放せらるること。
二、赤崎の旧海軍燃料置場はほとんど未利用のまま放置されておるので、これを石炭積出し及び貯炭揚地区として開放されること。
三、旧海軍の水道施設は市にまかせられ、駐留区域への給水に支障なく実施しておるので、これら施設全部を市に開放せられること。
四、港内海面に対する連合軍発令の諸制限を、駐留の目的を阻害せぬ範囲内において最大限に解除し、少くとも港口の夜間出入の許可、港内夜間航行、漁獲制限の緩和を行われたいこと。
五、旧海軍工廠を利用して操業中の佐世保船舶工業株式会社に対する諸制限を撤廃されること。
六、現在市の重要産業に利用中の地区は基地としては避けられること。
七、基地に供与すべき施設については、政府は事前に十分市長の意見を徴せられたきこと。
八、民有地を利用して産業計画を樹立し、まさに着手せんとしている地域の隣接地を駐留目的に使用せらるる場合、そのため従来の道路の通行を禁止または制限せらるるおそれあるものと認めらるる箇所あるにより、これに対してはあらかじめ措置対策を講ぜらるること。

この要望は佐世保市長を請願者とし、議会では外務省担当者の答弁を求めている。説明議員は議員連盟の理事であり、広島選出の衆議院議員・宮原幸三郎である。佐世保の特殊事情の一方、宮原の論点の中心は、朝鮮戦争下での接収、再接収という事態を「平和産業港湾都市と矛盾撞着し、またその立市の基盤を失いますという事態」と敷衍してとらえ、旧軍港市転換法という特別立法によって「平和産業港湾都市の立市の方針を立て、着々事業を遂行」してきた転換事業をふみにじるものだと強く批判した[89]。

宮原はさらに呉の事情もあわせ、軍港指定の内定が出されて以降の四月一六日にも再度、衆議院外務委員会で発言している。それは立神埠頭の開放という点であったが、その際、かつての旧軍港の繁栄について、それまでの説明とは異なる論理を持ち込んでいる点が目をひく。宮原は、四市の繁栄を軍事基地ではなく「海軍工廠という存在、軍需産業数万――十万以上にわたる従業員を擁するところの大工場」による、と強調する。続けて以下のように述べる。

「しかしながら米軍は、軍需産業は米本国でその産業をいたされて、日本の、彼らのいわゆる基地として利用せられんとするところの旧軍港四市は、ただ艦船の出入をするだけにとどまるという状態――軍事基地一本化というような簡単な考え方で旧軍港市四市を取扱われるということは、まつたく錯誤もはなはだしい[90]」

宮原は、米軍は立神岸壁を使用しておらず、呉の豪州軍も「放漫な接収ぶり」であり、結局、「ほとんど不要ではないかと思うくらい利用していない」と強く批判する。地位協定による朝鮮戦争以後の接収の強化と「放漫な接収ぶり」は明確に、軍転法段階で描いた平和都市産業構想と真っ向から対立するものとして提起されるに至っていた。とはいえ実際に米軍が駐留する条件についての協定をめぐり、旧軍転法がブレーキとなるのか、あるいは交渉する余地がどの程度の幅をもって存在したのか、日本政府の交渉能力や志向の有無に加え、米軍の現地部隊司令官レベルの史料も含めた検討が必要であろう。

ここではひき続き『月報』をはじめ関係する資料をたどり、佐世保の動きを追ってみよう。

佐世保では一九五一年一〇月、すでに立神地区の全面返還要求について、「運輸省を通じ米軍に提出」とあり、GHQ運輸局デューク中佐一行が来佐（一〇月八日）、市関係者で作る佐世保港湾管理機構調査委員会は「重要港湾佐世保港の運営と計画に関する嘆願書」を政府に提出（一〇月一九日）した。一九五二年の一月から二月にかけては四市全体でも表の国会請願のための議題が続く。一月には「予備作業班分科委員会日米代表者名簿」[91]が作られ、具体的な訪問先がしぼられる。『月報』の二月号では会議で「日米行政協定締結進行途上……駐留と旧軍港市転換との両立問題」（二月一四日）や「行政協定に伴う駐留問題に関する陳情書を提出して軍の駐留と平和産業港湾都市建設との両立問題」（二月一九日）が論じられ、議員連盟による「総司令部経済科学局　モーリス・M・クラス氏」への訪問がなされた[92]。直前まで「懇請」要請がなされていたことがわかる。

一九五二年二月の佐世保の新聞紙面は魚市場の水揚げ記録が最高値を示す、といった報道もなされていた。二月二八日、行政協定が調印されるといよいよ協定第三条によって米軍の使用施設が具体的に決定する四月二八日に向けての動きが活発化する。国会請願については表のごとくであるが、佐世保では改めて「立神岸壁に関する意見書」が政府に提出された。三月一〇日付、全体としては「日米行政協定進行途上旧軍港市転換促進に関する情報の交換並びに生起する当面の事務処理」についての協議とあり、さらに継続審議として四月七日付、「日米行政協定進行途上旧軍港市転換促進に関する情報の交換並びに生起する当面の重要事項処理」も見出せる。議員連盟・連絡事務局ともに多忙を極める様がわかる。

しかしながら佐世保では三月二四日、マッカーサーの後任のリッジウエイ（連合国軍最高司令官）の来佐とある。四月を待たず、三月二六日に佐世保は施設区域に指定され、軍港に内定した。中田市長の回顧録には決定事項の通達に対し、意見を述べることも可能とされたが、通知から意見提出までの猶予がなかったとして形式的なものと見る。中田の批判は政府及び県行政に向けられているが、実際、占領軍史料の側には一九五二年三月一日付での米国極東海軍司令部（Commander Naval Forces, Far East）からＧＨＱ／ＳＣＡＰ連合国軍総司令部にあてた、'Study of Sasebo Port Facilities'との件名を持つ内部機関間での指示文書が残っている。[93]内容はタイトル通り、佐世保港の諸施設が、使用者（a米国陸軍、b米国海軍、c米国陸海軍、d米陸軍と日本、e日本）によって五区分されたもので、TATEGAMIはa、bの筆頭に登場する。また佐世保の位置や役割が門司港などとの関係から解説されている。元の調査は一九五一年一二月三日とあり、いずれにせよ時期やアドレスから「三・二六」決定に関わる調査結果であると考えられる。

一方で、三月の内定以前での佐世保の動きとしては「ＳＳＫ幹部を招き陳情書の内容訂正方等について要望木戸佐世保助役参加」（三月一七日）、内定以降でも「ＳＳＫ塩津社長から転換会社の実情説明」（四月七日）、「旧軍用施設の活用就中佐世保市におけるＳＳＫ第四船渠使用の件等」（四月一〇日）があがる。これらの議題は、接収中のドックのうち、修理機能の高い第四ドックのＳＳＫによる使用を要請したもので、国会請願の表の③に相当するものだろう。先の宮原は、「（ＳＳＫが）アメリカからタンカーの注文をとろうといたして、その見積りを出すについて問題になつたのでありまして一会社の問題としてではなく、佐世保市として重要な問題として取上げておる」[94]と述べた。当初、陳情書はＳＳＫの単独要請の形で行われたことから、連盟と事務所が主体となり、極東海軍司令部への事情開陳を重ねた。先の宮原の意見陳述は「佐世保市としては貿易港として立市の重大方針」「数千万の地元投資がすでになされております」と強調され、「予備作業委員は現地視察を」とする。

これに対し、同時期の佐世保の動きを、先の中本の著作によってたどっておくと、上記の国会での議論と関わって「接収地予備作業班再び来佐」（四月三〇日）として二名の米軍将校の名前があがるものの、作業班の結論は、「立神地区解放は困難」（五月一日）、「駐留軍施設区域として立神地区は保留」（七月二六日）とある。すでに中田は四月の定例会議で軍・漁港の二本立てを述べたが、行政協定による駐留軍施設区域としての位置付けが決まったこの時期、中田市長は改めて漁港計画の練り直しを岡部三郎に依頼し、「施設より制約に難点」が指摘されたという。他方で運輸省からは、県ではなく佐世保市が港湾管理者になる通知がもたらされ（八月一日）、港湾区域決定の認可通知が届き、「準特定重要港湾」の格付けを得た。また倉島地区を水産基地として開発するための国庫補助について、起債の認可もおりたとも述べられている。

以上、こうした経緯をふまえると、地図Bによる市の復興計画のうち、立神地区や赤崎地区の接収解除の目処を失ったことで赤崎地区を含めた臨港線や佐世保駅の移転といった計画が非現実的なものとなったなか、最後に残された佐世保の平和産業都市を目指しての戦後復興とは、旧防備隊跡地である倉島地区を漁港拠点とすることだった、とみてよいだろう。この点で一九五二年元旦号の『佐世保時事新聞』でも「運命の軍基地―佐世保港を左右する」「漁港だけは確保」等の見出しのなか、「軍商港併立論」の主張の一方で「将来軍縮時代が必ずくる、軍基地となっても生きるだけの貿易港は絶対温存すべき」との中田のインタビューがあがっている。

事務局『月報』に戻ると、一九五二年八月には、「転換法改正草案作成について」の議題があがり、顧問理事会会議が持たれている。転換法を時限立法としてとらえ、改めて現実的な転換計画をすすめるための「転換審議会」等を設置することや懸案の「国有財産特別措置法との関係を明確に規定づけるべき点」などを盛り込んでの「草案の作成を準備」が決定した。しかし同時に、これまでの四市に関わる全体的な動きは一九五二年後半以後の『月報』からは少なくなっていく。運動が急速に次の段階へ、特に、いずれ撤収する存在ではなく、行政協定による駐留軍の存在を前提とした、個々の市レベルでの個別交渉の段階に推移していくと考えられる。とはいえいまだ課題は山積みだ。目についた記事をひろっておくと、事務局は大蔵省管財局国有財産第二課長を訪問し、「賠償解除機械類の処分に関し転換法の主旨にそうよう処分方について要請」（一九五二年一〇月七日）であるとか、翌年、運輸省および開発銀行を回り、「転換造船所活用のため転換法の主旨を取り入れて新造船割当に関し旧軍港市側の要望の達成を強く要望」（一九五三年二月一〇日）といった動きがある。他方一九五三年の一一月は、佐世保市にとっては軍転法施行に伴う当初の復興都市計画の青写真を市政自ら手放すなど大きな転換期でもあった。同時に、議員連盟にとってもそろそろ解散が日程に登る段階にあったのではないだろうか。同時期の連盟の「役員会事項」を見ておこう。

一九五三年一一月三〇日予定の「役員会事項」の項目は以下である。(95)

一　総会開催について
一　旧軍港市の現地視察並びに現地懇談協議会における要望事項の処理について
現地視察並びに現地懇談協議会における要望事項　佐世保市　昭和二十八年一〇月六日～七日
一　旧軍港市転換法の運営強化について
二　旧軍用国有港湾施設の移管について
三　駐留地域の解放要請について
四　旧軍港市税財政協議会の決議に基く要望事項について
1　旧軍港市に於ける国有財産使用料算定の基礎たる評価額は大蔵省と市と合議の上定めたものとする

こと

2　米軍等の国連軍に対し

イ　接収固定資産に固定資産税を賦課できるように地方税法を改正されたい

ロ　安保条約第3条に基く行政協定の地方税の臨時特例に関する法律による「電気ガス税」の非課税事項を課税できるように改正されるよう措置せられたい　なおこれが不可能の場合は政府においてこれに代わる救済の途を講ぜられたい

ハ　旧軍港市に於ける特別平衡交付金の特別配慮について

駐留軍の固定化を前提に、改めて地方税制をめぐって駐留軍施設に対する臨時特例の規制緩和や今日の「地方交付金」への変更が検討される。また財源不足の市行政に対して行われてきた「特別平衡交付金」が提案されるなど、財源確保を税制の解釈によって得ようとする動きがわかる。こうした税制提案の原案の佐世保での動きは、佐世保市長・中田正輔名による、議員連盟の委員長だった芦田均宛、「税制の優遇措置提案」だろう。優遇措置案は、過去の税制の構造的な脆弱さを「旧軍港市は特殊的な都市の性格からして消費傾向の強い極めて貧弱な経済基盤の上に立ち、市民の納税力が低く財政は非常に貧弱」と説明する一方、「更生対策として解決しなければならない市政は山積」のうえ、新たな問題群としての「国連軍駐留地としての市の蒙る財政的な負担は相当多」という、新しい現状認識のうえでの議論を展開してみせる。そこで改めて「国有財産使用料算定の基礎たる評価額」を大蔵省だけでなく、「市合議」を必須の条件とする、という従来からの要望に加え、国連軍への地方税付加と「旧軍港市に於ける特別平衡交付金の特別配慮」の三点を求めた。特に最後の特別平衡交付金の問題は、「駐留軍の接収にかかる固定資産については現行税制下に於ては課税出来ない実情」に対して地方税課税を求めた提案である[96]。接収された旧軍用財産をいかに税収財源とするか、日米地位協定後の現実をふまえたこれらの新たな提案は、四市の共同要望書として普遍化された、とみてよいだろう。

ついで解散が決定された後、一九五四年四月の記事からは、ほぼ最後の四市長連盟要望書として大蔵省、保安庁、調達庁に対し、「防衛諸施設のため旧軍用財産を使用する計画を樹てられる場合における内協議方について の要望書」が参議院へ出されたとある。六月の「第十一回国有財産処理審議会」では保安庁艦艇発注先の発表として、旧軍港市造船所に対しても発注決定がなされた。四市はもはや米軍基地と保安庁施設を抱える基地の市として新たな方向性を見出す必要がある段階を迎え、旧軍転法と並走してきた組織も終焉を迎えていく。

他方、『月報』の一九五三年には、佐世保で生起する問題への対処として、「管財局長訪問　佐世保市におけるSSK構内の道路舗装実施問題について協議申しいれ」（一九五三年五月六日）、「佐世保市海上警備隊誘致問題について―　岡本議員―佐世保市に―心配はないと思う旨発言があつた」（一九五三年八月一一日）といった記事も見えるが、こうした各市の個別事情への超党派的な対応に限界も見えていたのではないだろうか。

加えて一九五三年段階での佐世保市は海上警備隊の誘致問題に直面し、隣接した佐賀県伊万里市との競争となることで市議会をあげて海上警備隊誘致に傾いていった。一九五三年九月には前畑埠頭を含めた新しい港湾計画の骨子がまとめられ、一九五三年一一月二四日、佐世保市議会は特別委員会で旧防備隊跡を海上警備隊に提供することを承認、翌日一一月二五日、本会議で可決された。倉島地区の漁業基地計画構想は予定されていた空間を手放すことになった。「旧軍転法の時代」に佐世保市行政と政界は自ら幕引きをはかったのである。

おわりに

佐世保で戦後初の公選市長となった中田市長は、平和産業港湾都市構想としての商港論を提唱・推進し、しかし朝鮮戦争以降の軍・商港論へ、さらには海上警備隊誘致の選択を迫る政治勢力におされ、軍港論の選択を余儀なくされた。一九五五年の選挙で敗れ、政界を引退した―といった一連のストーリーで語られる。しかし本稿が論じてきたように、商港論の内容には様々な幅や変化があった。また確かに立神エリアはランドマーク的な存在でもあったが同時に、朝鮮戦争によって貿易拠点としての可能性が消えたことは、改めて漁業基地構想の重要性をも浮上させた。他方、軍転法と並走した議員連盟やそれらの活動を通じて見た佐世保の動きからは、朝鮮戦争というよりは行政協定の影響力を指摘する必要もあるだろう。

中田市長へのインタビューを交えた回顧録『銀杏残り記』や時系列のメモ等が資料的価値を多く持つ中本昭夫『佐世保戦後史』は同時代の原資料とともによみあわせることで、改めて興味深いテキストともなった。その中田の回想録のなかで、引退した政治家中田は「遺憾に思つていること」の一、二に「佐世保を自由港にできなかつた」ことと「ここを大きな漁港にすることができなかつた」ことを挙げている。自由港は「日本の国会が認めてくれなかつたからやむを得なかった」とし、「東洋方面における貿易が自由化しようとしている今日において、これができなかつたことは一そう私は遺憾」という。自由港論の内実として華僑による経済特区を指しているとするなら冷戦下での政治的構想であったと言わざるをえない。他方、漁港論は「私の市長時代における一つの失政」「自衛隊誘致が非常に支障を来した[97]」と因果関係が明確だ。だが先の税制優遇措置提案をめぐる中田市長名での「決議書」は、事後の歴史書からは「軍港一本化」を余儀なくされた、と評される段階に至ってなお、それらの提言の理由書として「終戦後軍の解体と戦災により多大の損害を蒙りたる旧軍港市はその後、平和産業都市へと転換し、更生の途を歩んでいる」との自負と自意識を掲げている。旧軍港市転換法が模索され、施行が試みられた時代とはまさに新しい用語としての「平和」がたちあがろうとする時代情勢でもあった、と捉える必要があるだろう。

（1）門屋盛一「想い出すまま―旧軍港市転換法成立の経緯と今後のあり方について―」（旧軍港市振興協議会事務局編『旧軍港市のよろこび―旧軍港市転換法施行十年記念式典の記』旧軍港市振興協議会事務局、一九五九年、二七頁）。

（2）自治体史の戦後史記述部分を含め、軍港都市史研究シリーズでの呉編の林美和（「呉市における戦後復興と旧軍港市転換法」河西英通編『軍港都市研究Ⅲ　呉編』清文堂出版、二〇一四年）、横須賀編の上山和雄「大海軍の策源地から平和産業都市へ」（上山編『軍港都市研究Ⅳ　横須賀編』同、二〇一七年）、『呉・戦災と復興―旧軍港市転換法から平和産業港湾都市へ―』（呉市役所、一九九七年）等が成立過程や意義を論じ、特に上山は全体像を示した。

（3）前尾繁三郎による、衆議院本会議（一九五〇年四月一一日）での大蔵委員会報告。衆議院では委員会でも異論が出たが、共産党は都市計画法の適用について、同法が「かつて軍事都市建設を目的として立案された」等を反対理由とした。

（4）福原忠男・中野哲夫『旧軍港市転換法』（旧軍港都市転換促進委員会事務局、一九五〇年）。

（5）細川竹雄『軍転法の生れるまで』（旧軍港市転換連絡事務局、一九五四年）。細川は「旧軍港市転換促進委員会」（一九四九～一九五四年）の事務局長および「旧軍港市振興協議会」（一九五四年～）の当番理事（一九五八～一九七〇年）、事務局長（一九六五～一九七〇年）など長くこの組織に関わった（旧軍港市振興協議会事務局編『伸びゆく旧軍港市』旧軍港市振興協議会、一九八〇年）。

（6）同資料は長崎県二区選出、自民党参議院議員で、「連盟」の理事でもあった藤野繁雄（一九四七年参議院議員初当選、農政問題に関わり以降三選。第二次吉田内閣の地方自治政務次官、自治政務次官、同県農林統計協会会長、参院農林水産委員長等）の「藤野文庫」（長崎県立長崎図書館蔵）資料のひとつである。なお同資料を用いた論考としては、今村洋一・川原大輝「佐世保市における旧軍用地の転換計画について―戦後復興計画と旧軍港市転換計画を対象として―」

(『都市計画論文集』四九―三、二〇一四年一〇月、のち今村『旧軍用地と戦後復興』中央公論美術出版、二〇一七年に改稿、所収)参照。

(7) 参院大蔵委員会では「旧軍港地國有財産拂下げに関する請願、旧軍港都市の財政は極度に逼迫しておるので、その再起を図るため、同地の國有財産拂下げの資格を緩和し、又低額評價、賣拂代金納入上の便宜を図る必要があると認めて採択」(一九四九年五月二〇日)とある。

(8) 「旧軍港市転換問題会議経過概要」(『昭和二十四年十一月　旧軍港市転換資料』前掲藤野文庫蔵)。この節では一九四九年での経過について、日付のある記述はこの資料による。

(9) 「旧軍港市転換法案要綱」(前掲『昭和二十四年十一月　旧軍港市転換資料』)。

(10) 前掲林論文では、呉市でも同様の、県知事との対立が指摘されている。

(11) 佐世保の『軍港新聞』記者から県議会議員に出馬、以後五期の佐世保市議を経て一九三二年長崎県二区選出、民政党の衆議院議員として当選後、離党して国民同盟結成に参加した。戦後は佐世保復興委員会では農会の代表として、次いで官選市長一期、戦後初の公選市長(一九四七年四月)を二期つとめた。

(12) 江口禮四郎『続佐世保政治史』(佐世保商工新聞社、一九五八年、三六一頁)、佐世保財界から衆議院議員に選出、蔵相等を歴任した北村徳太郎や軍転法に深く関わった土建業者の門屋等を「寄留政治家」枠に配したこととは対照的である。

(13) インタビュー時佐世保市企業局長、後に市助役(上山良吉編『銀杏残り記』中田正輔翁自伝刊行会、一九六一年、二三五～二三六頁)。

(14) 市長在職は二年余、辞職して一九五〇年六月では政府・運輸審議会委員。

(15) 前掲『旧軍港市のよろこび』。

(16) 前掲『銀杏残り記』一四五～一四六頁。

(17) 前掲、上山論文。

(18) 前掲『旧軍港市のよろこび』。

(19) 鈴木術の回顧では「昭和二十二年春、初の市長公選を了るや」とある(「露払い」、前掲『旧軍港市のよろこび』三三頁)。

(20) 他、従前よりの使用者に対する譲渡代金の延納などの優遇措置(第三条)、都道府県や市の物納財産への無償貸付や譲渡代金の延納を認めた制度等。財政及び金融委員会（衆、一九四八年六月一五日）での北村国務大臣の説明。

(21) 同様の冊子は佐世保市役所資料として市図書館にも所蔵がある。

(22) 前掲、上山論文。

(23) 『佐世保市史　政治行政編』佐世保市役所、一九五七年。

(24) 以下、ここでの日付のある記述は、断りのない限り前掲『軍轉法の生れる迄』からの引用による。

(25) 「旧軍港市の港湾を語る」座談会（第二回）、旧軍港市転換連絡事務局、一九五一年四月二〇日（『港湾』二八―九、一九五一年九月、一七頁）。

(26) 実際、国会の審議過程では委員会でも本会議でも、法律案へは運用段階での見通しの不明瞭さに懸念する言及が多い。それらは例えば上記の同様の指摘に加え、軍用地を教育や福祉に転用しても産業復興とは無関係ではないか、軍用財産の払い下げを決定するための審議委員会に委ねすぎではないか等々であった。

(27) 中本昭夫『佐世保港の戦後史』芸文堂、一九八四年。

(28) 附録五「山田議員とデッカー米海軍横須賀基地司令官の往復文書」（前掲『軍轉法の生れる迄』、八三頁）。

(29) 例えば参院、大蔵・地方行政・建設委員会連合審議会（一九五〇年三月二九日）での日本社会党森下政一の質問等。

(30) 衆議院大蔵省建設委員会連合審議会（一九五〇年三月三一日）。

(31) 前掲『銀杏残り記』「戦後市政秘話」一五〇頁。

(32) 福原忠男・中野哲夫『旧軍港市転換法』旧軍港都市転換促進委員会事務局、一九五〇年。

(33) 前掲『旧軍港市転換法』三頁。

(34) 前掲注（29）の委員会での佐々木鹿藏の法案主旨説明。なおこの時点で大蔵省は、旧軍用地について横須賀では土地四六〇万坪、建物六八万坪、舞鶴では土地二六〇万坪、建物が一二万坪、呉が土地七五万坪、建物が一六・九千坪、佐世保が土地三〇万坪、建物が八・七千坪、合計、土地六三〇万坪、建物一〇八万坪とした。

(35) 前掲『軍転法の生れるまで』附録九、一〇九～一一〇頁。

(36) 前掲『佐世保市史　政治行政編』。

(37) 前掲、江口書。

(38) 「連合軍佐世保進駐」（『読売新聞』一九九九年六月二八日）。

(39) 山田節男（協議会顧問・参議院議員）「軍転法運命の決定的瞬間」（前掲『旧軍港市のよろこび』）。

（40）上杉和央「連続と断絶の都市像」（福間良明他編『複数のヒロシマ』青弓社、二〇一二年）。
（41）前掲「戦後市政秘話」『銀杏残り記』。
（42）富永は、熊谷憲一北海道庁長官が八月一日、内務大臣宛にまとめたポツダム宣言受諾についての道内識者意見として「敵ノ宣言スル和平条件ハ全ク無条件降伏デ、世界ヲ支配セントスル野望ノ現ハレダ——国内戦場化ニ伴ツテ戦局ニ就テ不安動揺シ、敗戦和平的分子アリトセバ断固一掃スベキ」との強硬論者でもあった（『函館市史』通説編第四巻第六編、二〇〇二年）。
（43）杉本甚蔵述「佐世保港の将来に就て」（佐世保市親和銀行講堂、一九四六年一月一八日）（『鮎川義介関係文書』461、国立国会図書館憲政資料室蔵）。
（44）同右。
（45）同右。
（46）柳沢米吉（日本港湾協会副会長）「港湾発展回顧」（『日本港湾発展回顧録』社団法人日本港湾協会、一九七七、一八頁）運輸省港湾局建設課長（一九四三年一一月～一九四六年五月）、同計画課長（一九四六年五月～一九四七年九月）、第四港湾建設局長（一九四七年九月～一九四八年四月）、中国海運局長兼第六管区海上保安本部長（一九四八年四月～一九四九年四月）、海上保安庁灯台局長（一九四九年四月～一九五一年五月）。
（47）（日本港湾協会会長）黒田静夫「港湾整備の回顧」（前掲『日本港湾発展回顧録』一四頁）、運輸省港湾局長（一九四三年一一月～一九四六年四月）、第四港湾建設部長（一九四六年四月～一九四七年九月）、東海海運局長（一九四七年九月～一九五〇年六月）、第五管区海上保安本部長兼務（一九四八年五月～一九四九年五月）、運輸省港湾局長（一九五〇年七月～一九五五年六月）。
（48）（日本港湾協会理事）東寿「港湾法制定25年後の反省」（前掲『日本港湾発展回顧録』五七頁）一九五〇年七月～一九五七年四月運輸省港湾局建設課長。
（49）こうした文脈から考える際、先の「甲乙案」が港湾法を想定した案件であったこと、また準拠法案として軍転法は都市計画法を選んだことがわかる。
（50）（日本港湾協会会長）黒田静夫「港湾整備の回顧」（前掲『日本港湾発展回顧録』一八頁）、運輸省港湾局長（一九四三年一一月～一九四六年四月）、第四港湾建設部長（一九四六年四月～一九四七年九月）、東海海運局長（一九四七年九月～一九五〇年六月）、第五管区海上保安本部長兼務（一九四八年五月～一九四九年五月）、運輸省港湾局長（一九五〇年七月〜一九五五年六月）。
（51）東寿「緒言」（『港湾計画論』日本港湾協会、一九五六年）。
（52）同右。
（53）大蔵省税関部調査統計課編「戦後におけるわが国自由港問題の推移とその成果」（『税関調査月報』六―七、一九五三年三月）等参照。
（54）運輸委員会（参）、一九四九年八月一日、秋山龍。
（55）九州文化研究会『私たちの佐世保』一九五〇年、佐世保市立図書館蔵。
（56）「佐世保港に於ける輸出入の概況」（『旧軍港市転換促進連盟　佐世保視察資料』藤野文庫、長崎県立長崎図書館蔵）。
（57）「中田市長にきく」（『佐世保時事新聞』一九四九年五月八日）。なお前掲『佐世保市史　総説編』は一九四九年には漁港基地建設計画が作成されたとある。
（58）「特集二　旧軍港はどうなっている？」（『真相』41）。
（59）なお、叶清は『佐世保時事新聞』（一九四八年八月七日）記事では運輸省第四港湾部施設課長で技官とあり、『同上』（一九四八年一一月一四日）によると、運輸省佐世保港湾管理事務所施設課長として着任した。運輸省の技術系官僚の佐世保着任がわかる。
（60）「旧軍港市転換の計画及び要望」（佐世保市役所『佐世保市の現況』一九五〇年一月）。
（61）名前のあがっている企業は以下。大阪鋼管（鋼管製造）、長崎食糧（製パン）、福岡酸素（酸素ガス）、東洋水産（水産加工）、西日本鋼業（薄鋼板丸鋼）、九州工機（機械製造）、佐世保缶詰（トマトサージン）、石井船舶（汽船修理）、辻産業（水産加工）、富士電気・森永電気（機械器具）・製釘工場・自動車工場。製パンやトマトサーディン缶詰などは占領軍のＱＰだろう（前掲「旧軍港市転換の計画及び要望」）。
（62）他にも「工業地区」は旧崎邊空廠をあてた⑨、日宇の第二十一空廠跡を転用する⑪。⑧は軽工業及貯蔵地区、⑩では旧海軍航空隊跡を「水産大学地区」とした。長崎大学水産学部設置は一九四九年三月に決まり、研究所設置や新入生も入学していた。⑫は貯油能力四〇万ｔの重油槽を転用する「貯油・補油地区」（前掲「旧軍港市転換の計画及び要望」）。
（63）『佐世保時事新聞』（一九四九年三月三〇日）。なお紙面によればこの時点ですでに戸畑の南日本水産はトロール船や定着網船など四組を佐世保に移動させ、将来的には拠点を佐世保におく予定という。
（64）『佐世保時事新聞』（一九五〇年一月一日）。

(65) 前掲中本『軍港佐世保の戦後史』。

(66) 『昭和25年九州方面旅行』(鮎川義介文書、181・2、国立国会図書館憲政資料室蔵)。

(67) 「佐世保問題ニ関スル会合」同右所収。

(68) 前掲中本書、一五九頁。

(69) 野口研究所『佐世保復興対策』一九五〇年三月(『佐世保調査団』鮎川義介文書、461、国立国会図書館憲政資料室蔵)。

(70) 同右。

(71) 同右、『佐世保調査団』所収。

(72) 韓は、中国の「解放」後は香港を拠点としていたとされ、鮎川の回想では一九五〇年一二月頃、韓の肝煎りによって中国共産党政権に危険視された広東人等の財産運用をめぐって、香港から来日させたという(宇田川勝「鮎川義介-回想と抱負　稿本5」『経営志林』43-1、二〇〇六年四月)。

(73) 「佐世保問題に関する会合」前掲『九州方面旅行』所収。

(74) 『新修佐世保市史　総説編』でもこの枠組みは踏襲されている。

(75) なお「調達(Procurement)」要求は「需品調達要求」と「役務調達要求」に弁別された。『占領軍調達史—占領軍調達の基調—』(占領軍調達史編纂委員会(調達庁内)編、調達庁、一九五六年)は占領軍調達要求の法的根拠をハーグ陸戦条約ではなく、ポツダム宣言の受託や受託に基づくGHQ指令2号の「資源」条項にみている(六八頁)。

(76) 前掲『新修佐世保市史　総説編』による「佐世保艦隊基地の現状と活動(1950-1953)」(米太平洋艦隊業務評価部長宛業務報告書)。

(77) 前掲『新修佐世保市史　総説編』。配属要員は、士官七人と下士官・兵九六人、日本人雇員は、熟練工を含めた事務職員が六六九人、基地付艦船に至っては、漁船監視用の駆逐艦五隻にすぎず、基地撤退の日が近かったと思わせる。

(78) 朝鮮戦争下での佐世保の米軍資料から見た役割については『新修佐世保市史　軍港編』が、社会状況については『佐世保市史　産業経済編』(一九五六年)に詳しい。

(79) 長崎県警察史編纂委員会編『長崎県警察史』第三巻(長崎県警察本部、一九九六年)、福岡県警察史編さん委員会編『福岡県警察史　昭和前編』(福岡県警察本部、一九八〇年)等参照。

(80) 前掲『旧軍港市転換促進連盟　佐世保視察資料』によると政府は「管下漁民の港内漁業禁止制限に伴う被害」として

被害額の１／10弱を見舞金として交付した（一九五二年三月）。
(81) 前掲『新修佐世保市史』。
(82) 山崎静雄『史実で語る朝鮮戦争協力の全容』（友の泉社、一九九八年）は『朝鮮 米海軍作戦史』（Ｊ・Ａ・フィールド２世、一九六二年）という書籍に「佐世保」が頻出すること、また「朝鮮で戦争が始まってまもなく（横須賀と佐世保の）二つの基地の役割が逆転した。佐世保は釜山に五〇〇マイル以上でより近い、ということは明らかに重要な事実であり、第七艦隊にたいする海軍作戦本部長からの最初の命令があることで強調された」等の引用を紹介し、「朝鮮戦争継続のかなめとしての存在」とする（一七八頁）。
(83) 「第七章　特需調達をめぐる紛議の発生」（前掲『占領軍調達史―占領軍調達の基調―』六三一～六三二頁）。
(84) 前掲『新修佐世保市史』。
(85) その際、「旧軍港市転換連絡事務局」も名称と組織変更がなされ、共同事業は一九五四年「旧軍港市振興協議会」に引き継がれた。
(86) 「舞鶴市・佐世保市・呉市視察懇談会における要望事項の主なるもの（抄）」（『旧軍港市転換資料』昭和二四年、藤野文庫、長崎県立長崎図書館蔵）。
(87) この時の呉市の要望は「将来貿易造船等につき呉港の活用上音戸の瀬戸の開鑿と鉄道呉線の複雑化により海陸交通の改良について格別の配慮を願いたい」等であった。
(88) 関係者が列席しての座談会は、一九五〇年七月六日にも「旧軍港市転換事業計画」として開催されている。
(89) 宮原幸三郎（第一三回国会、衆議院、外務委員会、一九五二年二月二〇日）。
(90) 宮原による外務委員会（衆・一九五二年四月一六日）での発言。
(91) 『旧軍港市転換連絡事務局月報』昭和二七年一月（『旧軍港市転換促進議員連盟役員会資料』昭和二七年）。
(92) 同右。
(93) 'Study of Sasebo Port Facilities' 1952. May. 1, AG-05163。
(94) 前掲注（89）。
(95) 『旧軍港市転換促進議員連盟書類』昭和二八年。
(96) 同右。
(97) 前掲『銀杏残り記』二二四～二二五頁。

他、参考資料として、『旧軍港市顧問団佐世保視察関係綴（昭和三十四年一月）、『旧軍港市転換法制定後に於ける経過の概要（昭和26～31年）、『駐留軍関係綴』（以上、佐世保市役所文書）。

コラム

米軍住宅

長志珠絵

DH（ディペンデント・ハウジング―占領軍家族住宅）は占領軍の将校・下士官用の家族住宅として占領期の日本全国の都市部の占領地域で建設された。一九四六年（昭和二一）三月六日、日本政府に対しGHQ／SCAPは、SCAPIN第七九九号「占領軍およびその家族住宅建設計画に関する件」により二万戸の占領軍家族住宅の建設を命じ、これに対して政府は一五日、「連合国軍用宿舎等建設要綱」を閣議了解、戦災復興院に特別建設委員会を設置した。佐世保にはドラゴンガルチ住宅地区（名切家族住宅）六三棟（三七二八坪）、ドラゴンハイツ住宅地区（矢岳家族住宅）五六棟（三三四一坪）と名付けられたDHが存在した。

「ドラゴンガルチ（DORAGON GULCH）住宅地区」と名付けられた名切・家族住宅地区は、海軍施設地区と佐世保川を隔てた、熊野・太田・宮地・光月などの六か町に及ぶ。南は四ケ町、三ケ町に連なる旧市内の中心部であり、戦前は市の公設市場をはじめ住宅・商店街として栄え、佐世保空襲（一九四五年六月二九日）によって焼け野原となった地域である。一九四六年以降、占領軍の住宅地として接収され、その面積は当初、八万一九五八坪の広大な敷地に及んだ。岩波写真文庫の『佐世保―基地の一形態』（岩波書店編集部・佐世保市役所、一九五三年）はその景観についての写真を掲載しているが、米軍住宅地の「舗装した道、刈り込まれた街路樹、白い木柵と芝生」の様子のほか、米軍野球場や馬場、ガソリンスタンドなどの様子がわかる。米軍住宅地は日米行政協定締結後は駐留軍住宅となった。部分的な返還がなされたものの、一九六〇年代にいたってなお市の中心部を占める接収住宅地への批判は強い。

「基地ゆえの宿命か　住宅難横目に広々と――広々とした庭付きのスマートな住宅地―三十余人に一人という佐世保の住宅抽せんの現実を見せつけられている人たちにはそんな住宅地が市内にあるのか、と思うだろう。――地位協定にもとづいて接収されているだけに接収地は治外法権、同じ佐世保にあって他国の土を踏んだ感を受ける人が多い」（「終戦十七年　接収地」『長崎時事』一九六二年七月二日）

「広さ一四万平方メートルの名切谷は五二〇〇平方メートルを残して国有地になってしまった。現在八五世帯のアメリカ人家族が住んでおりそこだけは別天地といった風景をみせる。スマートでゆったりとした外車が行きかい、芝生の上では金髪の子供たちが笑いさざめいている。一見外国の住宅地を行くような錯覚を覚えるが、サングラスをかけた日本人のガードがいて基地を思い出させる―」（「佐世保点描　名切の外人住宅」『長崎時事』一九六三年六月三〇日）

一九六四年八月、佐世保市によって作成された『名切谷米軍住宅地区の移転及び跡地転用計画書』（長崎県佐世保市、昭和三九年八月）によると、旧市内の五・七％が米軍に、三・七％が自衛隊の、合計九・四％が軍の管理下におかれる状況にあり、なかでも中心部かつ平坦地に位置した米軍住宅、名切谷米軍住宅地区の返還が嘱望されていた。返還の直前、一九六四年では名切谷米軍住宅は、四三棟、八七世帯が住んでいた。その階級別の内訳が表1である。接収解除直前の名切谷住宅に住む住民の多くは、下士官級の家族であったことがわかる。

他方、焼け跡を接収しての宅地造成は、土地所有について様々な問題を残した。一九五一年（昭和二六）一〇月八日段階での長崎県佐世保出張所都市計画課による資料「在日合衆国軍隊に提供する施設及区域に関する件の調査」（『駐留軍関係綴　佐世保市管理課』）によると、昭和二四年度に行われた戦災復興事業の再検討段階では、すでに宅地造成等により原形を止めず、土地の使用等については特別調達局の所管となっていた。また接収解除の見通しも困難のうえ、区域内の立ち入りも強力に制限されるという状況にあったため、佐世保市の復興都市の五か年計画からは除外され、復興区域内の土地区画整理第二次区域としてその管理は福岡特別調達局佐世保監督官事務所で行われている。接収地区内の都市計画街路については、都市計画の線に沿い、県が指導して街路工事を実施済みである。接収面積は名切谷地区七五・一三二坪五二、元町上町地区が三二三一坪、接収借地料は一九五〇年八月一日改正以後、それぞれ月額、名切谷地区一七万一四五七円、元町上町地区は元軍用地にて無税であった。佐世保市名切谷進駐軍接収地区地主組合では一九五一年九月七日総会を開催し、以下を決議し、当局に要請した。

（1）原形に復し速かに地主へ返還せられたきこと

（2）接収地に対し適当なる代地を換地として与へられたきこと

表1　返還直前の名切谷米軍住宅の居住者

	佐官級	尉官級	下士官級	
1戸建て	7世帯	9世帯	7世帯	23世帯
2戸建て	−	4世帯	12世帯	16世帯
4戸建て	−	16世帯	32世帯	48世帯
43棟	7世帯	29世帯	51世帯	87世帯

表2　接収解除後の名切谷米軍住宅の転用状況

接収解除日	転用目的	返還（坪）
1955.3.31	市立花園中学校	8,237
1958.3.28	財務局佐世保出張所	4,256
1959.2.4	防衛庁宿舎	3,166
1959.3.12	市立図書館	496
1960.12.16	市立市民会館	3,596

（3）前2項不可能なる場合は止むを得ず買上に応ずること、但しこの場合は本市の現状に照し適当なる時価によること　他日、該土地不用に帰し万一払下ある場合は必ず元地主に優先権を与へられたること

また地主のうち売却希望者数は一五〇／二九〇名で、面積は四〇・三一一／七五一三二坪五二、希望価格　二〇万八七五五・四八五円で平均坪当たり価格五一〇〇円、固定資産評価価格五万五三八八・九八六円との数字があがっている。またこの地区は戦災前は、「山手線に通ずる佐世保市屈指の繁華街にして原形復帰を強く要望」されるものの、接収解除の場合は改めて土地区画整理をするほかはない、との見方も示されている。名切谷住宅は表2で示したように漸次接収解除がなされた。

しかし一九六〇年代になると全国的な土地や建物の値上がりの一方、多くは市内の一等地におかれた住宅接収地の借地料が低率に抑えられている状況が問題となった。『長崎時事新聞』は「借料に怒る基地の住民」として全国で土地所有者の「土地返せの叫び、安保問題に新たな波紋」の広がりについて記事を掲載した。大湊米軍住宅（青森）、グランドハイツ、ワシントン・ハイツ（東京）、森山地区（島根）、春日原（福岡）に加え、名切谷地区は横浜以下の値段という（『長崎時事新聞』一九六三年六月六日）。名切谷住宅は一九六九年四月にようやく全面返還される一方、ドラゴンハイツ住宅地区についての返還は実現していない。

出典・参考資料
『駐留軍関係綴』、『移転及び跡地転用計画書（一九六四年八月）』「接収地」（新聞切り抜き帳『戦後十七年』一九六二年）（佐世保図書館蔵）

写真　名切谷米軍住宅地区の移転及び跡地
出典：佐世保市立図書館郷土資料『移転及び跡地転用計画書』と同封の冊子『名切谷住宅現況写真』より

第五章

旧軍港市の都市公園整備と旧軍用地の転用

―佐世保市と横須賀市の事例から―

弓張岳からの佐世保近辺の眺望（上）と横須賀本港地区（下）

（提供）上：佐世保観光コンベンション協会© SASEBO

下：横須賀市

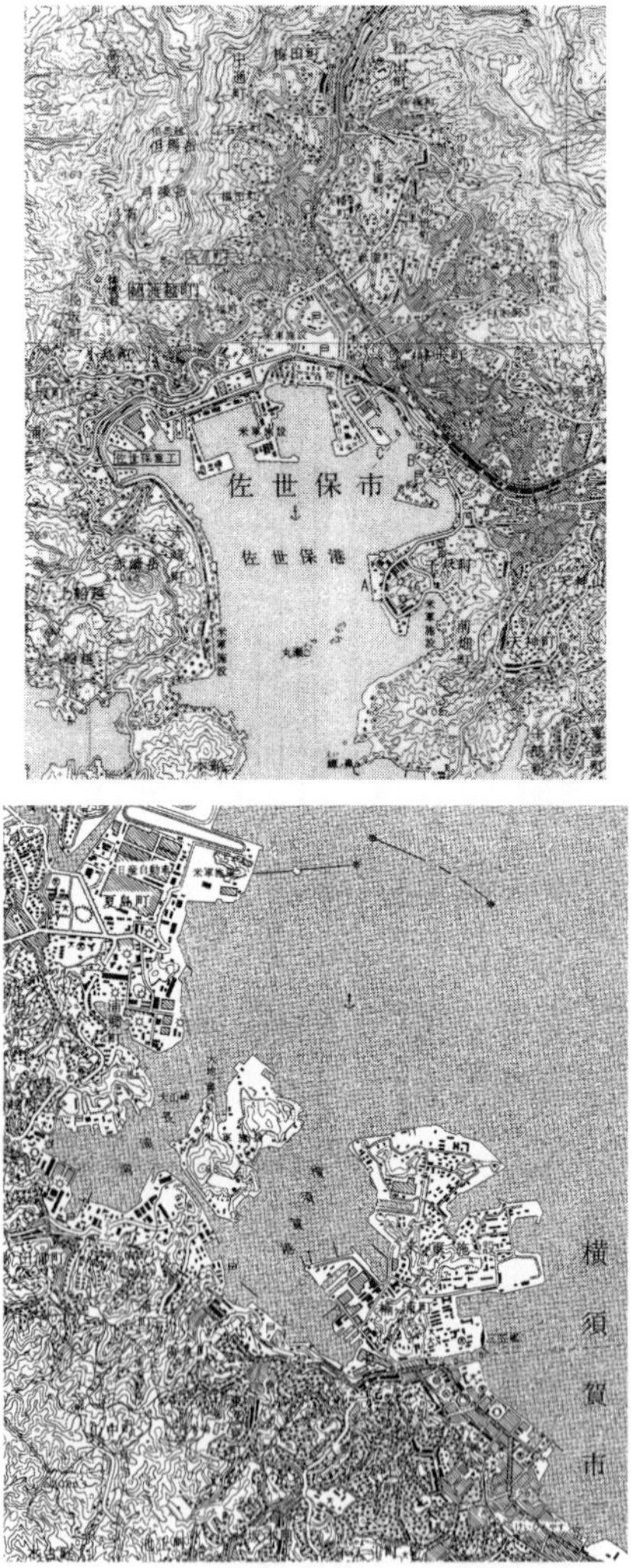

高度経済成長期の佐世保（上、1972 年）と横須賀市（下、1971 年）

出典：５万分の１地形図「佐世保」「佐世保南部」「横須賀」

佐世保市『軍港都市史研究Ⅱ　景観編』105 頁の図を 50％に縮小（作成：山本理佳）

横須賀市『軍港都市史研究Ⅱ　景観編』29 頁の図を 50％に縮小（作成：花岡和聖）

はじめに――二枚の写真から――

二枚の写真からはじめてみたい。写真5-1は住宅団地とその一角にある公園である。高度経済成長を通じて不足する住宅供給に対応するために日本の各地につくられていった住宅団地、やはり高度経済成長を通じて「効率の良い」土地利用の進行と交通量の激増から遊び場としての空き地や道路を失った子供たちのための新たな遊び場としての公園、ある意味、戦後日本を象徴する写真かもしれない。写真5-2は南仏プロヴァンスをイメージした農業公園であり、農業体験や食の体験、自然とのふれあい体験など、日常生活とは異なる体験を手軽に楽しめる公園である。

この二つの公園、ともに旧軍用地の転用によりつくりだされた公園の景観である。団地の公園で遊ぶ子供たちも、農業体験を楽しむ家族連れも、今いる場所が昔は軍用地であったことはまず意識しないであろう。しかし一九四五年（昭和二〇）までは確かに軍が管理した土地であり、時を経て「戦争」に結び付いた軍用地は見事に「平和な」公園へと転換されてきたのである。

公園には、経済発展の裏腹として悪化する都市環境を〝健全〟ならしめる装置としての役割[1]に加えて、新しいライフスタイルを誘導する役割[2]が常に期待されてきた。とりわけ日本では、敗戦による国土の荒廃からの復興、さらに高度経済成長に伴う急激な都市環境の変化という状況の下で、このような役割をもつ公園の整備は重要な政策課題であった。特に本書で対象とする軍港都市ではその性格上、従来の都市施設整備は港湾施設の充実に重点が置かれ、公園をはじめとする陸上の土木施設の整備は等閑に附される傾向が強かったため、戦後復興におけるその整備が必要であった[3]。しかしながら公園整備にはある一定程度以上のまとまった「空間」が

写真５－１　佐世保市・大黒団地と大黒公園
撮影：筒井一伸（2010年〈平成22〉12月25日撮影）

必要であり、したがってその用地確保が常に課題となってきた。そこで登場するのが旧軍用地である。

終戦に伴って出現した大量の旧軍用地は、戦災復興や都市化への対応のために、公園に限らず様々な都市施設へと転用されたが、全国津々浦々で一斉に遊休国有地が転用されていったという意味において、土地利用史上、重大な出来事であった(4)。そのため、都市計画学の分野を中心に旧軍用地転用の研究がなされてきた。その代表としては今村らの一連の研究があり、『国有財産地方審議会の審議経過』を基礎資料に旧軍用地と都市施設整備との関係を論じた研究(5)、名古屋市を事例にした戦後都市構造再編と旧軍用地の転用との関係について論じた研究(6)、『旧軍港市国有財産処理審議会決定事項総覧』を基礎資料に旧軍港市四都市の旧軍用地の転用実態を明らかにした研究(7)、横須賀市における終戦直後の旧軍用

写真５−２　横須賀市・長井海の手公園（ソレイユの丘）
出典：横須賀市観光情報サイト「ここはヨコスカ」（横須賀集客促進実行委員会）より転載。

財産の転用計画について地元自治体と国との計画の比較検討を行った研究[8]、「基地なき後のまちづくり」に関する提言的論考など[9]、旧軍用地と都市整備などとの関係について広範な検討が行われてきた。旧軍用地の公園への転用について焦点を当てた研究としては、豊橋市を事例にした学校利用や公園利用との関係に関する研究[10]や、戦災復興都市計画における公園・緑地整備との関係を仙台、宇都宮、名古屋、大阪、姫路、広島、久留米、熊本を対象に考察した研究[11]がある。

しかしながら軍港都市における戦後の公園整備について、政策的な背景とその整備実態、さらに景観変化について、旧軍用地の転用と関連づけつつ実証的に明らかにした研究は管見の限り皆無である。そこで本章では、戦後日本の公園整備における旧軍用地転用の位置づけを明らかにするとともに、佐世保市と横須賀市を事例に旧軍用地を活用した公園整備の実態や景観変化について明らかにする。

第一節　都市公園整備と旧軍用地

(一)　戦災復興都市計画と都市公園整備

近代日本の公園制度の出発点は一八七三年（明治六）とされるが、[12]今日に続く公園緑地整備は戦後の戦災復興都市計画とともに進展が図られていく。[13]一九四五年（昭和二〇）一一月に戦災都市の復興のため、内閣総理大臣の直属機関として戦災復興院（のちの建設院、建設省、国土交通省）が設置され、同年一二月には「戦災地復興計画基本方針」が閣議決定される。この基本方針の根幹とするところは、復興計画の基礎となる土地整理、特に土地区画整理を急速に実施することにあった。[14]この基本方針においては公園緑地について以下のように規定された。[15]

第一　公園、運動場、公園道路その他の緑地は都市聚落の性格及土地利用計画に応じ系統的に配置せらるること

第二　緑地の総面積は市街地面積の一〇％以上を目途として整備せらるること

第三　必要に応じ市街外周における農地山林、原野、河川等空地の保存を図る為緑地帯を指定しその他の緑地と相俟って市街地への楔入《せつにゅう》を図ること

「戦災地復興計画基本方針」に則って復興都市計画を進める上で根拠法規となるのは都市計画法[16]であったが、戦災復興には不十分であったため、戦災復興土地区画整理事業の推進や「緑地地域」導入などの特例を定めた特別都市計画法が一九四六年（昭和二一）九月に制定・公布された。これと同時期に戦災復興院は「緑地計画標準」を定め、戦災復興院次長通牒として地方長官（知事）宛てに通知した。この「緑地計画標準」には、「緑地計画に於ては普通公園、自然公園、運動公園、近隣公園、児童公園、公園道路、広場、植樹帯、緑地帯、墓苑及その他の緑地を包含せしむること」とされ、公園が含まれたことが特徴として指摘できる。そのためこれに付帯して戦前に出された[17]「公園計画標準」も示された[18]。また戦災区域内の公園緑地の総面積を区域内の一〇％以上とし、近隣公園と児童公園の面積は五％、人口一人当たりの公園緑地面積は一坪とするなど、面積に関する具体的な数値目標が示された点も特徴的である[19]。

一方、陸海軍が使用していた軍用地の用途については、一九四五年（昭和二〇）一二月七日に戦災復興院と内務省国土局により各地方長官宛てに「旧軍用地調査に関する件照会」が出して調査を開始し、さらに一九四六年（昭和二一）五月には戦災復興院次長および内務次官通知として大蔵次官あてに「軍用跡地を都市計画緑地に決定するの件」が出され、協力依頼が行われた。この時点で戦災復興都市計画における公園緑地整備の用地として旧軍用地が想定されたことがわかる[20]。

ところで、戦災復興の理念的な計画とは裏腹に予算措置がほとんど進まなかったのが現実である。表5-1は戦災復興事業の各工種別に投入された国費及びこれに対応する地方費の合計額である。これを見ると公園整地の費用は、一九四七（昭和二二）年度はゼロ、その後も戦災復興事業総額に占める割合は一％にも満たない金額で推移する。公共空地関連予算も含めた金額でも最も多い年度の一九四八（昭和二三）年度でも四％強と、街路や水道の整備予算に比べても低調に推移していったことがわかる。すなわち、戦災復興区画整理によ

1951 (昭和26)	1952 (昭和27)	1953 (昭和28)	1954 (昭和29)	1955 (昭和30)	1956 (昭和31)	1957 (昭和32)	1958 (昭和33)
240,900,627	254,020,633	206,517,697	138,644,904	124,327,200	102,331,389	88,426,201	75,067,700
1,898,498,072	2,476,076,822	2,683,169,035	2,013,585,684	2,184,397,491	2,360,850,652	3,021,282,141	3,190,832,456
145,569,581	163,633,179	217,939,740	153,848,400	265,608,159	279,839,638	218,651,163	120,551,527
1,270,488,679	1,559,100,260	1,455,893,864	780,608,167	651,866,851	313,605,858	143,611,999	137,899,452
132,736,412	137,150,614	150,984,951	55,533,958	55,395,079	62,567,020	18,961,674	6,917,865
112,786,443	126,702,407	94,233,269	43,218,387	50,178,900	45,228,463	36,498,238	17,594,000
24,423,190	14,494,176	7,185,027	9,682,960	2,016,000	1,389,000	1,574,000	
102,279,217	79,739,093	36,033,360	40,495,940	43,212,463	35,109,238	16,020,000	
712,671,186	936,472,835	878,921,940	486,180,500	437,154,320	260,176,980	169,225,584	59,137,000
18,469,000	19,729,250	6,495,504	7,700,000	8,520,000	0	6,343,000	12,000,000
4,532,120,000	5,672,886,000	5,694,156,000	3,679,320,000	3,777,448,000	3,424,600,000	3,703,000,000	3,620,000,000

5.32	4.48	3.63	3.77	3.29	2.99	2.39	2.07
41.89	43.65	47.12	54.73	57.83	68.94	81.59	88.14
3.21	2.88	3.83	4.18	7.03	8.17	5.90	3.33
28.03	27.48	25.57	21.22	17.26	9.16	3.88	3.81
2.93	2.42	2.65	1.51	1.47	1.83	0.51	0.19
2.49	2.23	1.65	1.17	1.33	1.32	0.99	0.49
0.34	0.43	0.25	0.20	0.26	0.06	0.04	0.04
2.15	1.80	1.40	0.98	1.07	1.26	0.95	0.44
15.72	16.51	15.44	13.21	11.57	7.60	4.57	1.63
0.41	0.35	0.11	0.21	0.23	0.00	0.17	0.33

表５－１　工種別竣工額調（復興事業予算）

【実績額（円）】

年度	1945（昭和20）	1946（昭和21）	1947（昭和22）	1948（昭和23）	1949（昭和24）	1950（昭和25）
応急復旧	54,654,245.15	321,597,247.50	251,968,796.82	228,737,306.89	55,552,961.86	
調査設計		38,766,788.51	184,660,961.47	372,813,425.50	317,694,051.24	229,160,000
移転補償		7,297,222.48	81,650,364.45	317,396,989.39	947,823,793.13	1,443,333,000
移設補償			19,829,324.44	77,411,111.60	58,531,274.24	100,844,000
街路		88,085,214.17	227,384,093.45	492,392,788.47	726,648,601.40	1,131,020,000
水路			15,358,667.00	120,106,000.00	87,548,852.53	82,962,000
公園			3,358,270.00	78,784,729.09	59,641,203.97	117,513,000
内　公園整地		0.00	2,843,669.09	14,506,203.97	9,210,000	15,255,333
公共空地※		3,358,270.00	75,941,060.00	45,135,000.00	108,303,000	97,531,110
水道		34,404,000.00	26,508,000.00	193,198,280.86	211,400,097.06	674,583,000
用地補償		7,888,475.06	108,391,822.46	52,609,530.48	33,281,253.76	6,285,000
合計	54,654,245.15	498,038,947.72	919,110,300.09	1,933,450,162.28	2,498,122,089.19	3,785,700,000

【内訳（%）】

応急復旧	100.00	64.57	27.41	11.83	2.22	
調査設計		7.78	20.09	19.28	12.72	6.05
移転補償		1.47	8.88	16.42	37.94	38.13
移設補償		0.00	2.16	4.00	2.34	2.66
街路		17.69	24.74	25.47	29.09	29.88
水路		0.00	1.67	6.21	3.50	2.19
公園		0.00	0.37	4.07	2.39	3.10
内　公園整地			0.00	0.15	0.58	0.24
公共空地			0.37	3.93	1.81	2.86
水道		6.91	2.88	9.99	8.46	17.82
用地補償		1.58	11.79	2.72	1.33	0.17

注：それぞれ工種には具体的に以下のものを含む。
応急復旧　清掃、宅地整理、鉄鋼改修、鉛屑回収、上水道、下水道
調査設計　確定測量、換地、精算
移転補償　建物移転、電柱移転、墓地移転
移設補償　瓦斯、電纜、鉄軌道
街路　街路整地、工作物除却、砂利敷、側溝、橋梁、その他
水路　河川水路
水道　上水道、下水道
用地　用地補償
なお※の「公共《コウキョウ》空地《クウチ》」とはオープンスペースを意味する。

出典：建設省編『戦災復興誌　第壱巻　計画事業編』（都市計画協会、1959年）704～709頁、より筆者作成。

表5-2　戦災復興事業による公園整備計画

区分	項目	面積（ha）
当初計画	既設公園	388
	減歩による公園新設	1,881
	軍用地等を利用した公園	1,208
	計	3,477
1949年（昭和24）の規模縮小後の事業計画	既設公園	209
	減歩による公園新設	1,298
	軍用地等を利用した公園	415
	計	1,922
当初計画からの縮小率（%）	既設公園	53.9
	減歩による公園新設	69.0
	軍用地等を利用した公園	34.4
	計	55.3

出典：坂本新太郎監修・「日本の都市公園」出版委員会編『日本の都市公園』（インタラクション、2005年）26頁、より筆者作成。

り生み出された公園地や国有財産となった軍用跡地の取得に全力を注ぐ状態であり、公園整備事業までに手が及ぶ段階にはまだなかったといえる。[21] また一九四九年（昭和二四）には戦災復興そのものに対して財政負担の面から再考が求められることとなる。同年六月二四日には「戦災復興都市計画の再検討に関する基本方針」を閣議決定し、特別都市計画法に基づく事業規模が大幅に縮小することとなる。公園整備については表5-2の通り、当初の戦災復興事業計画区域約四九五〇〇haの六・四%にあたる約三四七七haであったが、計画縮小後は当初の約五五%相当の約一九二二haとなった。事業区域そのものも約二八〇〇〇haで当初のおおよそ五七%と、公園緑地事業も全体計画の縮小とほぼ同様に半分程度に縮小がなされたことがわかる。さらに軍用地等を利用した公園については当初計画の約三四%（四一五ha）と三分の一に規模縮小がなされ、公園規模縮小の主要因となっている。前述の通り一九四六年（昭和二一）には旧軍用地が公園緑地整備の用地として想定されたにもかかわらず、現実にはその通りにはいかなかったことがこの数値からも読み取れる。ただし今村[22]が指摘する通り、旧城郭部の旧軍用地が大規模な城址公園になったことや、旧城郭部以外の旧軍用地についてもまとまった用地の確保が難しい市街地において、大規模公園や当該地区の基幹的公園として整備がなされたことが確認できる。

この戦災復興の事業縮小という方針に危機感を抱いた都市が国会に特別法の制定を働きかけ、一九四九年

- 公園
  - 営造物公園
    - 国の営造物公園
      - 国民公園　皇居外苑・新宿御苑・京都御苑　⇒環境庁設置法
      - 国営公園　⇒都市公園法
    - 地方公共団体の営造物公園
      - 都市公園　⇒都市公園法
      - その他公園…特定地区公園（カントリーパーク）など
  - 地域制公園…国立公園・国定公園・都道府県立自然公園　⇒自然公園法

図５－１　公園の分類
出典：筆者作成。

（昭和二四）から一九五一年（昭和二六）までの三年間に様々な特別都市建設法が制定された[23]。後述する旧軍港市転換法もその一つである。戦災復興事業は全体としては昭和二〇年代後半に事業縮小という潮流に呑みこまれ、一九五三年（昭和二八）ころから戦災復興事業の収束をはかる方向となった。特別都市計画法は、土地区画整理法が一九五五年（昭和三〇）に施行されたのと同時に廃止された。また戦災復興事業そのものも一九五九年（昭和三四）度までにすべて完了を迎えることとなった。

（二）　都市公園整備政策の展開

戦災復興都市計画と戦災復興事業は、規模縮小があったにせよ、戦後の混乱期という特殊な状況下において計画的な市街地の基盤整備と一体となって特に都心部に公園緑地を確保した点で、わが国の公園緑地整備の歴史上きわめて重要な役割を果たした[24]と評価される。その一方、戦後一〇年間の公園の潰廃《かいはい》が進んだとされ、一六三公園、三〇五haが失われたとする[25]。主に他の都市施設の用地に転用されたことが原因とされたが[26]、都市公園の管理については統一した法規がなく、都市公園の管理者である地方公共団体の条例等に任されていた。これらの法規不備に対応するため一九五六年（昭和三一）「都市公園法」が制定されることとなる。

公園は、国や都道府県が自然環境の保全などをその主な目的として、土地の所有権や地上権などの権利とは関係なく指定する「地域制公園」と、「まちづくり」の一環として国や都道府県、市町村がその土地や物件について所有権などの権利を取得したうえで

種類	種別	内容
緩衝緑地等	緩衝緑地	大気汚染、騒音、振動、悪臭等の公害防止、緩和若しくはコンビナート地帯等の災害の防止を図ることを目的とする緑地で、公害、災害発生源地域と住居地域、商業地域等とを分離遮断することが必要な位置について公害、災害の状況に応じ配置する。
	都市緑地	主として都市の自然的環境の保全並びに改善、都市の景観の向上を図るために設けられている緑地であり、1箇所あたり面積0.1ha以上を標準として配置する。但し、既成市街地等において良好な樹林地等がある場合あるいは植樹により都市に緑を増加又は回復させ都市環境の改善を図るために緑地を設ける場合にあってはその規模を0.05ha以上とする。（都市計画決定を行わずに借地により整備し都市公園として配置するものを含む）
	緑道	災害時における避難路の確保、都市生活の安全性及び快適性の確保等を図ることを目的として、近隣住区又は近隣住区相互を連絡するように設けられる植樹帯及び歩行者路又は自転車路を主体とする緑地で幅員10～20mを標準として、公園、学校、ショッピングセンター、駅前広場等を相互に結ぶよう配置する。
	都市林	主として動植物の生息地または生育地である樹林地等の保護を目的とする都市公園であり、都市の良好な自然的環境を形成することを目的として配置する。
	広場公園	主として商業・業務系の土地利用が行われる地域において都市の景観の向上、周辺施設利用者のために休息等の利用に供することを目的として配置する。

注：「街区」とは、0.5km×0.5kmの範囲（25ha）を示し、街区公園は1近隣住区あたり4ヶ所配置される。
「近隣」とは、1.0km×1.0kmの範囲（100ha）を示し（1近隣＝4街区）、近隣公園は1近隣住区あたり1ヶ所配置される。
「地区（住区）」とは、2.0km×2.0kmの範囲（400ha）を示し（1地区＝4近隣）、地区公園は4近隣住区あたり1ヶ所配置される。

出典：国土交通省都市・地域整備局公園緑地・景観課ホームページ（http://www.mlit.go.jp/crd/park/shisaku/p_toshi/syurui/index.html）ほかを参考に筆者作成。

整備・管理する「都市施設としての公園（営造物公園）」とに大別することができる（図5-1）。前者は自然公園法などに基づく「自然公園」などがその代表であるのに対して、後者はほとんどがこの都市公園法に基づく「都市公園」である。都市公園とは都市公園法第二条に基づく公園又は緑地[27]で、都市公園は、機能、目的、利用対象、誘致圏域等によって種別区分されており、都市公園法及び関連する技術的助言（関連通達）によると表5-3のように一四に

表5－3　都市公園の種類

種類	種別	内容
住区基幹公園	街区公園	もっぱら街区に居住する者の利用に供することを目的とする公園で誘致距離250mの範囲内で1箇所当たり面積0.25haを標準として配置する。
	近隣公園	主として近隣に居住する者の利用に供することを目的とする公園で近隣住区当たり1箇所を誘致距離500mの範囲内で1箇所当たり面積2haを標準として配置する。
	地区公園	主として徒歩圏内に居住する者の利用に供することを目的とする公園で誘致距離1kmの範囲内で1箇所当たり面積4haを標準として配置する。都市計画区域外の一定の町村における特定地区公園（カントリーパーク）は、面積4ha以上を標準とする。
都市基幹公園	総合公園	都市住民全般の休息、観賞、散歩、遊戯、運動等総合的な利用に供することを目的とする公園で都市規模に応じ1箇所当たり面積10～50haを標準として配置する。
	運動公園	都市住民全般の主として運動の用に供することを目的とする公園で都市規模に応じ1箇所当たり面積15～75haを標準として配置する。
特殊公園		風致公園、動植物公園、歴史公園、墓園等特殊な公園で、その目的に則し配置する。
大規模公園	広域公園	主として一の市町村の区域を超える広域のレクリエーション需要を充足することを目的とする公園で、地方生活圏等広域的なブロック単位ごとに1箇所当たり面積50ha以上を標準として配置する。
	レクリエーション都市	大都市その他の都市圏域から発生する多様かつ選択性に富んだ広域レクリエーション需要を充足することを目的とし、総合的な都市計画に基づき、自然環境の良好な地域を主体に、大規模な公園を核として各種のレクリエーション施設が配置される一団の地域であり、大都市圏その他の都市圏域から容易に到達可能な場所に、全体規模1000haを標準として配置する。
国営公園		主として一の都府県の区域を超えるような広域的な利用に供することを目的として国が設置する大規模な公園にあっては、1箇所当たり面積おおむね300ha以上を標準として配置する。国家的な記念事業等として設置するものにあっては、その設置目的にふさわしい内容を有するように配置する。

※右頁に続く。

表5－4　都市公園等整備五箇年計画の推移

			第1次	第2次	第3次	第4次	第5次	第6次
			1972～75	76～80	81～85	86～90	91～95	94～2002
整備量(ha)		計画	16,500	14,400	12,011	9,220	14,210	32,600
		実績	8,698	10,176	12,362	12,862	13,766	19,469
		達成率(%)	52.7	70.7	102.9	139.5	96.9	59.7
1人当たり面積(m/人)		計画	4.2	4.5	5.0	5.7	7.0	9.5
		実績	3.4	4.1	4.9	5.8	7.1	8.5
事業費(億円)	一般公共事業費	計画額	3,200	7,346	14,000	13,000	22,300	27,800
		実績額	2,298	7,667	10,478	14,788	22,903	33,549
		達成率(%)	71.8	104.4	74.8	113.8	102.7	120.7
	地方単独事業費	計画額	4,800	8,054	12,900	12,400	19,500	27,500
		実績額	3,430	8,303	10,138	13,751	19,959	32,744
		達成率(%)	71.5	103.1	78.6	110.9	102.4	119.1
	計	計画額	8,000	15,400	26,900	25,400	41,800	55,300
		実績額	5,728	15,970	20,616	28,539	42,862	66,293
		達成率(%)	71.6	103.7	76.6	112.4	102.5	119.9
	調整費		1,000	1,100	1,900	5,700	8,200	16,700
	合計		9,000	16,500	28,800	31,100	50,000	72,000

注：第1次計画は4箇年で実施された。また第6次計画は5箇年計画で策定後、内容は修正せず期間だけ7箇年計画に変更された。
出典：坂本新太郎監修・「日本の都市公園」出版委員会編『日本の都市公園』（インタラクション、2005年）106頁、より筆者作成。

種別区分される(28)。なお公園種別は時代とともに改訂されており、戦後には三回の改訂が行われている(29)。

この都市公園法は基本的には公物管理法として都市公園の適正な管理に重きが置かれており、都市公園整備を推進する原動力としては必ずしも大きくはなかった。そのため都市公園整備が大きく前進するのは一九七二年（昭和四七）に制定された都市公園等整備緊急措置法に基づく都市公園等整備五箇年計画による。都市公園等整備緊急措置法はその名の通り「都市公園等の緊急かつ計画的な整備を促進すること」を目的とするものであり、その中心的施策が都市公園等整備五箇年計画の策定と実行である。いわば体系だった都市公園にかかる行政投資計画であり、この整備計画を実施するための必要な措置を政府が講じることが明記された。一九七二年（昭和四七）から二〇〇二年（平成一四）までの間、

表5－5　第1次都市公園等整備五箇年計画の概要

	整備量（計画）	整備量（実績）	達成率	事業費（計画）	事業費（実績）	達成率
	ha	ha	%	百万円	百万円	%
住区基幹公園	8,540	3,169	37.1	320,000	242,065	75.6
都市基幹公園	3,509	2,182	62.2	189,400	218,281	115.2
特殊公園	1,155	940	81.4	215,500	24,095	11.2
大規模公園	1,784	1,273	71.4	36,500	53,332	146.1
緩衝緑地	793	303	38.2	34,600	28,685	82.9
都市緑地	0	337		0	0	0.0
緑道	0	110		0	0	0.0
国の設置に係る都市公園	0	384		0	0	0.0
調査費				0	0	0.0
計	15,781	8,698	55.1	800,000	572,810	71.6

注：事業費（計画）にはこの他「予備費（100,000百万円）」があり、合計が900,000百万円である。
出典：坂本新太郎監修・「日本の都市公園」出版委員会編『日本の都市公園』（インタラクション、2005年）71頁、より筆者作成。

三一年間にわたり計画が実施されてきた（表5－4）。はじめての計画となる第一次五箇年計画は一九七二（昭和四七）年度から一九七五（昭和五〇）年度までの四年間で実施された。主として児童公園や近隣公園、地区公園など住民の日常生活に密着した住区基幹公園に重点がおかれた（表5－5）。計画整備量では住区基幹公園が全体の五四％、計画事業費でも四〇％を占めたが、実績としては整備量の達成率が三七・一％で全体の三六・四％を占めるにすぎないなど計画通りには進まなかったことがわかる。全体としても整備量で達成率が五二・七％、事業費ベースでも計画に対する実際の投資額が七一・六％と、計画に対して低い実績値にとどまっている[30]。

一九七六（昭和五一）年度からの第二次五箇年計画では緑道や都市緑地などの種別が新たに加えられ、緩衝緑地や大規模公園などに重点が置かれた。第一次五か年計画でおよそ半分を占めていた住区基幹公園整備の計画整備量は三三・三％と三分の二にとどまることになる（表5－6）。一方、計画に対する達成率では重点が置かれた大規模公園や緩衝緑地などで低い値であるのに対して計画整備量が低

表5-6　第2次都市公園等整備五箇年計画の概要

	整備量（計画）	整備量（実績）	達成率	事業費（計画）	事業費（実績）	達成率
	ha	ha	%	百万円	百万円	%
住区基幹公園	4,803	3,928	81.8	563,100	604,487	107.3
都市基幹公園	2,969	2,500	84.2	366,400	367,297	100.2
特殊公園	1,596	1,067	66.9	185,300	249,056	134.4
大規模公園	2,169	1,015	46.8	150,800	158,987	105.4
緩衝緑地	1,056	321	30.4	144,200	93,446	64.8
都市緑地	600	1,021	170.2	61,700	61,895	100.3
緑道	415	158	38.1	44,000	37,140	84.4
国の設置に係る都市公園	782	165	21.1	23,000	24,051	104.6
調査費				1,500	681	45.4
計	14,390	10,176	70.7	1,540,000	1,597,040	103.7

注：事業費（計画）にはこの他「予備費（110,000百万円）」があり、合計が1,650,000百万円である。
出典：坂本新太郎監修・「日本の都市公園」出版委員会編『日本の都市公園』（インタラクション、2005年）78頁、より筆者作成。

く抑えられた住区基幹公園の達成率が高くなっている。全体としては整備量の達成率が七〇・七％であるのに対して、事業費総額が「小ぶり」[31]であったため事業費の実績は計画事業費に対して一〇三・七％を得ることとなった。

一九八一（昭和五六）年度からの第三次五箇年計画では大規模公園の計画整備量が第一次、第二次に比べて大きくなっており、また運動公園や総合公園などの都市基幹公園の計画整備量の値も高い（表5-7）。またこの時期からは、第三次全国総合開発計画の地方定住構想の推進に資するとともに、従来、面積が概ね一〇〇〇㎡程度の農村公園しか補助体系のなかった都市計画区域外の一定の農山漁村の地域において、住民の文化、スポーツ面で都市的な施設に対する要求にこたえるとともに、生活環境を改善するため、都市公園における地区公園相当規模の公園として、カントリーパーク（特定地区公園）の整備が始まった。このように公園整備がさらに多様化していき、整備量の達成率も一〇〇％を超えたが、一方で国の財政事情の悪化により予算は抑制され[32]、事業費実績は計画事業費の七〇％程度にとどまることになる。

表5-7　第3次都市公園等整備五箇年計画の概要

	整備量（計画）	整備量（実績）	達成率	事業費（計画）	事業費（実績）	達成率
	ha	ha	%	百万円	百万円	%
住区基幹公園	3,963	4,190	105.7	915,300	839,687	91.7
都市基幹公園	2,314	3,520	152.1	770,100	475,205	61.7
特殊公園	883	1,006	113.9	223,400	181,108	81.1
大規模公園	2,400	1,371	57.1	217,700	227,004	104.3
緩衝緑地	447	301	67.3	168,900	91,468	54.2
都市緑地	1,199	1,512	126.1	179,400	141,199	78.7
緑道	295	130	44.1	108,500	53,648	49.4
国の設置に係る都市公園	510	332	65.1	105,000	51,581	49.1
調査費				1,700	658	38.7
計	12,011	12,362	102.9	2,690,000	2,061,558	76.6

注：事業費（計画）にはこの他「予備費（190,000百万円）」があり、合計が2,880,000百万円である。
出典：坂本新太郎監修・「日本の都市公園」出版委員会編『日本の都市公園』（インタラクション、2005年）87頁、より筆者作成。

一九八六（昭和六一）年度からの第四次五箇年計画では計画整備量が初めて一万haを割り、事業費ベースでも第三次五箇年計画を下回ることとなる。こうした中で重点が置かれたのは防災公園であり、第二次五箇年計画以来重点施策とされてきたが、さらに強化された(33)。防災公園は原則一〇ha以上の避難地となりうる都市公園、すなわち都市基幹公園相当の公園と緩衝緑地および避難路となる緑道からなっている。こうした重点施策もあり、表5-8からは都市基幹公園の整備が大きく進んだことがわかる。計画整備量に対して達成率は二四七・九％、事業費実績も一二三・八％を示した。全体としても整備量の達成率が一三九・五％、事業費実績も計画事業費に対して一一二・四％と高い値を示した。

一九九一（平成三）年度からの第五次五箇年計画では再び計画整備量が増加に転じる。これは日米貿易の構造改善を目指して社会資本整備を推し進めるべく一九九〇年（平成二）に閣議了解された「公共投資基本計画」などが影響をしている。こうした「都市公園事業の推進にとって良好な条件あるいは背景(34)」をうけつつ進み、整備量においても

表5－8　第4次都市公園等整備五箇年計画の概要

	整備量（計画）	整備量（実績）	達成率	事業費（計画）	事業費（実績）	達成率
	ha	ha	%	百万円	百万円	%
住区基幹公園	3,054	3,480	113.9	877,300	1,004,000	114.4
都市基幹公園	1,591	3,944	247.9	613,400	759,675	123.8
特殊公園	1,095	988	90.2	262,500	332,084	126.5
大規模公園	1,053	1,586	150.6	229,300	299,019	130.4
緩衝緑地	379	159	42.0	120,900	72,249	59.8
都市緑地	1,407	2,413	171.5	253,300	246,580	97.3
緑道	241	117	48.5	94,300	53,231	56.4
国の設置に係る都市公園	400	176	44.0	85,000	81,729	96.2
調査費				4,000	5,329	133.2
計	9,220	12,863	139.5	2,540,000	2,853,896	112.4

注：事業費（計画）にはこの他「予備費（570,000百万円）」があり、合計が3,110,000百万円である。
出典：坂本新太郎監修・「日本の都市公園」出版委員会編『日本の都市公園』（インタラクション、2005年）95頁、より筆者作成。

事業費においても計画に対してほぼ一〇〇％を達成することとなる。一九九六（平成八）年度からの第六次計画は当初五箇年計画でスタートしたが、一九九七年（平成九）の財政構造改革に関する特別措置法により計画期間が二年間延長され第六次七か年計画となった。この第六次計画では整備量、事業費ともに過去最大の計画を策定しており、特に計画整備量は第五次五箇年計画の二・三倍にも達したが、この背景としてはいくつかの点が指摘ができる。一つは一九九五年（平成七）一月一七日に発生した阪神・淡路大震災であり、公園が持つ様々な防災機能に注目され、広域避難地、一次避難地としての機能を有する防災公園整備の推進に重点が充てられた。もう一つは一九九五年（平成七）七月の都市計画中央審議会の答申に基づき、「都市の中に緑がある」という発想から「緑の中に都市がある」という発想への転換を目指したことである。一九九四年（平成六）には都市緑地保全法の改正により市町村による「緑地の保全及び緑化の推進に関する基本計画（緑の基本計画）」制度が法制化され、その実現のための中期的な計画としての役割も第六次都市公園等整備七箇年計画は担うこととなった。このような背景から計画の規模拡大がみられ、整備量の実績としては計画の五九・七％にとどまったが、事業費そのものは防災機能をもつ公園緑地に対して期待が高まった時期もあり[35]、事業費実績は計画の一一九・九％に達し、事業費ベースでは過去最大となった[36]。

三　軍転法と都市公園整備

前述したとおり旧軍用地は、都市公園整備の端緒にあたる戦災復興都市計画の時期ではその活用が大いに期待されたが、その後の都市公園整備においては、一般的には必ずしも大きな役割を果たしたわけではない。しかしながら海軍鎮守府を抱えてきた横須賀市、佐世保市、呉市、舞鶴市の旧軍港市では状況が多少異なる。これら四市は戦災復興事業の縮小に対して国会に特別法の制定を働きかけ、特別都市建設法である旧軍港市転換法が一九五〇年（昭和二五）に公布施行された。そのため旧軍港市における旧軍用地の転換の実態を明らかにする上で、旧軍港市転換法の存在は大きい。

旧軍港市転換法（軍転法）は、一九五〇年（昭和二五）六月に日本国憲法第九五条の規定による「特別法[37]」として対象四市において地方自治法第二六一条に基づく住民投票がそれぞれ実施され、六月二八日に公布、施行がなされた。旧軍財産を転活用することで、旧軍港市を「平和産業港湾都市」に再建し、平和な日本の実現に寄与することを目的とした法律であり、国は旧軍港市が行う転換事業の促進と完成にできるだけの援助を与えるために、同事業に必要と認めた場合には、これらの都市に対して普通財産の譲与を行うことができるほか、平和産業港湾都市建設の目的に従って旧軍港市が誘致する適当な民間企業に対しても売払いを促進することになった。この売払いのために大蔵大臣の諮問機関として旧軍港市国有財産処理審議会が設置[38]され、この審議会の審議を経て軍転法による軍用地の転用が行われてきた。

表5－9　旧軍港市別の旧軍用地の転用用途

	合計		面積割合内訳（%）					
	件数（件）	面積（ha）	公園系	文教系	産業系	インフラ系	その他	その他の主な転用用途
横須賀市	199	623	16	18	46	14	6	軍事系（4%）
呉市	170	459	4	5	61	29	1	
佐世保市	144	317	6	9	23	42	20	軍事系（16%）
舞鶴市	109	386	7	2	52	11	28	山林系（13%）・住居系（10%）

出典：今村洋一「横須賀・呉・佐世保・舞鶴における旧軍用地の転用について――九五〇-一九七六年度の旧軍港市国有財産処理審議会における決定事項の考察を通して―」（『都市計画別冊　都市計画論文集』第43巻第3号、2008年）、196頁、より筆者作成。

軍転法における旧軍用地転用の実態については旧軍港市四市がそれぞれ記念誌を発行して主な転用事例の紹介をしているほか、一九七七年（昭和五二）には旧軍港市振興協議会が『旧軍港市国有財産処理審議会決定事項総覧』を発行し、一九七六年（昭和五一）一一月八日の審議会までに決定された事項を取りまとめている。この後者の『旧軍港市国有財産処理審議会決定事項総覧』を基礎資料として、軍転法成立から一九七六年（昭和五一）までの、横須賀市、佐世保市、呉市、舞鶴市の旧軍用地の転用の実態について明らかにしたのが今村(39)である。

旧軍用地の転用についての一般的な傾向としては、旧軍港、旧軍工廠のように一地域に多量の施設・財産が集中しているものは、無計画に細分化して処分すると、一体としての施設の機能を損ない、社会経済的にマイナスとなるので、民間産業・公共施設などへの処分するように進められ(40)、特に公的利用という基本的方向が見いだせる(41)とされる。その一方で、今村(42)によると旧軍港市四都市の特徴としては、軍港市の存立基盤となっていた軍需産業にかわる産業振興が課題であったため、産業系への転用が多くみられるとする。

表5-9は旧軍港市四市の都市別の旧軍用地の転用用途を示したものであり、面積、件数とも最も転用が多いのは横須賀市で六二三ha、一九九件、最も少ないのは面積では佐世保市で三一七ha、件数では舞鶴市の一〇九件である。転用用途について面積割合から都市別にみると横須賀市では産業系（四

六%）の割合が最も高かったが、文教系（一八%）や公園系（一六%）も他の都市と比べると比較的高い。首都圏にあり、高度経済成長期の人口急増に対応する必要があったため、多くの軍用地が学校や公園などの生活基盤の整備に活用されることとなったことをあらわしているといえよう。佐世保市ではインフラ系が四二%と高い。佐世保市の特徴的な案件としては上水道（水源地を含む）への転用があり、軍用水道やその水源地を引き継いだもので、佐世保市では一〇三・〇haと他の三市に比べると最も面積が多い。呉市や舞鶴市は産業系への転用が五〇%以上を占めており、軍港市の存立基盤となっていた軍需産業に代わる産業振興のため「旧軍港工廠等の残存施設を活用して、有力工場をこの地に誘致[43]」を目指した結果がここに読み取れる。

公園系への転用に着目すると横須賀市の一六%が目立つほかは、三市では比較的低調であったといえよう。面積比でみると転用割合の低い呉市や佐世保市は横須賀市の五分の一程度しか転用されておらずその差が目立つ。そこで次節では、公園系への転用が少なかった佐世保市と、逆に比較的多かった横須賀市をとりあげ、転用実態の特徴を明らかにする。両市とも旧軍港市であり軍転法の影響を受けたという点、また戦後は海上自衛隊のみならず在日米海軍の基地を持つなどの共通点を持つ一方で、首都圏に位置する横須賀市と地方圏に位置する佐世保市ではその転用実態に違いがあると考えられる。また戦災復興都市計画との関係では、佐世保市が戦災都市に指定されたが、横須賀市は指定をされず[44]、前述の終戦直後の戦災復興における旧軍用地と公園整備の関係を比較検討することができよう。

第二節　旧軍用地の都市公園への転用実態

(一)　佐世保市の都市公園

佐世保市が管理する公園は二〇一〇年（平成二二）四月現在で三七九である。佐世保市は「平成の大合併」において、二〇〇五年（平成一七）四月一日に北松浦郡吉井町《きたまつうらぐんよしいちょう》と世知原町《せちばるちょう》を、二〇〇六年（平成一八）三月三一日に北松浦郡小佐々町《こさざちょう》と宇久町《うくまち》を、二〇一〇年（平成二二）三月三一日に北松浦郡江迎町《えむかえちょう》と鹿町町《しかまちちょう》をそれぞれ編入した。そのため公園数としては最近五年間で四八の公園が増加をしたが、旧軍用地との関係を考察する本稿においては編入された旧五町域にある公園は除外して、旧佐世保市域の三三一公園を対象とする。開設年度別の公園数（表5-10）を見ると、一九七二年（昭和四七）の都市公園等整備緊急措置法制定および都市公園等整備五箇年計画が始動した時期にあたる一九七五（昭和五〇）年度から開設公園数が急増する一方、それ以前の一九六五（昭和四〇）年度からの一〇年間は開設公園数が多くはない。むしろ終戦直後の一九四五（昭和二〇）年度からの一〇年間の方が開設公園は多い。佐世保市においても都市公園法施行に伴い一九五八年（昭和三三）一二月に「佐世保市都市公園条例」が施行されたが、その影響はあまり大きくなかったものと思われ、むしろ戦災復興都市計画との関係が大きかったものと推察される。

佐世保市における戦災復興計画における公園整備としては、一九四七年（昭和二二）四月二六日に戦災復興院告示第六六号（当初計画）において罹災地跡に三六公園、二八・八四二haが計画された。その後、一九五八年（昭和三三）三月一日の計画変更までの間に、九公園の計画廃止、そのほかの公園についても面積も変更す

表5-10　佐世保市の開設年度別公園数の推移

年度	～1945	45～54	55～64	65～74	75～84	85～94	95～04	05～08	不明	合計
街区公園	0	19	12	12	48	81	73	34	12	291
近隣公園	0	0	3	0	4	3	1	0	0	11
地区公園	0	0	0	0	4	1	0	0	0	5
総合公園	0	0	2	0	0	0	1	0	0	3
運動公園	0	0	0	0	1	1	0	0	0	2
風致公園	0	0	2	0	4	2	0	1	1	10
歴史公園	0	0	0	0	0	0	0	0	0	0
動植物園	0	0	0	0	0	0	0	0	0	0
緑地	0	0	0	0	2	2	4	1	0	9
緑道	0	0	0	0	0	0	0	0	0	0
都市林	0	0	0	0	0	0	0	0	0	0
合計（A）	0	19	19	12	63	90	79	36	13	331
旧軍用地転用の公園（B）	0	9	4	1	6	0	2	0	0	22
（A）に占める（B）の割合（%）		47.4	21.1	8.3	9.5	0.0	2.5	0.0	0.0	6.6

注：資料に開設年次がないものは事業許可年次とした。また資料に開設年次、事業許可年次等、年次がわかる記載がないものは「不明」として集計した。
出典：佐世保市都市整備部公園緑地課資料などを参考に筆者作成。

る一方で、新たに一八公園が追加され、変更後の計画では四五公園、四三・六八六haとなった（表5-11）。このうち軍転法に基づく旧軍用地転換の公園の占める割合は、当初計画では公園数で五（一三・九%）、面積で九・八六五ha（三四・二%）であったのに対して、変更後の計画では公園数で一四（三一・一%）、面積で一九・五四五ha（四四・七%）と大きくなっている。[45] つまり旧軍用地の公園への活用は一九五八年（昭和三三）の計画変更後にその志向が強まったことがわかるが、当初計画が策定された後、一九五〇年（昭和二五）一一月二一日の第二回旧軍港市国有財産処理審議会において決定された「旧軍港市転換法に基づく国有財産処理標準」において公園用地等が無償の譲与対象となったことも影響していると考えられる。

軍転法によって転換された公園は二二か所でありその概要を示したものが表5-12である。[46] 旧佐世保市域における公園に占める割合は六・六%にとどまる。面積においても一二・七%、旧軍用地面積でも一一・四%と後述する横須賀市と比べるとその値は小さい。公園種別で見ると、横須賀市

表5-11　戦災復興計画における整備公園一覧（佐世保市）

公園名	面積（ha）		備考	公園名	面積（ha）		備考
	当初計画	計画変更後			当初計画	計画変更後	
中央公園	8.149	3.762	▼	高砂公園	0.03	0.03	
宮地公園	1.884	1.884		八幡公園	1.884	0.918	
花園公園	1.752	1.248		妙見公園	0.707	0.235	▼
名切公園	0.893	0	廃止	観音公園	0.023	1.44	
新公園	2.281	2.114		大宮公園	0.186	0.186	
京坪公園	0.286	0	廃止	東山公園	0.314	0.07	▼
松川公園	0.338	0		福石公園	0.104	0.104	
戸尾公園	0.025	0.115		保立公園	0.754	0.893	▼
逢坂公園	0.086	0.126	▼	北駅公園	0.05	0	廃止
勝富公園	0.212	1.163		夜店公園	◎	0.222	
須佐公園	1.091	0.426		木風公園	◎	0.067	
小佐世保公園	0.152	0	廃止	東公園	◎	1.131	▼
汐見公園	0.479	0.171		汐入公園	◎	0.066	▼
駅前公園	0.066	0	廃止	干尽公園	◎	12.047	▼
三角公園	0.03	0		西海橋公園	◎	7.36	
京町公園	0.944	0.034		赤崎公園	◎	0.165	▼
島地公園	0.169	0.199	▼	日野公園	◎	0.103	
更生公園	1.061	0.284		長坂公園	◎	0.222	
島瀬公園	0.203	0.398		小島公園	◎	0.244	▼
松浦公園	0.309	0.309		神島公園	◎	0.27	▼
浜田公園	0.208	0.242		御船公園	◎	0.118	▼
相生公園	0.03	0.08		桜山公園	◎	0.059	▼
栄公園	0.142	0	廃止	元町公園	◎	0.113	
比良公園	0.562	0.217		木場田表公園	◎	0.097	
清水公園	1.289	0	廃止	春日公園	◎	0.23	▼
木場田公園	0.342	0.189		眼鏡岩公園	◎	2.131	
佐世保川公園	1.807	0.114		大智庵城跡公園	◎	2.09	

注：備考欄に▼があるものは旧軍用地転用公園、「廃止」とあるものは計画変更後に計画が廃止されたもの、また当初計画欄に◎とあるものは1958年（昭和33）に追加された公園を示す。

出典：建設省編『戦災復興誌　第八巻　都市編Ⅴ』（都市計画協会、1960年）739～740頁などを参考に筆者作成。

では旧軍用地転用割合が大きかった運動公園への転用が佐世保市ではみられず、また緑地への転用もない。比較的割合の高いのは地区公園でそれでも五〇%を多少上回るだけである。このことから旧軍用地の公園への転

表5-12　佐世保市における旧軍用地転用公園の概要

年度	公園総数	公園総面積（㎡）	平均面積（㎡）	軍転関係公園数	軍転関係公園面積（㎡）	旧軍用地面積（㎡）	軍転関係公園割合（数/%）	軍転関係公園割合（面積/%）	旧軍用地面積割合（%）
街区公園	291	449,100	1,543	16	37,100	30,658	5.5	8.3	6.8
近隣公園	11	165,000	15,000	1	11,000	27,279	9.1	6.7	16.5
地区公園	5	322,000	64,400	2	170,000	167,565	40.0	52.8	52.0
総合公園	3	431,000	143,667	1	144,000	89,218	33.3	33.4	20.7
運動公園	2	387,000	193,500	0	0	0	0.0	0.0	0.0
風致公園	10	1,613,000	161,300	2	67,000	70,256	20.0	4.2	4.4
歴史公園									
動植物園									
緑地	9	12,200	1,356	0	0	0	0.0	0.0	0.0
緑道									
都市林									
合計	331	3,379,300	10,209	22	429,100	384,975	6.6	12.7	11.4

注：「軍転関係公園」とは旧軍用地を公園敷地内に含む公園であり、その面積は公園面積全体を示す。「旧軍用地面積」は純粋に旧軍用地の面積を示す。
出典：佐世保市都市整備部公園緑地課資料などを参考に筆者作成。

用は、横須賀市の状況とは異なり、極めて低調であったといえる。

表5-13の軍用地転用公園一覧から公園の開設年次を見てみると、その時期は二つに比較的明確に分かれる。一九六〇年代前半（昭和三〇年代）までに開設された公園が一三公園、一九六〇年代後半（昭和四〇年代）以降に開設された公園が九公園となっている。特に終戦からの一〇年間では、その時期に開設された公園全体の四七・四%にあたる九つの旧軍用地転用の公園が開設されている。全期間を通してみても旧軍用地転用公園が占める割合は最も高く、一番のピークである。横須賀市の同時期の旧軍用地転用の公園が五つ（二〇・八%）で、旧軍用地転用公園が占める割合が最も高いピークが一九五〇年代後半から六〇年代前半であることと比較してもわかる通り特徴的である。一九六二年（昭和三七）に開設された公園以降は一九七二年（昭和四七）までの一〇年間、旧軍用地の公園への新たな転用は行われなかった。時期別の平均面積を見ると、一九六〇年代までに開設された公園の一公園あ

表5-13　旧軍用地を転用した公園一覧（佐世保市）

公園名	公園種別	所在地	開設年	管理面積（㎡）	国有財産名（旧口座名）	旧軍用地面積（㎡）
峰坂公園	街区	峰坂町62-1	1951	1,200	佐世保陸軍墓地	1,264
桜山公園	街区	東大久保町212-1	1952	500	陸軍桜山演習砲台	593
春日公園	街区	春日町318	1952	2,300	佐世保陸軍練兵場	2,312
赤崎公園	街区	赤崎町857	1953	1,600	佐世保海軍工廠 工員養成所附属運動場	1,656
保立公園	街区	保立町38-1	1954	8,900	佐世保陸軍火薬庫	8,949
御船公園	街区	御船町28	1954	1,100	佐世保海軍工廠疎開地	1,188
小島公園	街区	小島町167-1	1954	2,400	佐世保海軍工廠疎開地	2,712
神島公園	街区	神島町99-1	1954	2,700	佐世保海軍工廠疎開地	2,448
汐入公園	街区	天神4丁目2156	1954	600	第21空廠天神町工員宿舎	664
弓張公園	風致	矢岳	1958	39,000	但馬岳演習砲台	55,478
東公園	近隣	東山町182-1	1959	11,000	佐世保海軍墓地	27,279
妙見公園	街区	高梨町446	1962	2,300	陸軍弾薬庫	142
中央公園	総合	谷郷	1962	144,000	旧名切谷地区家族住宅	89,218
大黒公園	街区	大黒町62-6	1972	1,600	佐世保海軍工廠女子工員宿舎	1,544
泉水田公園	街区	赤崎町630	1975	2,100	佐世保海軍工廠	2,126
天神西公園	街区	天神5丁目1115-15	1978	400	前畑工員宿舎	374
干尽公園	地区	干尽町6-21	1978	126,000	佐世保軍需部干尽燃料置場	125,019
但馬岳公園	風致	福田町	1979	28,000	但馬岳演習砲台	14,777
佐世保公園	地区	平瀬町13	1979	44,000	佐世保海兵団	42,546
庵ノ浦公園	街区	庵浦町1378-6	1980	500	佐世保海軍工廠庵ノ浦倉庫	548
枇杷坂公園	街区	指方町766-5	1995	2,900	枇杷坂部隊	953
松山公園	街区	松山町300-2	2003	6,000	旧海軍墓地予定地	3,185

出典：佐世保市都市整備部公園緑地課資料、佐世保市基地政策局資料を参考に筆者作成。

たりの平均面積は一万六七三八・四六㎡、一九七〇年代以降は二万三五〇〇㎡と、横須賀市の傾向と同様に一九七〇年代以降の方が平均面積は大きく、大規模な公園整備がなされてきたことがわかる。但し、公園面積が最も大きい中央公園は一九六九年（昭和四四）の開設である。中央公園は戦災復興院告示第六六号により一九四七年（昭和二二）に特別都市計画公園として指定を受けていたものの、実際には計画用地が米軍への提供施設（名切谷《なきりだに》住宅地区）として使用されてきたため整備は思うように進まなかった。一九六四年（昭和三九）以降返還要求が活発化し、一九六九年（昭和

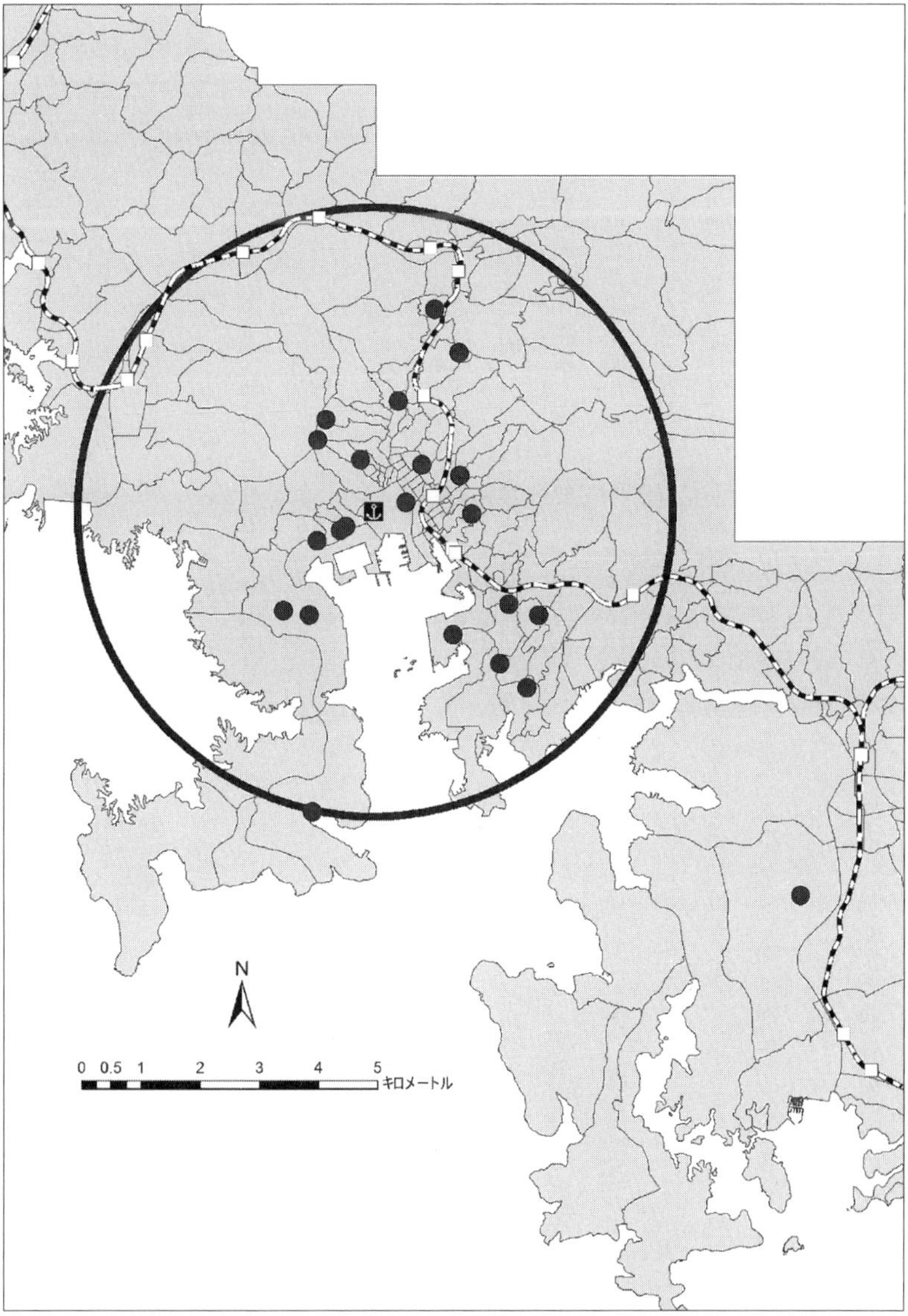

図5－2　佐世保市における旧軍用地転用公園の分布
出典：筆者作成。

四四）に返還をされ公園が開設された。この名切谷住宅地区の返還は米軍「基地の固い殻を破った[47]」象徴的な米軍用地の返還とされ、佐世保市における旧軍用地転用の公園整備においても特別な出来事である。

佐世保市における旧軍用地転用の公園の分布をみてみると、そのほとんどが佐世保港周辺もしくはそれを取り巻く形で分布している。旧佐世保鎮守府、現在の海上自衛隊佐世保地方総監部を中心とした半径五㎞のバッファを描いてみると、その中に含まれる公園は二〇公園で、逆に含まれない公園は二公園にすぎなかった（図5-2）。すなわち佐世保市における旧軍用地の転用公園は、数的にも少なくしかも佐世保港を中心とする比較的小さなエリアに集中していることがわかる。

(二) 横須賀市の都市公園

横須賀市には二〇一〇年（平成二二）三月現在で五〇三の公園が存在する。そのうち神奈川県が管理する県立公園が二つ（県立塚山《つかやま》公園・県立観音崎《かんのんざき》公園）で、残りの五〇一公園が横須賀市管理の公園である。横須賀市が管理する公園の多くが街区公園であり七二・三％（三六二公園）が該当する。横須賀市では都市公園法の施行に先んじて一九五四年（昭和二九）四月に「横須賀市公園条例」が施行された。そののち、一九五六年（昭和三一）一〇月に都市公園法が施行されると、それに伴い新しい「横須賀市都市公園条例」を一九五九年（昭和三四）四月に施行した。戦後初期の公園整備事業は公園建設までには至らず、ほとんどが既設公園の整地や最小限の樹木の植栽にとどまり、「横須賀市公園条例」における事業は公園管理が主なものであった。公園建設事業に本格的に取り組みはじめたのは、新しい「横須賀市都市公園条例」が施行されてからである[48]。開設年度別の公園数（表5-14）を見ると、一九七二年（昭和四七）の都市公園等整備緊急措置法制定および都市公園等整備五箇年計画が始動した時期にあたる一九七五（昭和五〇）年度からの一〇年間は開設公園数が三ケタに達する。その一方で、一九六五（昭和四〇）年度からの一〇年間でも八〇の公園が開設されており、先述の都市公園法に伴う「横須賀市都市公園条例」の施行が公園開設の動きに拍車をかけたことが数値からも読み取れる。また開設された公園のほとんどが街区公園であることからもわかる通り、昭和四〇年代、五〇年代の横須賀市では首都圏の郊外として住宅地造成に伴う公園開設が盛んに行われたのである。

表５-14　横須賀市の開設年度別公園数の推移

年度	～1945	45～54	55～64	65～74	75～84	85～94	95～04	05～08	合計
街区公園	0	19	15	80	125	61	53	9	362
近隣公園	2	1	2	4	1	5	5	4	24
地区公園	0	0	0	0	0	0	0	0	0
総合公園	0	0	0	0	0	0	1	0	1
運動公園	0	2	2	0	1	0	0	0	5
風致公園	1	0	0	0	1	1	1	0	4
歴史公園	0	1	1	1	0	0	1	0	4
動植物園	0	0	0	0	0	1	0	0	1
緑地	0	1	0	1	9	5	9	1	26
緑道	0	0	0	1	0	0	1	2	4
都市林	0	0	0	0	0	0	52	18	70
合計（A）	3	24	20	87	137	73	123	34	501
旧軍用地転用の公園（B）	1	5	8	8	7	3	4	0	36
(A)に占める(B)の割合（%）	33.3	20.8	40.0	9.2	5.1	4.1	3.3	0.0	7.2

出典：横須賀市土木みどり部緑地管理課資料などを参考に筆者作成。

ところで、横須賀市において軍転法によって転換された公園は四七か所、うち一か所が県立公園である。また一〇か所は軍転法の適用により転換されたものの、元の用途（旧口座名）は旧軍用地（軍用財産）以外のものである。これら県立公園と旧軍用地ではない公園を除いた、横須賀市が管理する旧軍用地から転換された公園について公園数、公園面積および旧軍用地面積などを示したものが表5‐15である。公園数では、旧軍用地を転換した公園数は三六で全体の七・二％程度であるが、面積では三六・七％、旧軍用地面積も三五・〇％を占め、面積比では三分の一以上が旧軍用地を活用されている。このことからも横須賀市における公園整備において旧軍用地が活用されてきた実態が読

表5-15　横須賀市における旧軍用地転用公園の概要

年度	公園総数	公園総面積（㎡）	平均面積（㎡）	軍転関係公園数	軍転関係公園面積（㎡）	旧軍用地面積（㎡）	軍転関係公園割合（数/%）	軍転関係公園割合（面積/%）	旧軍用地面積割合（%）
街区公園	362	757,232	2,092	17	46,685	44,763	4.7	6.2	5.9
近隣公園	24	395,983	16,499	7	158,615	147,637	29.2	40.1	37.3
地区公園									
総合公園	1	212,585	212,585	1	212,585	212,089	100.0	100.0	99.8
運動公園	5	342,645	68,529	4	330,521	326,248	80.0	96.5	95.2
風致公園	4	343,461	85,865	1	53,158	29,224	25.0	15.5	8.5
歴史公園	4	101,203	25,301	3	94,058	82,010	75.0	92.9	81.0
動植物園	1	37,597	37,597	0	0	0	0.0	0.0	0.0
緑地	26	1,418,333	54,551	3	630,759	614,177	11.5	44.5	43.3
緑道	4	18,022	4,506	0	0	0	0.0	0.0	0.0
都市林	70	531,990	7,600	0	0	0	0.0	0.0	0.0
合計	501	4,159,051	8,301	36	1,526,381	1,456,148	7.2	36.7	35.0

注：「軍転関係公園」とは旧軍用地を公園敷地内に含む公園であり、その面積は公園面積全体を示す。「旧軍用地面積」は純粋に旧軍用地の面積を示す。
出典：横須賀市土木みどり部緑地管理課資料などを参考に筆者作成。

み取れる。種別で見てみると、動植物公園や緑道、都市林などでは旧軍用地の転用は見られず、平均面積が最も小さい街区公園でも旧軍用地の割合は低い値にとどまるのに対して、平均面積が大きい、総合公園や風致公園、運動公園などでは高い割合となっている。これらの公園整備には、軍用地時代の使途とも大きくかかわっており、具体的には練兵場や射的場、飛行場など大きな面積を有する軍用地の転用がかなったために規模の大きな公園整備に結び付いたといえる。

表5-16は軍用地を転用して開設した公園の一覧である。公園の開設年次を見てみると、戦後から一九六〇年代前半（昭和三〇年代）にかけて開設された公園が一四公園、その後に開設された公園が二二公園となっている。特に一九九〇年代にも五公園が開設され、軍転法に基づく公園整備は近年まで続いている。[49]時期別の面積では一九六〇年代前半（昭和三〇年代）までの開設公園の一公園あたりの平均面積が二万八九六六・七九㎡であるに対して一九七〇年代以降に開設された公園の面積が五万九四七・五五㎡と、約一・八

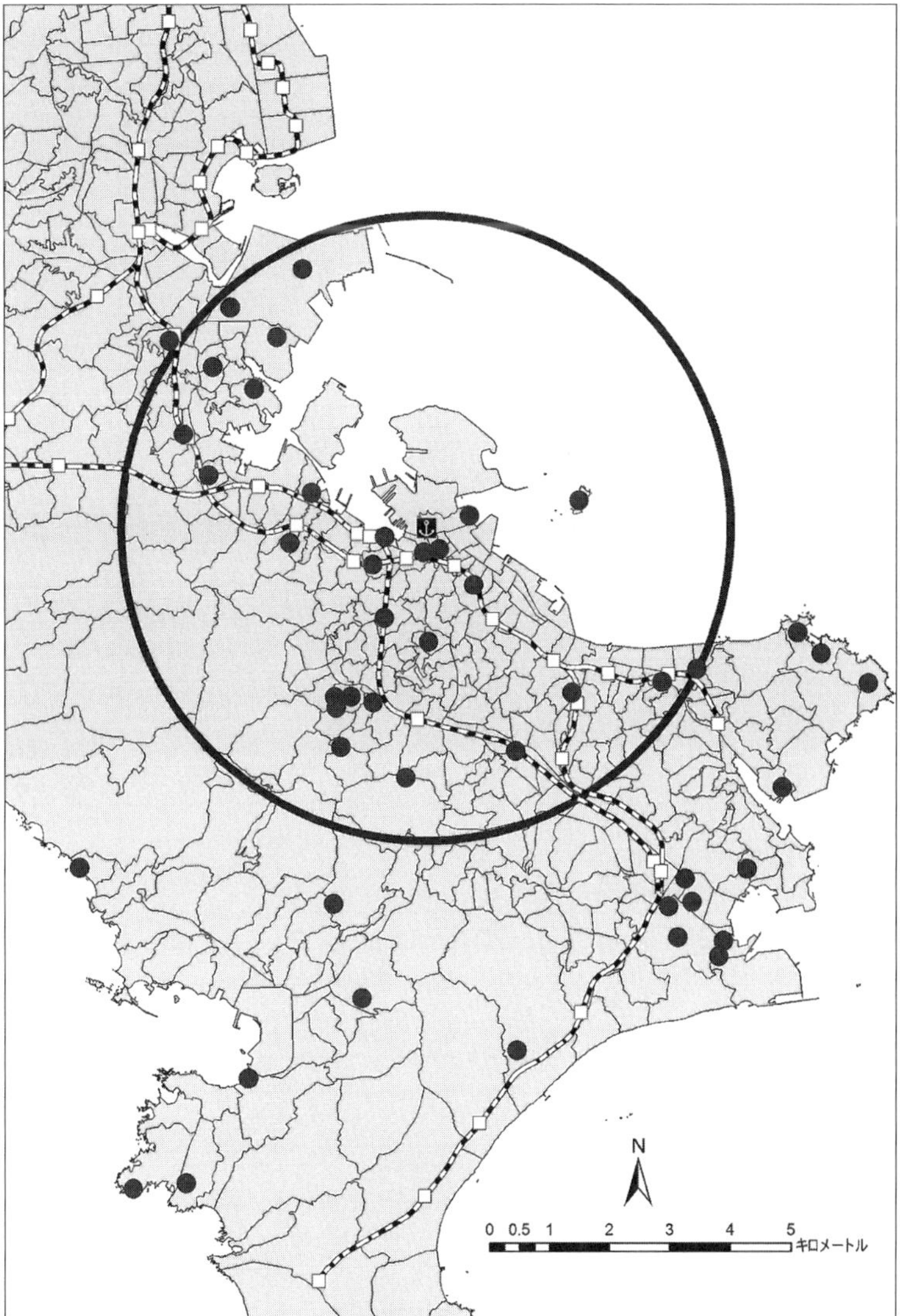

図5－3　横須賀市における旧軍用地転用公園の分布
出典：筆者作成。

開設年	管理面積（㎡）	国有財産名（旧口座名）	旧軍用地面積（㎡）
1912	14,948	旧海軍諏訪山砲台	11,385
1946	26,473	旧海軍工廠・旧海軍港務部・旧海軍運輸部	22,812
1949	87,682	旧海軍海軍航空隊飛行場	85,579
1951	5,838	旧横須賀重砲兵連隊	11,271
1952	4,430	旧海軍工廠駒寄宿舎	4,076
1952	52,987	旧海軍警備隊大津射的場	52,750
1955	3,911	旧海軍運輸部日向地区	1,509
1955	1,370	旧陸軍矢の津弾薬本庫	1,057
1956	12,955	旧海軍追浜高等官宿舎	11,963
1956	1,854	旧海軍工廠池上工員養成所	1,835
1957	2,600	旧海軍軍需部	1,079
1960	16,960	旧第二海軍航空廠補給部田浦池の谷戸工員宿舎及び工員練兵場	15,071
1961	37,023	旧海軍工機学校・旧三笠保存所	30,442
1963	136,504	旧陸軍不入斗練兵場	137,943
1967	5,871	旧海軍工作学校	5,868
1968	3,926	旧海軍工廠池上第三工員宿舎	1,195
1970	39,319	旧陸軍米が浜演習砲台・旧陸軍田戸演習砲台	38,076
1970	22,697	旧海軍武山海兵団	23,084
1971	2,765	旧海軍走水第二砲台	2,766
1973	409	旧海軍航空隊	409
1973	815	旧海軍工廠池上第一工員宿舎	815
1973	1,765	旧陸軍重砲兵学校	1,761
1977	886	旧海軍航空技術廠浦郷工員宿舎	886
1979	188	旧走水繋船場	188
1980	1,332	旧海軍久里浜防備隊	1,322
1981	53,348	旧海軍武山海兵団射撃場	49,976
1983	45,274	旧海軍航空隊	45,274
1984	583,330	旧海軍軍需部一課地帯	567,517
1984	7,874	旧海軍軍需部一課地帯	7,875
1985	476	旧海軍工廠山王工員宿舎	476
1986	25,263	旧海軍軍需部一課地帯	25,246
1993	2,155	旧海軍工廠池上第一工員宿舎	1,386
1995	56,626	旧海軍横須賀防空砲台	51,159
1997	784	旧海軍施設部久里浜工員寄宿舎	784
1997	53,158	旧海軍荒崎砲台	29,224
1997	212,585	旧海軍武山航空基地	212,089

表5-16　旧軍用地を転用した公園一覧（横須賀市）

公園名	公園種別	所在地
諏訪公園	近隣	緑が丘33番地
ヴェルニー公園	近隣	汐入町1丁目1番1
追浜公園	運動	夏島町2番2
坂本公園	街区	坂本町1丁目19番地
南郷公園	街区	船越町4丁目6番
大津公園	運動	大津町5丁目11番地2
日向公園	街区	浦郷町1丁目67番地
矢の津公園	街区	馬堀町2丁目35番地
鷹取公園	近隣	鷹取1丁目4番4
すみれ公園	街区	平作8丁目3535番地
田の浦公園	街区	長浦町1丁目20番1
池の谷戸公園	近隣	田浦町6丁目1番28
三笠公園	歴史	稲岡町82番14
不入斗公園	運動	不入斗町1丁目2番1
久里浜公園	街区	久里浜6丁目642番6
平作公園	街区	平作7丁目3120番1
中央公園	近隣	深田台19番1
富浦公園	近隣	長井1丁目1番2
走水公園	街区	走水2丁目950番地30
夏島公園	歴史	夏島町2番13
池上3丁目公園	街区	池上3丁目3629番2
馬堀海岸4丁目公園	街区	馬堀海岸4丁目88番地
追浜東町1丁目第2公園	街区	追浜東町1丁目51番地2
走水2丁目公園	街区	走水2丁目775番地5
久里浜8丁目公園	街区	久里浜8丁目11番地
西公園	運動	武3丁目458番1
貝山緑地	緑地	浦郷町5丁目2931番63
くりはま花の国	緑地	神明町1番1
神明第2公園	街区	神明町1821番地
大滝町公園	街区	大滝町1丁目31番10
神明公園	近隣	神明町1番8
池上緑地	緑地	池上3丁目3567番地
猿島公園	歴史	猿島1番
久里浜5丁目第2公園	街区	久里浜町5丁目1790番地
荒崎公園	風致	長井6丁目5320番3
長井海の手公園	総合	長井4丁目3491番3

出典：横須賀市土木みどり部緑地管理課および横須賀市政策推進部基地対策課資料を参考に筆者作成。

倍もの開きがある。今村[50]は、旧軍用地の公園への転用には二つのピークがみられ、一九五〇年代の一つ目のピークでは件数が多く面積が小さい児童公園への転用が、一九七〇年代の二つ目のピークでは大規模公園への転用が多かったと指摘するが、この傾向は以下の横須賀市の実態からも読み取れる。一九六〇年代までは不入斗《いりやまず》公園や追浜《おっぱま》公園、大津《おおつ》公園など練兵場、飛行場などを転用した運動公園の開設において大規模な公園整備がみられるものの、そのほかは児童公園、現在の街区公園の整備がほとんどである。それに対して一九七〇年代以降では久里浜《くりはま》緑地や長井《ながい》海の手公園など前期にはなかったほどの面積を有する公園整備がなされた。これらの公園に共通するのは米軍に接収されていた用地の返還を契機に旧軍用地として転用された公園整備で、かつ緑地や農業体験型総合公園という、テーマ性を持った公園であるという点である。久里浜緑地は一九七二年（昭和四七）三月まで米軍が久里浜倉庫地区として使用していた旧海軍軍需部一課地帯の転用であり、また長井海の手公園は米軍長井住宅地区として使用されていた旧海軍武山《たけやま》航空基地が一九七七年（昭和五二）一二月の日米合同委員会で基本合意され返還された土地の活用である。つまり米軍による接収によって旧軍用地の転用が遅れ、一九七〇年代後半から本格化した都市緑化対策、具体的には緑地整備や農業公園の台頭などに呼応して、広大な用地を活用して整備された公園である。

旧軍用地の転用公園の分布をみてみると先にみた佐世保市の状況とは異なり横須賀港が位置する東京湾側のみならず西側の相模湾側など広い範囲に分布している（図5-3）。旧横須賀鎮守府、現在の在日米海軍横須賀基地司令部を中心とした半径五㎞のバッファを描いてみると、その中に含まれる公園は二三公園で、逆に含まれない公園は一三公園（三六・一％）である。五㎞のバッファ外にある公園のうち一公園（注：一九五六年開設の鷹取《たかとり》公園）を除いて開設年次が昭和四〇年代以降であり、一九九〇年代に開設された公園のうち三公園は五㎞バッファ圏外である。したがって比較的最近では旧横須賀鎮守府、すなわち旧軍港から離れた地域での軍用地の公園転用が進められているといえよう。

第三節　軍用地転用公園とその周辺の景観変化

本節では、旧軍用地から転用された公園とその周辺の景観がどのように変化してきたのか[51]、いくつかの特徴的な事例をみていこう。

比較的コンスタントに公園へ転用されている旧軍用地は旧住宅、宿舎などの用途に用いられてきたものである。佐世保市では五公園、横須賀市では九公園がそれにあたる。面積的には小規模な公園が多く、隣接して団地などの住宅を有することが多い。例えば横須賀市では、旧海軍工廠池上《いけがみ》工員宿舎を転用した池上三丁目公園（一九七三年〈昭和四八〉開設）や池上緑地（一九九三年〈平成五〉開設）、また厳密には宿舎ではないが隣接施設であった旧海軍工廠池上工員養成所を転用したすみれ公園（一九五八年〈昭和三三〉開設）の周辺には、陸上自衛隊池上宿舎、市営池上ハイムといった住宅団地、さらに池上小学校（一九六八年〈昭和四三〉移転）、池上中学校（一九四八年〈昭和二三〉移転）[52]といった教育施設があり、これらも同様に工員宿舎などの用途に用いられてきた旧軍用地の転用である。空中写真から景観の変遷を見てみると一九四六年（昭和二一）の米軍撮影空中写真（図5-4）では工員宿舎の建物と思われる規模の大きな建物がみてとれ、一九六三年（昭和三八）（図5-5）になると中学校の整備が進む一方、その周辺には戸建もしくは市営の集合住宅の建設が進む[53]。そして市営池上アパートに隣接する形で鳥井戸《とりいど》公園（現・すみれ公園）（A）が開設される。その後、一九八三年（昭和五八）（図5-6）になると周辺の田畑は消え、戸建て住宅を中心に埋め尽くされている。

佐世保市において、この横須賀市の事例と同様に住宅整備に伴って整備された公園としては大黒《だいこく》公園がある。旧佐世保海軍工廠女子工員宿舎であった用地であり（図5-7）、一九五〇年（昭和二五）に大黒母子寮が、一九六一年（昭和三六）に市営大黒団地向けの用地転用がなされ、さきに写真5-1にみた大黒公園（B）が一九七二年（昭和四七）に開設された（図5-8）。大黒公園は第一次佐世保市総合計画において示された、児童公園の不足している地域に可能な限り用地を確保して合理的な公園整備を行うという方針に基づいて、大黒町

図５－４　終戦直後の横須賀市池上周辺（1946年〈昭和21〉）
出典：米軍撮影USA-M53-A-7-10（11984分の１／60％に縮小）

図５－５　1960年代の横須賀市池上周辺（1963年〈昭和38〉）
出典：国土地理院撮影MKT637-C20-10（10000分の１／64％に縮小）

図５－６　1980年代の横須賀市池上周辺（1983年〈昭和58〉）
出典：国土地理院撮影CKT831-C6-10（10000分の１／64％に縮小）

図5－7　終戦直後の佐世保市大黒町周辺（1948年〈昭和23〉）
出典：米軍撮影USA-R244-69（15958分の1／100％）

内で唯一整備された公園である。

(二)　産業景観と公園

軍転法の大きな目的は軍港都市を平和産業港湾都市へと転換することであった。すなわち旧軍用地を活用した産業創出（企業誘致）が軍転法の目玉であった。

横須賀市の場合には「横須賀市転換事業計画」において、平和産業港湾都市の基盤としての港湾を活用し、「旧軍用施設等を平和産業のために転活用し、事業体を誘致することは本市産業の基本」[54]として、昭和三〇年代からはじまった経済成長の新しい波に乗って積極的な工場誘致政策をとってきた[55]。一九五九年（昭和三四）から米軍に接収されていた旧横須賀海軍航空隊飛行場（図5－9）が返還され、ここに日産自動車などが進出した大規模な工業団地が出現した。しかしこの地は工場だけが広がっているわけではない。空中写真を見てみよう（図5－10）。海岸に近いところに二か所、緑が見える。工場地帯の

図5－8　1970年代の佐世保市大黒町周辺（1974年〈昭和49〉）
出典：国土地理院撮影CKU7425-C5-12（10000分の１／100％）

中に浮かんだ「島」のようであるが、このうちCが歴史公園として一九七三年（昭和四八）に開設された夏島《なつしま》公園である。夏島は元来東京湾に浮かぶ本当の島であったが、周辺が埋立てられ陸続きとなった。明治時代に陸軍が夏島を買収すると伊藤博文の別荘が建てられ、一八八七年（明治二〇）には大日本帝国憲法の草案（夏島憲法）が作られた。また縄文時代早期・初期に属する最古級の貝塚でもあり、一九七二年（昭和四七）に国の史跡にも指定されている。Dは貝山《かいやま》緑地であり、一九八三年（昭和五八）に開設された。こちらも戦前から残された小山であり、工業団地の中にあり三浦半島の特徴を表す常緑樹、落葉樹の自然林によって覆われている。一九七九年（昭和五四）の総合調査の結果では多様な生物の生息が知られ、一部は自然教材園になっている。この他、一九四九年（昭和二四）に開設された追浜公園が工業団地西側に位置する。一九六一年（昭和三六）には隣接地に追浜中学校が、一九六二年（昭和三

図5－9　終戦直後の横須賀市追浜周辺（1947年〈昭和22〉）
出典：米軍撮影USA-M46-A-7-2-50（11984分の1／30％に縮小）

図５-10　1980年代の横須賀市追浜周辺（1983年〈昭和58〉）
出典：国土地理院撮影CKT831-C2-17（10000分の１／27％に縮小）

七）に県立追浜高等学校が開設され、追浜公園付近が臨海部の産業景観と内陸部の住宅景観との境界となっている。

三 観光・レクリエーションの景観と公園

公園は日常生活の中での利用にとどまらず、観光資源としての活用を念頭に置いたものもある。旧軍用地の中でも砲台用地は防衛上の重要地点や交通の要衝など軍事戦略的にも地理的にも有利な地点で射界が広く取れる高所におかれたこともあり、戦後は自然景観を眺望できる公園としての整備が行われた。例えば佐世保市では、海軍にかわる経済的な立市基盤を観光にもとめ、九十九島《くじゅうくしま》を中心とする自然景観を基に観光都市を目指した[56]。その具体的な動きとして、平戸、五島を含めた西海《さいかい》国立公園の実現が早い時期から期待されてきた[57]。一九六七年（昭和四二）九月には旧田島岳《たじまだけ》砲台の旧軍用地（図5-11）五万五〇〇〇㎡の土地を転用した弓張《ゆみはり》公園が開設、西海国立公園第一の展望地[58]として観光利用も進められ、ホテル（E）などの建設も合わせて行われてきた（図5-12）。

これに対して横須賀市では首都圏という地理的条件もあり、「観光」については必ずしも積極的な施策の展開がなされてきたわけではなかったが、近年、観光・レクリエーションを念頭に置いた公園整備にも力を入れている。例えば旧海軍工廠跡地などを利用して一九四六年（昭和二一）に開設された臨海公園は、横須賀製鉄所を建設したフランス人技師フランソワ・レオンス・ヴェルニーを記念したヴェルニー記念館を併設したフランス風庭園様式の公園に二〇〇一（平成一三）年度に再整備された。また旧海軍工機学校などの転用によって一九六一年（昭和三六）に開設された記念艦「三笠」を保存する三笠《みかさ》公園は一九八六年（昭和六一）に再整備を行い、観光資源化を図っている。さらに東京湾唯一の自然島であり旧海軍横須賀防空砲台があった猿島《さるしま》は、

図５-11　終戦直後の佐世保市弓張岳周辺（1948年〈昭和23〉）
出典：米軍撮影USA-R244-55（15958分の１／100％）

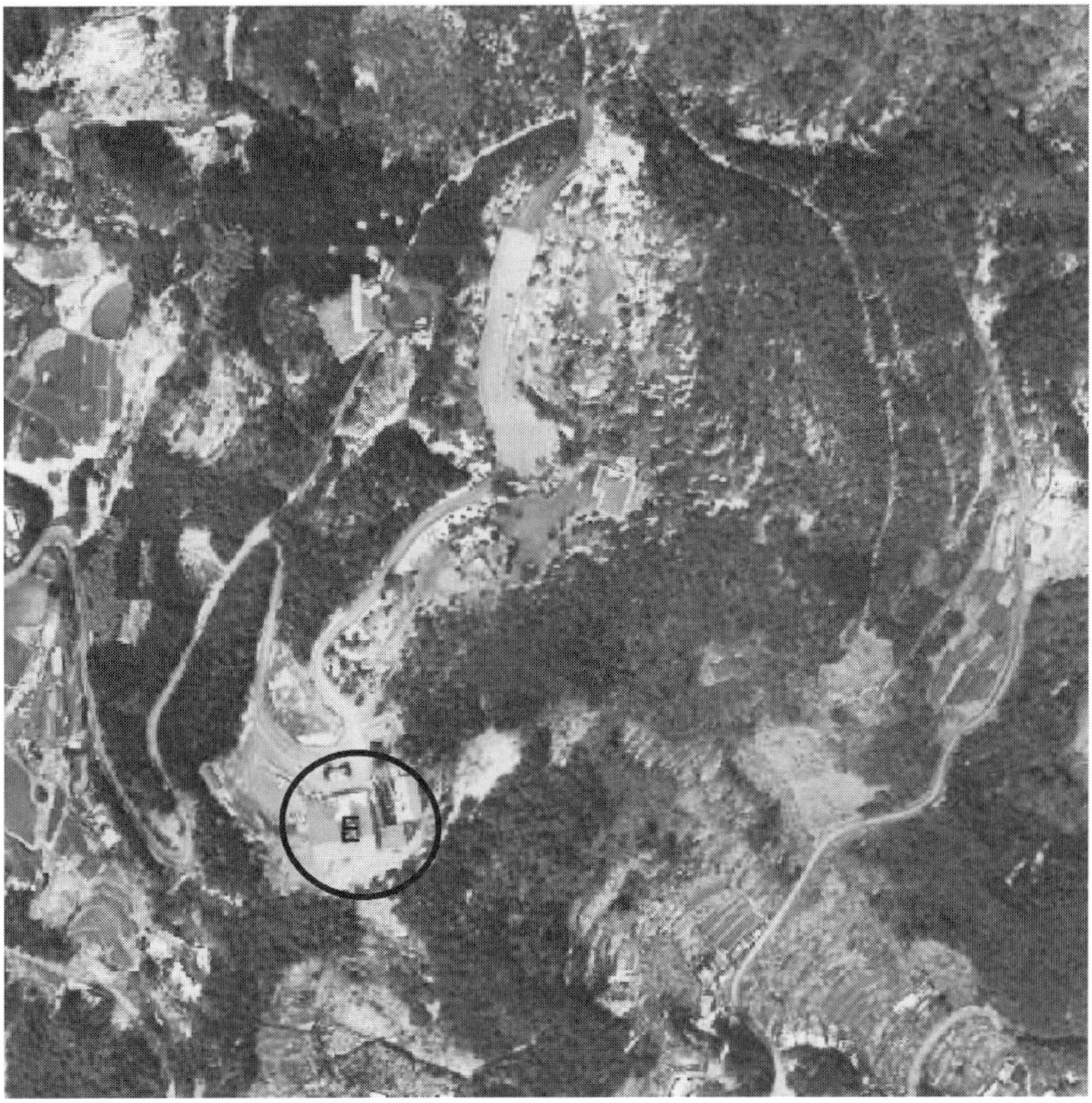

図５-12　1970年代の佐世保市弓張岳周辺（1974年〈昭和49〉）
出典：国土地理院撮影CKU7425-C3-12（10000分の１／80％に縮小）

図５-13　終戦直後の横須賀市長井周辺（1947年〈昭和22〉）
出典：米軍撮影USA-M46-A-7-2-209（11984分の１／50%に縮小）

一九九五年（平成七）に猿島公園として開設、二〇〇七年（平成一九）には用地の無償譲与を受けて整備を行い、「エコミュージアム・猿島」としての活用を進めている。

横須賀市で特徴的な事例は、旧海軍武山航空基地跡に二〇〇五年（平成一七）に「ソレイユの丘」として開園した長井海の手公園であろう（写真5-2）。旧海軍武山航空基地跡（図5-13）は、戦後、米軍住宅長井ハイツ（図5-14）として使用され、一九八五年（昭和六〇）に返還された。当該用地の利用計画を策定するに当たっては一九九六年（平成八）から「長井住宅地区跡地利用検討委員会」を設置して検討を行い、都市公園として整備するという基本構想を策定した。翌年度、旧軍港市国有財産処理審議会で跡地を本市に譲与する旨の決定がなされたことから、基本的な整備方針を定めた「長井海の手公園基本計画」を策定した。一九九八（平成一〇）年度から二〇〇〇（平成一二）年度までの間は基本設計を実施し、周囲の海や緑豊かな農業空間の美しい景観を生かし、横須賀市内及び周辺から訪れる人々が気軽に利用できる寛ぎの場となるよう都市公園（総合公園）として整備された(59)。長井海の手公園「ソレイユの丘」は「太陽がいっぱい、プロヴァンスな休日」というキャッチフレーズを持つ農業体験型総合公園として、「はじめに」で見た写真5-2のように旧軍用地であったことを微塵も感じさせない公園が生まれた。

(四)　軍・戦争の「記憶」と公園

長井海の手公園をはじめ、ほとんどの旧軍用地転用の公園にたたずんでも軍や戦争を想起させられることはまずない。しかし一方では、軍や戦争を想起させる旧軍墓地を公園化したものもある。佐世保市の東《ひがし》公園がそれであり「佐世保東山《ひがしやま》海軍墓地」との呼称もいまだ健在である。一八九二年（明治二五）に海軍墓地ができてから終戦までの間に戦死などをした佐世保鎮守府関係約一七万柱の霊を祀る(60)。現在も佐世保東山海軍墓地

図５-14　1980年代の横須賀市長井周辺（1983年〈昭和58〉）
出典：国土地理院撮影CKT831-C11-5（10000分の１／50％に縮小）

の案内図のみならず、参道を示す標柱など公園の周辺には海軍墓地であることを明示する表記が数多くある（写真5-3）。一方でそこが旧軍墓地であったことが一見するとわからない公園が逢坂《おうさか》公園である。逢坂公園は旧陸軍墓地であり、それ以前は海軍墓地であったところである。前述のとおり旧海軍墓地は東山に移り、その後に陸軍墓地が開設された[61]。しかし旧陸軍墓地としての墓は二基しかなく、戦後に東山海軍墓地に移され、逢坂公園は住宅地の中の公民館に付属した公園となっている。現在も「旧陸軍墓地」との標柱もあるが、写真5-4のように花壇の中にあるため、およそ目立たないものとなっている。横須賀市では、平作《ひらさく》公園が軍墓地を公園化したものである。こちらも旧陸軍墓地であり、第一次大戦や横須賀重砲連隊の遺骨が祀られている。現在は写真5-5のような案内がある。

写真5-3　東山旧海軍墓地参道道識
撮影：筒井一伸（2010年〈平成22〉12月25日撮影）

この他、軍や戦争を想起させるものが存在する公園もある。例えば砲台用地を公園化した佐世保市の弓張公園には砲台跡が残っているほか、佐世保市の保立《ほたて》公園のように水道施設などの旧軍用施設の遺構が残っている公園（写真5-6）もある[62]。さらにモニュメントによって、軍や戦争を想起させる公園もある。佐世保海兵団跡に設置された佐世保公園には「佐世保海兵団之跡」と記されたモニュメント（写真5-7）がある。また横須賀市の不入斗公園には、その公園が旧軍用地であることを想起さるのではなく、旧軍用地転用により都市整備がなされてきたことを記念する「軍転記念の塔」（写真5-8）もある。

写真５－４　逢坂公園の旧陸軍墓地の標柱
撮影：筒井一伸（2010年〈平成22〉12月25日撮影）

写真５－５　平作公園の旧陸軍墓地の案内板
撮影：筒井一伸（2010年〈平成22〉12月27日撮影）

写真５－６　保立公園の要塞砲兵連隊旧水道施設
撮影：筒井一伸（2010年〈平成22〉12月25日撮影）

おわりに

本章では、軍港都市における戦後の都市公園整備において、旧軍用地がどのように利用されてきたのか、その政策的背景や実態、景観変化について、佐世保市と横須賀市を例に明らかにしてきた。終戦に伴って出現した旧軍用地は、比較的規模の大きな用地が多かったこともあり、戦災復興期には都市公園としての利活用の期待が膨らんだ。しかしながら都市公園整備に向けた法制度、財政制度の不備などから、その期待とは裏腹に必ずしも十分な都市公園への転用が行われたわけではなかった。むしろ都市公園整備を伸長させたのは都市化の大きなうねりと、それに対応するための政策的裏付けであったといえよう。しかし佐世保市、横須賀市の個別

写真5-7　佐世保公園の「佐世保海兵団之跡」モニュメント
撮影：筒井一伸（2010年〈平成22〉12月24日撮影）

写真5-8　不入斗公園の「軍転記念の塔」
撮影：筒井一伸（2010年〈平成22〉12月27日撮影）

の状況を比較分析し、実態を読み取っていくとそれぞれに特徴を見いだせる。

空間的な分布からは、佐世保市が比較的狭い範囲に旧軍用地転用の都市公園が集中しているのに対して、横須賀市では海軍の軍港都市という性格だけではなく陸軍も含めた軍都であったこともありその分布範囲も広いことが明らかになった。一方、時間軸で見た場合、都市公園整備の時期的な動向は、全体としては横須賀市の方が佐世保市より早い時期から本格始動したことが見て取れた。これは首都圏に位置する横須賀市の郊外住宅地化の進展がもたらした結果といえ、むしろ佐世保市の方が都市公園等整備緊急措置法の施行と都市公園等整備五箇年計画という全国的な流れに沿ったものであった。旧軍用地の都市公園への転用については横須賀市の方が佐世保市よりも盛んに行われており大規模公園への転用も見られた。転用された都市公園の開設時期で見ると佐世保市は終戦からの一〇年間が一番のピークであるのに対して、横須賀市ではその一〇年後から比較的多くの旧軍用地転用公園が開設されている。この時期的な違いは、佐世保市が戦災都市として策定した戦災復興都市計画の影響が大きいものと考えられる。つまり全国的に見れば戦災復興都市計画における都市公園整備は思うように進まなかったのが実態であるが、佐世保市では終戦から約一〇年間の戦災復興計画期においては旧軍用地を活用した都市公園整備に頼らざるを得なかったことが考えられる。一九六〇年代後半（昭和四〇年代）以降は、終戦後在日米軍に接収されていた旧軍用地の返還が進み、佐世保市においても横須賀市においても大規模な都市公園の整備が進んでいった。

政策的背景や数的な分析から佐世保市と横須賀市の旧軍用地の活用と都市公園整備についてその傾向を捉えると、このようにまとめることができる。一方で都市公園は実態としてその周辺の景観との関係も重要である。本稿では主として空中写真から景観変化からその〝履歴〟を読み取ってみたが、二〇〇五年（平成一七）に「景観三法」が施行されたことからもわかる通り、政策的には、都市の良好な景観の〝形成〟を図ることが重要な課題となっている。その「景観三法」には「都市緑地保全法等の一部を改正する法律」も含まれ[63]、都市の良好な景観の〝形成〟を図るためにその都市公園などの役割が期待され、「営造物（公の施設）」としてのみの都市公園の機能的役割はすでに終わっている。都市公園の管理の考え方も「消極的管理」から「管理の社会化」へ移行してきており[64]、都市住民の生活に最も身近なオープンスペースである都市公園には、公園づくりや景観保全のワークショップ、里山管理など、身近な自然とのふれあいやコミュニティー再生の場としての「社会的機能」が求められつつある。その際、今も転用が続く旧軍用地[65]をはじめ様々な「資源」をどのように活かして都市公園を形成するべきか、その主体が「官」だけではなくなってきていることを最後に記して本稿をとじたい。

（1）丸山宏『近代日本公園史の研究』（思文閣出版、一九九四年）、一頁。
（2）蓑茂寿太郎「二一世紀の公園緑地の計画・整備・管理のあり方」（（社）日本都市計画学会編『実務者のための新・都市計画マニュアルⅠ【都市施設・公園緑地編】公園緑地』丸善、二〇〇二年、一二頁）。
（3）浜崎優二「佐世保市に於ける旧軍港転換都市計画」（『公園緑地』第一五巻第二号、一九五三年）、四七頁。
（4）今村洋一「横須賀・呉・佐世保・舞鶴における旧軍用地の転用について―一九五〇～一九七六年度の旧軍港市国有財産処理審議会における決定事項の考察を通して―」（『都市計画別冊　都市計画論文集』第四三巻第三号、二〇〇八年）、一九三頁。
（5）今村洋一・西村幸夫「旧軍用地の転用と戦後の都市施設整備との関係について―一九五六～一九六五年度の国有財産地方審議会における決定事項の考察を通して―」（『都市計画別冊　都市計画論文集』第四二巻第三号、二〇〇七年）。
（6）今村洋一・西村幸夫「旧軍用地の転活用が戦後の都市構造再編に与えた影響について―名古屋市を事例として―」（『都市計画別冊　都市計画論文集』第四二巻第一号、二〇〇七年）、一九三頁。
（7）前掲「横須賀・呉・佐世保・舞鶴における旧軍用地の転用について―一九五〇～一九七六年度の旧軍港市国有財産処理審議会における決定事項の考察を通して―」。

(8) 今村洋一「終戦直後の横須賀市における旧軍用財産の転用計画について」(『都市計画論文集』第四五号、二〇一〇年)。

(9) 今村洋一「戦後の旧軍用地転用から考える「基地なき後のまちづくり」」(『都市問題』第一〇一号、二〇一〇年)。

(10) 目山直樹・紺野昭・山崎寿一「戦後の旧軍用地の転用が公共施設整備に果たした役割について—地方都市における大規模用地の変容に関する研究—」(『東海支部研究報告集(日本建築学会)』第二八号、一九九〇年)。

(11) 今村洋一「戦災復興計画における旧軍用地の転用方針と公園・緑地整備について」(『都市計画・別冊、都市計画論文集』第四四巻第三号、二〇〇九年)。

(12) 一八七三年(明治六)一月一五日の太政官《だじょうかん》布告によって地租改正の前提である地所名称区別の地目のひとつとして〝公園〟が規定され、さらに、公園の帰属は官有地に組み入れられた。前掲『近代日本公園史の研究』一頁。

(13) 坂本新太郎監修・「日本の都市公園」出版委員会編『日本の都市公園』(インタラクション、二〇〇五年)、二四頁。

(14) 建設省編『戦災復興誌　第壱巻　計画事業編』(都市計画協会、一九五九年)、一～二頁。

(15) 前掲『日本の都市公園』二四頁。

(16) ここでの都市計画法は旧法であり、一九一九年(大正八)に制定、翌年施行された。

(17) 一九三三年(昭和八)七月二〇日に内務次官通牒として出された。

(18) 前掲『戦災復興誌　第壱巻　計画事業編』九一～九四頁。

(19) 前掲『日本の都市公園』二六頁。

(20) 軍用跡地の利用をねらったのは、都市計画事業としての公園・緑地だけではもちろんない。官公庁敷地、公立大学敷地あるいは各種研究所、病院、試験場等の公共性の高い建築物の敷地として各方面から要望が殺到したが、一九四八年(昭和二三)六月三〇日に「国有財産法」が公布されると、その第二二条に公園緑地に供する普通財産は無償で貸し付ける旨が記された。その結果、無償貸与公園は一九五〇年(昭和二五)一二月一日現在で三三都道府県四九市に九六か所、都市計画決定面積一九八七・四ha、一九六一(昭和三六)年度末で一二四か所、共用開始面積一二五〇・九haとなった。日本公園百年史刊行会『日本公園百年史　総論・各論』(日本公園百年史刊行会、一九七八年)、二七一～二七二頁。

(21) 前掲『日本公園百年史　総論・各論』二七六頁。

(22) 前掲「戦災復興計画における旧軍用地の転用方針と公園・緑地整備について」八二三頁。

(23) 特別都市建設法として制定された法律は次の一五本である。広島平和記念都市建設法、長崎国際文化都市建設法、旧軍港市転換法、別府国際観光温泉文化都市建設法、伊東国際観光温泉文化都市建設法、熱海国際観光温泉文化都市建設法、横浜国際港都建設法、神戸国際港都建設法、奈良国際文化観光都市建設法、京都国際文化観光都市建設法、首都建設法、松江国際文化観光都市建設法、芦屋国際文化住宅都市建設法、松山国際観光温泉文化都市建設法、軽井沢国際親善文化観光都市建設法。なお首都建設法が一九五六年（昭和三一）の首都圏整備法施行に伴い廃止された以外は、すべて現行の法律である。

(24) 前掲『日本の都市公園』二七頁。

(25) 前掲『日本の都市公園』三二頁。

(26) 蓑茂寿太郎・高梨雅明・後藤和夫「都市公園行政の現状と展望」（『造園雑誌』第五三巻第三号、一九九〇年）、一七八頁。

(27) 次の一又は二に該当する公園又は緑地である。
一．都市計画施設である公園又は緑地で、国又は地方公共団体の設置するもの。この場合都市計画区域の内外を問わない。

二．都市計画法による都市計画区域内において、地方公共団体が設置する公園又は緑地。この場合都市計画決定の有無に関わらず、また、都市計画事業により施行されたものに限らない。

(28) なおこの種別区分は都市計画法の区分とは一致しない。都市計画法施行規則第七条第五号では、街区公園、近隣公園、地区公園、総合公園、運動公園、広域公園、特殊公園の七つに種別区分を行っている。前掲『実務者のための新・都市計画マニュアルⅠ【都市施設・公園緑地編】公園緑地』五七頁）。

(29) 公園種別は一九三三年（昭和八）の内務事務次官通牒の公園計画標準で、大公園（普通公園、運動公園、自然公園）と小公園（近隣公園、児童公園（少年公園、幼年公園、幼児公園））と分類されていたが、一九六八年（昭和四三）に新しい都市計画法において児童公園、近隣公園、一般公園とされた。その後都市計画法施行規則改正において、公園の機能の多様化に対応するため種別を整備し、児童公園、近隣公園、地区公園、総合公園、運動公園、広域公園、特殊公園とし、さらに一九九三年（平成五）の都市公園法施行令改正によって「都市林」、「広場公園」が新たに追加され、また、住区基幹公園のひとつである「児童公園」について、児童の利用のみならず、高齢者をはじめとする街区内の居住者全体の利用を目的とした「街区公園」とするよう制度変更した。前掲『実務者のための新・都市計画マニュアルⅠ

(30) 【都市施設・公園緑地編】公園緑地』五八頁)。計画発足時の予算総額には限界があり、無理がでることは当初から予想された中で、若干無理をしても五箇年計画をスタートさせたいという背景があったことがこの低い実績値につながっている。前掲『日本の都市公園』六七頁。
(31) 前掲『日本の都市公園』七九頁。
(32) 前掲「都市公園行政の現状と展望」一七九頁。
(33) 前掲『日本の都市公園』九一〜九三頁。
(34) 前掲『日本の都市公園』九七頁。
(35) 前掲『日本の都市公園』一〇五頁。
(36) なお都市公園等整備緊急措置法は、二〇〇三年(平成一五)の「社会資本整備重点計画法の施行に伴う関係法律の整備等に関する法律」施行に伴い、港湾整備緊急措置法、下水道整備緊急措置法とともに廃止された。したがって都市公園等整備計画は社会資本整備重点計画に衣替えをした。
(37) 日本国憲法第九五条では、国会が特定の地方自治体にのみ適用される特別法を制定しようとするときは、その地方自治体の住民による住民投票の結果、過半数の賛成がなければ制定できない、とされている。詳細は地方自治法第二六一条に規定されている。
(38) 旧軍港市に所在する旧軍用財産の処理及び普通財産の譲与に関して調査審議を行う機関で、もともとは大蔵省本省の付属機関であったが、一九七八年(昭和五三)に施行された「審議会等の整理等に関する法律」により関東財務局に設置される機関に変更された。
(39) 前掲「横須賀・呉・佐世保・舞鶴における旧軍用地の転用について―一九五〇〜一九七六年度の旧軍港市国有財産処理審議会における決定事項の考察を通して―」。
(40) 宮木貞夫「関東地方における旧軍用地の工場地への転用について」(『地理学評論』第三七巻第九号、一九六四年)、三三三頁。
(41) 前掲「旧軍用地の転用と戦後の都市施設整備との関係について―一九五六〜一九六五年度の国有財産地方審議会における決定事項の考察を通して―」四三二頁。
(42) 前掲「横須賀・呉・佐世保・舞鶴における旧軍用地の転用について―一九五〇〜一九七六年度の旧軍港市国有財産処理審議会における決定事項の考察を通して―」一九七頁。

(43) 細川竹雄『「軍転法」の生れる迄』（旧軍港市転換連絡事務局、一九五四年）、七七頁。

(44) 呉市は戦災都市に指定され、舞鶴市は指定されなかった。

(45) 前掲「佐世保市に於ける旧軍港転換都市計画」によると旧軍港市転換計画における公園整備事業は、一九四七年（昭和二二）の戦災復興院告示による都市計画公園を含め、自然公園六か所、児童公園一七か所、運動公園五か所及び普通公園三六か所よりなるもので、計画全面積八七〇・九三五坪、その内旧軍用地七四〇・七七五坪、事業費三一三九〇万円を要するものであったとする。すなわち当時の公園整備面積の約八五％に旧軍用地を活用する方針であったことがわかる。なおこの数値は本章で参照した、建設省編『戦災復興誌　第八巻　都市編Ⅴ』（都市計画協会、一九六〇年）、七二三～七七四頁、の数値とは合わないが、おそらく「都市公園」に含まれない「自然公園」などを含んだ数字だからであると考える。

(46) これ以外に島地《しまんじ》公園と神島《かみしま》児童遊園地が旧軍用地から転用されたが、現在は公園としては使用されていない。佐世保市都市整備部公園緑地課への聞き取りによると、島地公園（旧口座名：佐世保海軍病院第二区）は暫定的に病院の駐車場として、島地公園（旧口座名：万津町施設予定地）は市立病院と土地を交換しており、現在は市立病院の寮が建設されている。神島児童遊園地（旧口座名：佐世保海軍工廠疎開地）は一部を公民館用地として貸し付けたあと空き地となり、また一部は売却されて宅地とされている。

(47) 佐世保市史編さん委員会編『佐世保市政七〇年史　上巻』（佐世保市、一九七五年）、二三八頁。

(48) 横須賀市編『横須賀市史　市制施行八〇周年記念　下巻』（横須賀市、一九八八年）、三五八～三五九頁。

(49) 諏訪《すわ》公園のみ戦前が開設年とされているが、これは大正天皇の御成婚を記念して一九一二年（大正元）に開設されたものの、戦時中は軍に接収され高射砲が置かれる諏訪山砲台となり立入り禁止地区になっていた。その後、一九五一年（昭和二六）に軍転法に基づき譲与され、再度諏訪公園として用いられるようになったためである。

(50) 前掲「横須賀・呉・佐世保・舞鶴における旧軍用地の転用について―一九五〇～一九七六年度の旧軍港市国有財産処理審議会における決定事項の考察を通して―」一九六頁。

(51) 松山薫「関東地方における旧軍用飛行場跡地の土地利用変化」（『地学雑誌』第一〇六巻第三号、一九九七年）では、が関東地方の旧軍用飛行場跡地の転用状況を類型化しているが研究対象は三五ha以上の大規模なものについてであり、小規模なものについてや周辺の景観変化との関係についてはその研究対象としていない。

(52) 横須賀市史編纂委員会編『横須賀市史』（横須賀市、一九五七年）、一〇〇五頁。

(53) 前掲『横須賀市史』一一八三～一一八四頁。
(54) 前掲『横須賀市史　市制施行八〇周年記念　下巻』二一一一頁。
(55) 前掲『横須賀市史　市制施行八〇周年記念　下巻』二一一三頁。
(56) 前掲『佐世保市政七〇年史　上巻』五五四～五五五頁。
(57) 前掲「佐世保市に於ける旧軍港転換都市計画」四七頁。
(58) 前掲『佐世保市政七〇年史　上巻』二二二二～二二二三頁。
(59) 本公園の整備については民間の資金や経営ノウハウなどを活用して社会資本整備を進めるＰＦＩ（Private Finance Initiative）方式が導入され、整備、管理、運営のすべてをＰＦＩ方式で行う都市公園としては全国初のものであった。この整備については、横須賀市緑政部公園管理課「ＰＦＩ方式で整備された農業体験型総合公園―横須賀市長井海の手公園「ソレイユの丘」オープン―」（『公園緑地』第六六巻第二号、二〇〇五年）、に詳述されている。
(60) 佐世保市立図書館『佐世保名所旧跡絵図―歩いて見る歴史ノート―』（佐世保市立図書館、一九八七年）、八〇頁。
(61) 筒井隆義『させぼ歴史散歩　改訂増補版』（芸文堂、二〇〇五年）、一九五頁。
(62) 旧軍用施設の遺構は「戦争遺跡」として注目されており、近年、いくつかの書籍の出版をみている。例えば、奥本剛『呉・江田島・広島　戦争遺跡ガイドブック』（光人社、二〇〇九年）、洋泉社編集部編『知られざる軍都　多摩・武蔵野を歩く』（洋泉社、二〇一〇年）、など。
(63) 「景観三法」とは、これ以外に「景観法」と「景観法の施行に伴う関係法律の整備等に関する法律」を指す。
(64) 申龍徹『都市公園政策形成史―協働型社会における緑とオープンスペースの原点―』（法政大学出版局、二〇〇四年）、三〇一～三〇七頁。なお本書では、施設としての都市公園の観念に基づく明治以降の日本の都市公園行政の閉鎖性を「消極的な管理」、市民文化としての都市公園の捉え方に基づく今日的な動向を「管理の社会化」と表現している。
(65) 例えば近年の旧軍港市国有財産処理審議会でも、「神奈川県横須賀市久里浜に所在する土地を横須賀市に対し、都市公園敷地及び道路用地として譲与することについて」の案件（二〇〇九年〈平成二一〉五月二一日、第三〇回）や「京都府舞鶴市大字北吸外に所在する土地等を舞鶴市に対し、都市公園敷地として譲与することについて」の案件（二〇一〇年〈平成二二〉一一月五日、第三二回）など審議が行われている。

第六章

一九六八：エンタープライズ事件の再定置

航空母艦エンタープライズ

（艦名としては八代目）

（出典）http://www.navysite.de/cvn/cvn65.html

宮地英敏

針尾海兵団跡地に建設されたハウステンボス全景
提供：ハウステンボス株式会社

はじめに

一九六八年（昭和四三）一月一九日午前九時一〇分、アメリカの原子力空母エンタープライズが佐世保港に入港した。この際、佐世保を中心として巻き起こった反代々木系三派全学連（以下、全学連とする）ら若者たちによる騒乱は、激動の一九六八年の幕開けとして人々に記憶されている。[1]二月には成田空港に反対する三里塚闘争で学生と機動隊が衝突したし、[2]六月には九州大学箱崎キャンパスへの米軍機ファントム墜落を受けて学生たちによる抗議運動が生じた。[3]一〇月には学生たちが新宿駅を解放区として占拠・放火している。これらと並行して、一月末の東京大学医学部学生ストライキから翌年一月の安田講堂攻防戦まで、東大紛争の日々が続いた。[4]また、世界に目を転じれば、五月にフランスでの反体制運動である五月革命が起こると、[5]ドイツやイタリアなどの学生らへも大きな影響を与えた。[6]チェコスロバキアでのプラハの春とよばれる動向もこの年のことであった。[7]

あまりにも一九六八年（昭和四三）という年が激しく揺れ動いたために、[8]従来の研究史では、佐世保港へのエンタープライズ入港問題は、単なるその一階梯であり一表出として扱われてきた。[9]もちろんそのこと自体は、世界的な学生運動の流れや日本国内における動向を分析する上では正しい。しかし、これまでの研究や評論などが時代の流れに拘泥ばかりしてきたために、佐世保港へのエンタープライズ入港問題を、佐世保の出来事として分析する視点が弱くなってしまっている。[10]そこで、軍港都市である佐世保というテーマを取扱ってきた本書の最終章として、本章では日本社会全体を取り巻いていた状況と佐世保をめぐる状況との接合点として、エンタープライズ入港問題を位置付けてみたいと考えている。

表6－1　日本への原子力潜水艦の寄港一覧

	年	月	日	佐世保	横須賀
第1回	1964	11	12	シードラゴン	
第2回	1965	2	2	シードラゴン	
第3回	〃	5	25	スヌーク	
第4回	〃	8	24	パーミット	
第5回	〃	11	24	シードラゴン	
第6回	〃	12	14	サーゴ	
第7回	〃	12	20	プランジャー	
第8回	1966	1	18	サーゴ	
第9回	〃	5	30		スヌーク
第10回	〃	8	1	スヌーク	
第11回	〃	8	22	スヌーク	
第12回	〃	9	5		シードラゴン
第13回	〃	12	20	スカルピン	
第14回	1967	2	10	シードラゴン	
第15回	〃	2	23		スカルピン
第16回	〃	6	20		バーブ
第17回	〃	8	15		スキャンプ
第18回	〃	8	19		バーブ
第19回	〃	12	22		シードラゴン

出典：「原潜寄港の記録」『長崎新聞』1968年1月19日より作成。

その際に、従来の研究史で軽視されてきた点について一つ着目したい。確かにアメリカの原子力空母が佐世保に入港したのは一九六八年（昭和四三）のエンタープライズが始めてであった。しかしながら同じく原子力を動力とした、アメリカの原子力潜水艦の佐世保入港はそれ以前にも多く見られたという点についてである。表6－1はエンタープライズの佐世保港入港以前に、佐世保港もしくは横須賀港に寄港した原子力潜水艦の一覧である。一九六四年（昭和三九）の東京オリンピック閉会式の一九日後に佐世保港に寄港したシードラゴンに始まり、佐世保港一二回、横須賀港七回の合計一九回を数えている。勿論、これら原子力潜水艦の寄港をめぐっても反対運動は起こり、初の原子力潜水艦寄港時には日本社会党の代議士であった楢崎弥之助が不逮捕特権を無視した警察官によって公務執行妨害で現行犯逮捕されるなどしている。[11] しかしながら、それら反対運動に対する佐世保市民の反応は一部を除いて鈍いものであった。[12] この原子力潜水艦の入港時には、「デモ隊の人も、意外に少なかった反響に複雑な表情だった」という。[13] しかも入港が繰り返されるたびに逐次デモも小規模となっていき、警備陣も縮小されて終わりには交通整理程度にまでなっていたのである。[14]

ところが、一九六八年（昭和四三）の原子力空母エンタープライズの入港に際しては全く違った。反対運動を行う全学連の学生たちに対して、佐世保市民が非常に好意的だったのである。[15] 直後に刊行された『長崎ジャーナル』一九六八年二月号が当時の佐世保市民の声を取り上げているが、[16] 暴動を起こしている学生よりも、それを鎮圧する警察＝各県警機動隊への批判の声の方が大きかった。機動隊の用いたガス弾が佐世保市民病院に流れ込んで被害を出しただけでなく、一部の機動隊員が指揮官の命令を無視して一般市民の中へ突入して暴行し傷害を負わせたり、検挙されて無抵抗になった学生までもを機動隊員が執拗に殴り蹴り続けたりしていた。警察＝機動隊は平気で人権侵害を繰り返していたのである。[17] その暴力的で攻撃的な一部の機動隊員たちによる鎮圧行動が、佐世保の市民感情に嫌悪感を抱かした要素は大きい。[18] 地元の長崎県警だけではなく、近隣の福岡県警、熊本県警、佐賀県警から派遣された機動隊員たちが暴力と横暴の限りを尽くしたのを目の当たりにしたためであった。そしてまた、時の首相であった佐藤栄作が、警察官職務執行法の改定を試みて警察官による国民への人権蹂躙を推し進める役割を担わされかけた岸信介の実弟であったことも大きく影響しているであろう。[19] とはいえ、原子力潜水艦をめぐる反対運動への佐世保市民の冷淡さと比べたとき、そのわずか四年後の原子力空母エンタープライズの入港時の佐世保市民の関心の高さとの、その差異がどこに由来するものなのかを再検討してみる必要があるのではないであろうか。

そこで本章では、まず第一節にてエンタープライズ入港問題の経緯を『佐世保市史』や『佐世保地区労運動史』等に依拠しながら簡単に触れた後、第二節から第四節では、それを迎え入れる佐世保の状況を「経済的要因」「政治的および社会的要因」「象徴的要因」に整理しながら明らかにしていく。以上を踏まえた上で最後に、エンタープライズ入港時に全学連などの反対運動に佐世保市民が同調的であった背景を考えるとともに、その後の佐世保の街についても触れることでまとめとしたい。

第一節　エンタープライズ入港と反対運動[20]

一九六一年（昭和三六）に世界初の原子力空母として就航したエンタープライズは、一九六五年（昭和四〇）八月、アメリカ第六艦隊（欧州からアフリカの担当）からアメリカ第七艦隊（西太平洋からインド洋の担当）へと配属先が変更された。ベトナム戦争のためであったが、これにより、原子力潜水艦に続いて原子力空母の日本寄港が話題になりはじめた。先程の表6-1に掲げたように、一九六五年（昭和四〇）当時はいまだ横須賀港への原子力潜水艦の寄港は行われておらず、当然、原子力空母もまた佐世保港に寄港するものと考えられていた。このため辻一三佐世保市長は、政府に対して「米原子力空母寄港についての要望書」を提出し、核兵器やベトナム戦争に直接つながるものを持ち込まないよう求めた。佐藤栄作首相もこれを首肯している。

この問題がより本格的に動き始めるのは、一年半ほどを経過した一九六七年（昭和四二）九月七日のことであった。デービッド・L・オズボーン駐日アメリカ代理大使より日本政府に対して、「原子力空母エンタープライズなど、原子力水上艦艇の乗組員の休養、艦艇の兵站補給、維持の目的で」寄港したい旨、正式に要請されたためである。こうして日本国内は、ベトナム戦争にも参加していた原子力空母エンタープライズの日本寄港をめぐって、賛成派・反対派の双方の意見が渦巻く状況となっていった。

そのような中、佐藤栄作首相がインドネシア・オーストラリア・ニュージーランド・フィリピン・南ベトナムの五か国を歴訪する外交日程が組まれていた。この五か国の中に南ベトナムが含まれていたため、騒乱を引き起こすこととなる。当時のマスコミによって全学連と呼ばれていた中核派・社青同・社学同の学生たちが[21]、一〇月八日には角材とヘルメットで武装して、佐藤栄作首相の外遊を妨害すべく羽田空港に向かったのであ

航空母艦エンタープライズ
艦名としては８代目。先代も航空母艦として太平洋戦争中に活躍した。
出典：http://www.navysite.de/cvn/cvn65nn23.html

る。首相の出発は「警視庁の周到な配備の為、途中無難に空港着」となり「無事スタート」となったが、首相らの「出発後、警官隊と学生の衝突」が起きて多数の逮捕者を出し、京都大学の中核派学生が仲間の車に轢かれて一名死亡した(22)。これを第一次羽田事件と呼ぶ。

翌月には、佐藤栄作首相の訪米が行われた。沖縄返還に向けての日本国内の期待が高まった訪米であり、アメリカ側から小笠原諸島の返還が申し入れられたり(23)、マクナマラ国防長官から沖縄がいずれ返還されるとの言質も取り付けたりしている(24)。佐藤栄作首相は一一月一二日の出発にあたって、「私邸付近も盛に手をふって見送ってくれた」とか「空港には訪米を励激《ママ》する連中約2千、(中略)日の丸一色に塗りつぶされた感。国民の期待が大きいだけに、余も亦緊張する」と日記に書き記しているが、その一方で全学連の学生達はベトナム戦争を泥沼化させたアメリカへ佐藤首相が訪れることを阻止するため、再び角材とヘルメットを振りかざして機動隊と「デモ衝突、多数のけが人を出し、亦多数の逮捕者を出した」のである。[25] これが第二次羽田事件である。

以上のような世情の中、翌一二月になるとエンタープライズが佐世保に入港するという見通しが立ち、各方面はそれへの対応に追われることとなった。日本社会党、民主社会党、公明党、日本共産党などの既存政党が反対行動の準備をしたり、全学連の学生たちも日本西端での動向を窺ったりしていた。一方で、エンタープライズ入港に賛成する自由民主党系の人々は佐世保商店街に声をかけて、安保を守る市民協議会を立ち上げて歓迎ムードを作り上げていった。

こうして一九六七年（昭和四二）中に着々と準備は整えられていったのであるが、年が明けて一九六八年（昭和四三）一月六日、全学連の委員長であった秋山勝行らが先陣を切って福岡へ到着した。秋山はマスコミに対して「学生三千人を動員して〝第三の羽田闘争〟にする」と語っているが、[26] 前年の第一次羽田事件、第二次羽田事件に続いて、全学連が実力行使をもってベトナム戦争に向かうアメリカへの日本の協力を阻止することを表明したものであった。また社会党・総評が共産党と共催する五万人規模の西日本大集会、民主社会党・同盟による一万人規模の抗議集会、さらには公明党が企画する初めての抗議集会など、それぞれの勢力による反対行動のプランが具体化していった。

反対派の流れを勢い付かせたのは政府の対応であった。一月九日には赤沢正道自治大臣（国家公安委員会委員長を兼任）が記者会見で、エンタープライズは「一月一六日から一九日の間に寄港する」と述べてしまった。[27] これは失言であった。そのため翌一〇日には、政府は正式に「米原子力空母エンタープライズは一八日佐世保入港、五日間停泊」することを認めざるを得なくなったのである。[28] こうして、政府発表があった一月一〇日から入港日である一八日までの九日間が、日本列島の西端である佐世保の街に人々が集結するための猶予期間となったのである。例えば先程の秋山勝行は、福岡から一足早く下見のために佐世保に乗り込んできた。一方で警備をする側も長崎県警だけではなく、福岡県警、熊本県警、佐賀県警からも機動隊が派遣され、防護柵や金網などを取り付けていった。佐世保在住の小説家である松尾起は、この時の様子をとらえて、「実はこの時まで、内にひそんでいた佐世保の騒ぎは、この発表の日を境として外目にも見えてきた。そして街の風景までもが変貌しはじめた」と描写している。[29] この九日間という期間が、反対派と賛成派とそして警備側の各者の勢いを盛り上げさせ、それを維持・持続しておくのに絶妙な長さであった。

さて、この九日間の間に、反対運動の内輪で意見の相違が発生している。前年に第一次羽田事件・第二次羽田事件という騒乱を起こした全学連の学生たちを、反対運動に組み入れるべきかどうかという論点であった。九州大学六本松キャンパス構内西南の学生会館を宿泊基地と決めていた全学連は、[30] 盛んに佐世保を第三の羽田にすると息巻いている状況である。学生たちが角材とヘルメットをまとって騒乱を起こす可能性が高いと思われていく。こうして、社会党・総評系の現地闘争本部から全学連に対して、「行動面で一致しないので、一八日の五万人西日本集会に参加を認めない。抗議行動には国民的な理解を受ける姿勢で行動して欲しい」旨の申し入れが行われた。[31]

しかし、勢い付いた全学連の学生たちの流れを止めることは出来なかった。一月一五日には佐世保に向かおうとする学生たちが、東京の飯田橋駅で警視庁機動隊と激突して逮捕者を多数だした。翌一六日には到着した博多駅で、基地となっている九州大学六本松キャンパスに向かうために駅を出たところ、福岡県警機動隊と激突して流血の事態となった。この一六日は東京での佐藤栄作内閣の閣議も「佐世保エンタープライズに反対の学生の取締りの報告で終始」し、「百年の大計の下に対策を講ずべし」との議論を行なったという。[32] しかしながら、このような過剰ともいえる福岡県警機動隊の行動への反発もあり、[33] 九州大学教養部では池田数好《かずよし》教養部長が危険回避優先の判断から全学連の学生たちを構内に招きいれたのである。[34]こうして一夜を福岡で過ごして英気を養った後、全学連の学生たちは佐世保へと向かった。既存政党による抗議集会からも排除され、暴発することは不可避である学生たちの佐世保行きであった。

一月一七日、佐世保での一回目の大乱闘が発生した。学生らが佐世保駅から線路沿いに平瀬橋へと向い機動隊と衝突したのである。この際、学生側からの投石や角材による殴打に対して、機動隊は普段使いの警棒だけではなく放水に催涙ガスまで使用した。放水される水にも催涙剤が混ぜられていた。この催涙ガスや催涙剤が混ぜられた放水の水は、一般の住宅や佐世保市民病院へも流れ込んでいってしまい、住民や病院患者も含めて多くの被害を与えることとなってしまったのである。負傷者数は、学生六八人、警察官五二人、鉄道公安関係者七人、一般市民三人、報道関係者五人であった。

翌一月一八日にエンタープライズの佐世保入港がアメリカ政府によって正式に通達されると、社会党と共産党による共闘本部共催による集会が佐世保市民球場で開催されることとなった。この場に勢いづいた全学連の学生たちが雪崩れ込み、先行してデモを行い再び機動隊と激突した。負傷者は学生三八人、警察官三一人、一般市民三人であり、逮捕者も一五人を数えた。並行して、東京でも日比谷や有楽町で全学連の学生達約三〇〇人が、六〇〇人余の機動隊と衝突している。歓迎のパレードと反対のデモが渦巻く中で一月一九日についにエンタープライズが佐世保入港を果たすと、全学連の学生達は佐世保橋の上で三度目となる機動隊との衝突を始めた。連日の騒乱によって「学生もやゝ疲れ気味でだんだん静まる」という状況であったが、[36]それでも角材や投石、警棒や放水が飛び交う中で、学生三二人、警察官二九人、報道関係者二人の負傷者を出し、八人の学生が逮捕された。

疲れ果てた学生達はさすがに一月二〇日は静かであったが、全学連の一部の学生達がカンパを集めるために商店街に立った。すると、全学連の学生達からしても意外なほどの市民からの人気によって多額の資金が集った。第一次及び第二次の羽田事件の時とは異なり、佐世保市民から寄せられた同情の大きさに学生達の方が驚いたくらいであったという[37]。

一月二一日に日本社会党と日本共産党による共闘本部が集会を開くと、それから閉め出されていた全学連の学生達は四度、角材と投石で武装して佐世保橋へと向った。社会党系デモ隊の一部や佐世保市民が全学連側に加勢したために、機動隊は放水と催涙ガスを中心にした応戦にとどめることとなり、負傷者は学生三六人、労組員八人、一般市民四人、報道関係者二人に対して警察官は一〇六人を数えた。逮捕者は一二人であった。このような佐世保での騒乱の日々を経て、一月二三日にはエンタープライズは寄港日程を終えて出港した。

このような佐世保での騒乱や、佐世保には行けなかった学生達が起こした東京での暴動を受け、佐藤栄作首相の側近でもあった木村俊夫官房長官は一月二二日[38]、「エンタープライズの寄港は原子力潜水艦の寄港とは違った反響を国民の間に呼び起こした事実を認識し、もっと国民感情を考慮する必要がある」と記者会見で述べている。この木村長官の発言に対しては佐藤栄作首相から「誤解を受ける惧れあり、且《ママ》（自由民主…引用者）党側の批判も厳しい様なので、訂正の意味で注意を促が」している[39]。佐藤首相の忠告によって撤回された形の木村長官の発言であるが、次節以降の考察をするためにもここでは注目しておくこととしたい。

さて、以上のように佐世保へのエンタープライズ入港をめぐる騒動について紹介してきたが、「一．はじめに」でも述べたように、一九六八年（昭和四三）の事件はそれ以前の原潜寄港時と比べて遥かに大規模な騒動となったのと同時に、多くの佐世保市民の共感と同情も呼び起こした。従来から指摘されている、各県警機動隊による人権無視の暴力沙汰への佐世保市民や日本国民多数の反発は当然の前提としつつ、続く二節から四節にかけて、それ以外の経済的要因、政治的および社会的要因、象徴的要因の三つの要因を順次検討していくことしよう。

第二節　事件拡大の要因（一）経済的要因

本書第三章の北澤満論文でも明らかにされてきたように、佐世保の特徴の一つは産炭地に隣接する軍港であったという点である。そして産炭地であったからこそ、戦後の佐世保は、石炭から石油へというエネルギー転換の波を真正面から受ける都市になった。まずは図6-1「北松炭田の推移」をみてみよう。

日本国内の高炭価問題を背景として、一九五〇年代から次第に石油の輸入が進められるようになっていったが[40]、長崎県の北松地方における戦後の産炭量のピークは、一九六〇（昭和三五）年度であり三七三万tを数えた。その後は生産量を急減させていくこととなり、三年後の一九六三（昭和三八）年度には三〇〇万tを、さらにその二年後の一九六五（昭和四〇）年度には二〇〇万tを割った。そしてエンタープライズ入港の一九六七（昭和四二）年度には、ピーク時の約四割に当たる一五〇万t弱の生産量となっていたのである。

一方で労働者数の方は、産炭量とくらべてよりドラスティックに事態が推移していくこととなる。同じく図6-1の労働者数をみてみると、そのピークは一九五七（昭和三二）年度の約二万二千人であったが、一九六〇（昭和三五）年度には約一万八千人、一九六三（昭和三八）年度には八千人弱、一九六五（昭和四〇）年度には四千五百人程度にまで減少していた。そして一九六七（昭和四二）年度には戦後ピーク時の約一五%の三千四百人余りとなったのである。生産量が約四割にまで落ち込んだのに対して、労働者数は約一五%まで落ち込んでいる。スクラップ・アンド・ビルドによって労働生産性の高い炭鉱が残る一方で、大量の失業者を生み出していった様子を読み取ることができる[41]。

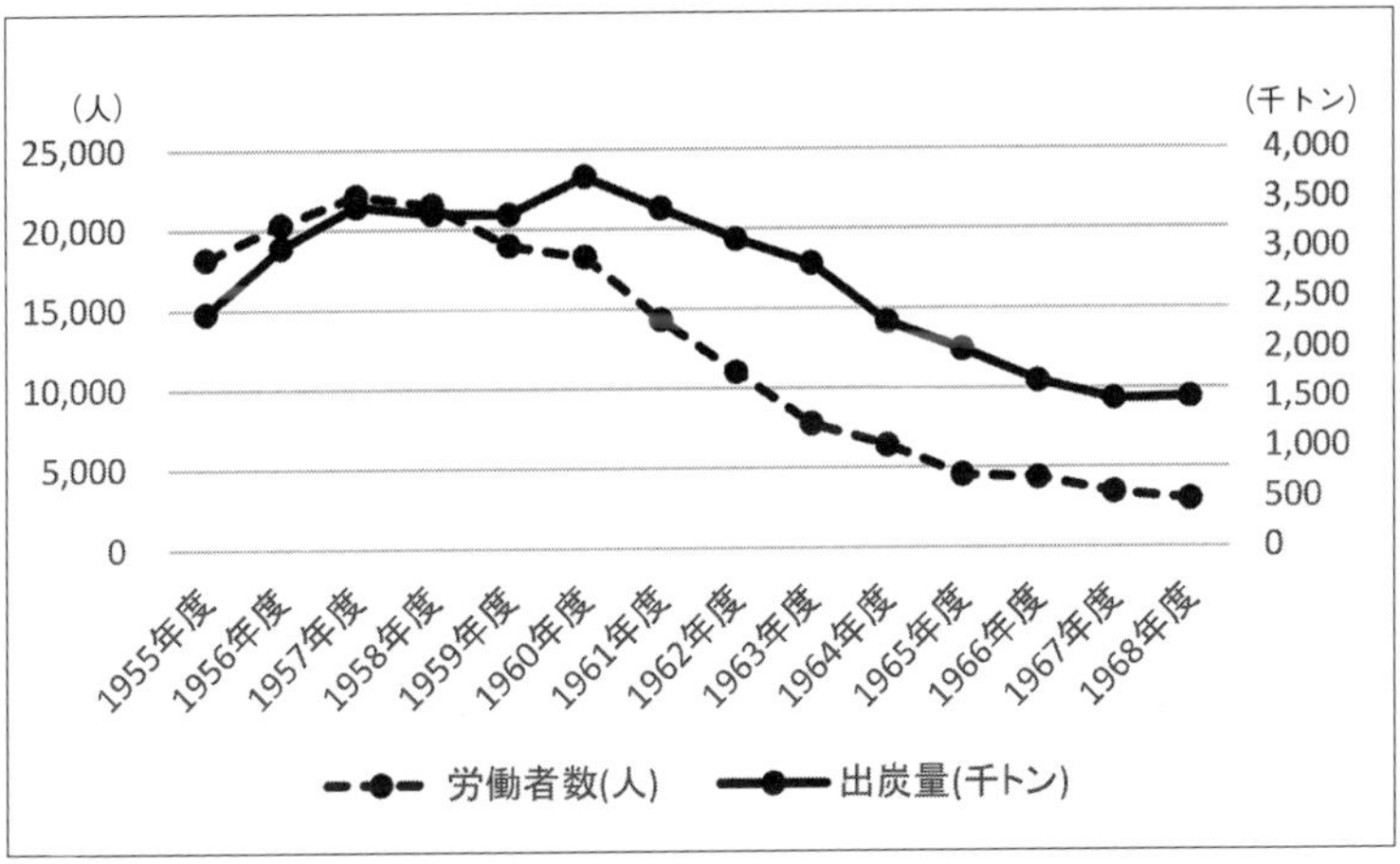

図6－1　北松炭田の推移

出典：長崎県編『長崎県産炭地域振興に関する報告書』（長崎県商工部企業振興課、1967年）5頁および隈部守「長崎県産炭地の衰退と人口減少」（『立命館文学』313号、1971年）50頁より作成。

この点を表6-2からも確認してみよう。炭鉱は大規模なものから小零細規模まで千差万別であり、特に零細な炭鉱の動向については不明な部分も多い。この表は、長崎県が一九六七年（昭和四二）に作成した『長崎県産炭地域振興に関する報告書』をベースとしつつ、そのほかの資料で極力データを補った上で作成したものである。表6-2によると、一九六一（昭和三六）年度前半の新本山炭鉱を皮切りとして一〇〇人以上を解雇する炭鉱閉山が見えはじめる。一九六二（昭和三七）年度後半には旧佐世保市内でも佐世保炭鉱が一八八人を解雇して閉山している。その後も、一〇〇人前後の解雇閉山から一〇〇人を超える解雇閉山まで頻発していくが、まだまだ希望すれば北松炭田だけではなく、長崎、佐賀、福岡などの炭鉱へと移動も可能であった時期でもある。佐世保市内の日野炭鉱（四〇〇人雇用）が一九六四年（昭和三九）三月に、松浦市内の白山炭鉱（四九〇人雇用）が同年一〇月に閉山を迎えている。しかしながら、原子力潜水艦シードラゴンが初めて入港した一九六四年（昭和三九）一一月

表6-2　北松炭田の主な閉鎖炭鉱

	旧佐世保市域	新佐世保市域	現松浦市域	佐々町域
1959年前半	新柚木(80)、長崎寿	福井(30)、梶ノ浦	金井	
1959年後半	保立、弓張、三古			
1960年前半	富士、大久、大久保	西吉井		
1960年後半	三船、富山、光和	新福井、矢羽津 新白浦、大石		
1961年前半	江上、旧柚木、里美 酒井、高砂、高砂 長崎		新本山(150)	小浦
1961年後期		御堂(350)、平田 歌ヶ浦、栄ノ島(115)	芳ノ浦(420)	
1962年前半	筒井(41)、日進 西肥(20)、北佐世保 烏帽子	吉福、第一山善 島義、新世知原 牧岳(30)	新志佐(190)	
1962年後半	尼潟、佐世保(188) 光畑、日和		不老山(90) 榎山(34) 第二新本山(80)	
1963年前半	小佐世保(40) 竹松(10)、美奈登(2) 石盛(40)、朝ノ木 鉄原三協(250) 第一宝山(50)、光海 角位岳、肥前大里 光明(10)	前岳(150)		
1963年後半	平和(13) 紋珠岳(410)	新吉井(10)、防久(14)	土井浦(280)	
1964年前半	日野(400)、日宇(35) 不動(90)	鷲尾(47)	三栄	
1964年後半	旭(30)、賞観(20)		白山(490)	韮山(20)
1965年前半			江口(400)	里山(300)、高峰(28)
1965年後半	扇平(120)	吉久(50)、岳下(320)	大葉山(130)	新報国(90)
1966年前半		神田(500)、直谷(18)	新長松(13)	川添(27) 高野(80)
1966年後半	但馬岳	肥前(200) 江迎(1500)	松福(215) 日の出(51)	
1967年前半	協和(28)、中里(430)	広安(260)		木田(57)
1967年後半		新佐々(6) 潜龍(295) 第二報国(152) 永の島(175)	福里(156)、高里(18) 新今里(303) 稲荷山(15)	
1968年前半		西川内(240)		
1968年後半 以降の閉山	山住(150)1969.2 柚木(430)1972.3	第二丸尾(90)1969.7 新高野(130)1969.8 松浦(730)1970.5 新御橋(60)1970.8 大平(40)1971.8	飛島(370)1969.8 新北松(320)1969.11 城山(4)1971.7 福島(1100)1972.11	

出典：前掲、長崎県編『長崎県産炭地域振興に関する報告書』13-15頁、前川雅夫編『炭坑誌：長崎県石炭史年表』（葦書房、1990年）630-750頁、「国の政策による閉山交付金制度交付対象炭鉱一覧」（http//:e-ono.com）を参照に作成。

注1：新佐世保市域とは、旧吉井町、旧江迎町、旧世知原町、旧小佐々町、旧鹿町町である。

注2：カッコ内の数値は、1967年（昭和42）以前については解雇人員数を、1968年（昭和43）以降の閉山の項目については1967年末時点の雇用人員である。

は、産炭地振興計画として松浦臨海工業地帯の土地造成事業なども行われ、さらには佐世保市南部地区の綜合開発や低開発地域工業開発地区（佐世保川棚地区、大村諫早地区、大村湾地区、島原地区）が長崎県の工業開発重点地区とされた。[42]そのためまだまだ解雇された炭鉱労働者の再就職先も多くみられ、佐世保の街もまだ余裕があったといえる。

ところが、翌一九六五年（昭和四〇）に入ると佐世保市内の扇平炭鉱（一二〇人雇用）、小佐々町（当時）の岳下炭鉱（三二〇人雇用）、松浦市の江口炭鉱（四〇〇人雇用）、大葉山炭鉱（一三〇人雇用）、佐々町の里山炭鉱（三〇〇人雇用）と一〇〇人を越える労働者を抱える炭鉱の閉鎖が相次ぐこととなった。この傾向は一九六六年（昭和四一）以降も続いていき、一五〇〇名もの解雇閉山が行われた江迎町（当時）の江迎炭鉱をはじめとして北松地域の炭鉱閉山ラッシュは留まるところを知らなかったといえる。この江迎炭鉱は、一九三四年（昭和九）に日窒鉱業江迎炭業所として発足して以来三二年間、北松炭田を代表する炭鉱であったにもかかわらず、後継の第二会社が作られることもなく全く姿を消してしまうこととなったのは衝撃的であった。旧江迎町の町民の四分の一が江迎炭鉱と何らかの関係を有していたために、その衝撃は尚更であった。[43]一九六六（昭和四一）年度の長崎県の報告書では、「わが国有数の炭田を背景とした石炭産業は、近年におけるエネルギー需要の流体化に伴い、深刻な事態に直面することとなった。いまなお閉山が続きその前途は楽観を許さないものがある」と紹介されている。[44]

この結果、エンタープライズが入港する一九六八年（昭和四三）初めには、旧佐世保市域では山住炭鉱（一五〇人雇用）や柚木炭鉱（四三〇人雇用）を、後に佐世保市へ合併されることとなる新佐世保市域で松浦炭鉱（七三〇人雇用）をはじめ幾つかの炭鉱を残すのみとなっていた。さらには、佐世保市より十数㎞北部に位置する松浦市の飛島炭鉱（三七〇人雇用）や新北松炭鉱（三二〇人雇用）であるとか、松浦市沖の福島にあった福島炭鉱（一一〇〇人雇用）を残すのみとなっていた。これら残された炭鉱と産炭地振興事業だけでは労働力を佐世保近辺に留めておくことはできず、激しい人口流出となってしまっていたことが指摘できる。

その労働人口の減少は、佐世保の街に見える形でもまた様々な影響を及ぼしていくこととなる。炭鉱労働者が地域から去ったことに伴い、その子ども達も地域から去っていったため、長崎県北三市一六町村では「児童数の減少による学級閉鎖」が相次いで「先生の過剰現象が目立」つようにもなっていた(45)。一九六〇年代の佐世保はまさに、産炭量の減少にみえる以上に、労働人口や消費人口の急減という自体に直面していたのである。

加えてエンタープライズが入港する半年前、一九六七年（昭和四二）七月九日には佐世保を大水害が襲っている。梅雨前線によって刺激された雨雲により二日前から降り続いた三日間雨量は三五四㎜に達した。九日のピーク時には一時間雨量が一二六㎜を記録し、二九人の死者を出すとともに、河川や道路橋梁を中心に六五億円とも、七四億円とも言われる被害を発生させた(46)。農業関係の被害だけでも二十数億円以上と推算されている(47)。

さらに一九六七年（昭和四二）は、七月上旬の大水害の後には一転して西日本各地は大干害に襲われた(48)。先述したように佐世保では、七月七日～九日にかけての三日間で降水量三五四㎜もの大水害に見舞われたにも関わらず、六～八月の総降水量は六四〇㎜と平年の七割ほどしか観測されなかった。このため、「かんがい施設の十分でない地帯では干害が増大し、とくに長崎県では平年を大幅に下回る不作」となってしまった(49)。この一九六七年（昭和四二）は大水害と大干害が同時に襲いかかったことにより、佐世保をはじめとする北部九州では農林業への不安にも包まれることとなっていたのである。

こうして、軍港と炭鉱を両輪として発展してきた佐世保から、次第に炭鉱の要素が抜け落ちていき、しかも補助輪の役割を果たしていた農林業への自然災害が加わって、軍港のみに都市経済を依存させていく様相を強くみせていたのが当時の佐世保であった。この軍港一本槍の佐世保という位置付けをどう捉えるのかが、一九六〇年代後半の佐世保の直面していた問題であった。この点について、次節でより詳細にみていくこととしよう。

第三節　事件拡大の要因（二）政治的および社会的要因

労働人口や消費人口の急減に見舞われていた佐世保の街に、突如として突きつけられたのが原子力空母エンタープライズの入港という問題であった。ベトナム戦争の北爆をより拡充させるためと、大陸中国の核武装化への威圧という、エンタープライズの二つの政治的・外交的・軍事的な役割については、すでに多くの人々によって言及がなされてきたところである(50)。しかしながら、当時においても現在においても、エンタープライズ入港の全国レベルの問題と佐世保レベルの問題は、これまで明確には分けられて来なかった。そこで本節では佐世保市議会の各派の主張を取り上げることにより、両者を整理しながら、当時の佐世保市民が認識していた現地レベルの問題をクローズアップさせることとしたい。

エンタープライズが入港する一か月ほど前、一九六七年（昭和四二）一二月一三日から二四日にかけて、佐世保市議会では一二月定例会を開催していた。その際に、市議会への請願第二五号として「原子力艦艇佐世保港寄港反対決議」が討議されている(51)。この際の討論の様子が、当時の佐世保市における市民の声をよく表出させているため、ここでその詳細を確認していくこととしよう。

当時の佐世保市議会の構成員について表6-3を作成した。定数は四四人であり、自由民主党七人、保守系の農水会七人、同じく新政会七人、同じく政友クラブ五人、民主社会党六人、日本社会党六人、公明党四人、

表6－3　1967年時点の佐世保市議会

会派	市議会議員名		
自由民主党	市岡　弘　杉山末吉　田平長市　草津俊雄　前田力敏　佐藤経雄　木村又之助	7人	与党系26人
農水会	金氏嘉次　福田正喜　川島政秋　松永米夫　平田行雄　渡辺　俊　福田鷹次郎	7人	
新政会	平岡寿吉　志久琢磨　深堀熊男　橋口光夫　松崎光博　原田　昭　久池井虎男	7人	
政友クラブ	本田貴月　谷　政弘　吉田時義　永山　勝　頼田清光	5人	
民主社会党	副島　栄　松尾秀雄　田口勇雄　森　俊雄　浜田　昇　力武義男	6人	野党系17人
日本社会党	浦　八郎　下村朝男　岡留政蔵　末竹　孝　小川　清　山本浅一郎	6人	
公明党	田島義人　松坂　馨　中村定雄　山口敏宣	4人	
日本共産党	長崎善次	1人	

出典：佐世保市議会編『佐世保市議会史　資料編』（佐世保市議会、2001年）1457頁より作成。

日本共産党一人、欠員一人という勢力図であった。反対決議に賛成、つまりはエンタープライズ入港に反対したのは民主社会党、日本社会党、公明党、日本共産党の四会派であり、反対決議に反対、つまりはエンタープライズ入港に賛成したのは自由民主党、農水会、新政会、政友クラブの四会派であった。佐世保市議会は定数四四人中、過半数の二六人を保守系の議員で占めていた。しかしながら請願第二五号の採決を行った総務委員会は反対派と賛成派が同数であり、委員長採決において自由民主党の田平長市が反対することによって辛うじて否決された。

この請願の採決にあたって、民主社会党の浜田昇は、「ベトナム戦に参加した飛行機を積んだ空母」であることを問題視し、「日ソ漁業協定、日中友好協定にもヒビが入」るため「中立外交の立場」から発言した。日本社会党の浦八郎は、アメリカが「共産主義封じ込め」のために「日本の港を核基地にしよう」と意図していると指摘した。公明党の田島義人は、アメリカの「目的は共産圏に対する核戦略と考えるのが至当」であり、「日本が間接的にベトナム戦争に加担していると」述べた。日本共産党の長崎善治は、「原子力空母が核武装し、ベトナム侵略戦争に参加していることは世界の常識であ」り、「百億～二百億のドルが落とされても戦火がふりかかれば一文にもならない」と主張している。

一方で自由民主党の佐藤経雄は、「地方議会に本問題が提起されたのは（中略）安保条約を破棄しようという精神が背後にある」と批判した。また農水会の松永米夫は、「不利な点はあるとしても、産業、観光都市として基盤ができていない現段階では、過去軍人で栄えた市として基地が経済の一翼をささえていると考えざるを得ない」との認識を示した。新政会の松崎光博は、「現情勢では必ずしも寄港は望ましいこととは考えない」としつつも、「条約で政府が寄港を承認している限り（中略）事実上拒むこともできない」と表明した。政友クラブの頼田清光は、「市長は工場団地の造成など意欲的に取り組んでいるが、これらの人たちが安住できる大企業が早急に誘致できるだろうか」と疑問を投げかけ、「米艦隊は豪華観光船として歓迎し、外貨獲得をはかることが、最善の方策と信ずる」と、強くエンタープライズ入港歓迎を訴えた。

ここでの賛成・反対の対立軸は二つある。一つはアメリカと共産主義の対立に、佐世保が巻き込まれることを是とするか否かという論点である。先述したように、この点については従来の研究史も重視してきた。そしてもう一つが、アメリカ軍が佐世保に落とすドルの重要性を重く見るか否かという論点である。ベトナム戦争と原子力空母というキーワードに引っ張られて軽視されてきたが、佐世保という街と市民の視点に立った時にはこの点が重要になってくる。佐世保を含む北松炭田における炭鉱の衰退によって、佐世保港の軍港としての側面が前面にでていくのに比例して、軍港の武力を有する基地としての軍事的な側面と、そこに発生する大量の消費とそこで落とされる外貨ドルという経済的な側面（現代風に表現するならばインバウンド消費）の、どちらを選択するのかという問題を真正面から考えねばならなくなったのである。

このアメリカ軍が佐世保に落とすドルという点については、同じ日の請願第二三号「エンタープライズを中心にした米原子力艦艇佐世保寄港反対決議に関する請願」をめぐる発言もまた重要である。この請願第二三号自体は、日米安全保障条約の破棄までもを要求するものであって、佐世保市議会としては一笑に附せられてしまっているが、その際に日本社会党の下村朝男が次のような重要な指摘を行っている。下村朝男は、「アメリカのベトナム戦争に追随する」ことへの反対を述べた上で、「市全体から見れば、わずか一〇%の基地経済のために、港湾は米軍の制限を受け」て不自由な状態であることに言及し、「港を愛するからこそ港の自主権を取り返したい」との要望を述べている。[52] 戦後も引き続き軍港都市となった佐世保において、アメリカ軍が存在していることによる直接的な経済効果はわずか一割ほどであり、エンタープライズ入港を賛成する人々が述べるほどには経済効果も大きくないことを述べているのである。

しかも、アメリカ軍がもたらすインバウンド消費での経済効果が、本書第四章の長志珠絵論文が取り上げたような、中田正輔市長の構想の延長線上にある「長い歳月と巨費を投じて開発された観光資源」へと向っているならば、まだ良かったであろう。しかしながら、一二月議会が閉会して年が明けた一九六八年（昭和四三）一月一五日、『週刊文春』（一月二二日号）が新春から佐世保の街のみならず、日本国中を揺るがす大スクープ記事を掲載した。[53]「原子力空母歓迎の〝欲の皮〟―エンタープライズを待ち望む夜の佐世保―」という記事であった。記事は、「地もと佐世保で〝ウェルカム〟を叫ぶ人々の意見に、一応は耳を傾ける姿勢も必要でないか」と指摘しながら、エンタープライズ入港の賛成派として、佐世保市議会議員経験者でもあったA級社交場組合の元会長へのインタビューを中心に構成されている。[54]

この元会長は、日本人の「オウセイな消費生活を満足させるには、米兵にバカバカきてもらわにゃ、この町はやれんですばい」との考えを表明し、「安保に従い、日本に米軍の艦隊が寄港するとならば、一隻でも二隻でも多く、この港（佐世保港…引用者）にひっぱってくることが先決ではあるまいか」と述べた。そして「もう、日本がアメリカと喧嘩しなおすことはできない。ならば、上陸させておいてシリの毛まで抜き、ありがと

125 週刊文春

週刊文春 124

原子力空母歓迎の"欲の皮"

エンタープライズを待ち望む夜の佐世保

空母エンタープライズを中心とする米第七艦隊の原子力艦艇

戦艦大和よりふたまわりも大きい米原子力空母"エンタープライズ"が佐世保港にその巨体を現わすとあって、革新勢力の阻止闘争はこれまでにない盛りあがり。激しい論陣の趣旨は、すでにご存じの通りである。が、賛成派あっての反対派。地もと佐世保で"ウエルカム"を叫ぶ人々の意見に、一応は耳を傾ける姿勢も必要ではないかと……

その代表格、といってはさしさわりがあるかもしれないが、衆目のみるところ、ま、賛成論ならあの人に聞いてごらんなさい、という人物にご登場ねがうことにしよう。

[redacted]、四十八歳。海軍特攻隊の生き残り。

昭和二十七年以来、十三年にわたって、佐世保市のA級社交場組合・会長をつとめたキャリアのもちぬしである。A級社交場というのは、外人専用バーのことで、現在、基地に近い湊町を中心に百数十軒が派手なネオンを輝かせている。もちろん、"女性"も千人近い。

さて——。

「わたしは、普通の問題で十年、特別な問題でまず五年は、世間の人間と感覚のひらきがあるとですたい。五年前、市議から県議に立候補したとき、いちはやく、原子力船をとりあげ、誘致大賛成の一本槍でたたかったのは、わたしひとりだった。

革新から総攻撃され、わずか三百票の差で選挙に破れたんだが、それから五年、まわりの連中はやっと賛成だなどといい出しよった。いまさら、なにをいっとる」

百八十㌢、百二十㌔の巨体でテーブルをたたくと、

「原子力船は事故がこわいとは何ごとか。事故がこわけりゃ、新幹線もやめてカゴにすればよかと。佐世保が核攻撃をうけるようなこともいいよるが、もったいなか、大戦争がはじまって誰が佐世保に一発ばさきよる。みんな、革命のタメにするこじつけだ。工業で立つべき日本が、原子力をおそれてどうするとか。

安保反対? パーティに出てうまいものは食いたいが、会費は出さんゾじゃ、世の中は通らん。日本の国を愛さず、中共のようなことをいう奴らに、政治も教育も語る資格なし。コンチクショウどもと、そう書いてください」

ここまでは、氏の大義名分。

たった三分で一万円ナリ

[redacted]

次は、佐世保市の現実問題にふれて、

「安保に従い、日本に米軍の艦隊が寄港するとならば、一隻でも二隻でも多く、この港にひっぱってくることが先決ではあるまいか。

いまは日本人も梅干じゃ我慢できん。このオウセイな消費生活を満足させるには、米兵にバカバカきてもらわにゃこの町はやれんですばい。

もう、日本がアメリカと喧嘩しなおすことはできない。ならば、上陸させておいてシリの毛まで抜き、ありがとバッテン。そのくらいの根性がなければ、日本人でなか。

市民の経済をささえる外人バーは、犠牲者だ。品物を渡さずにドルを稼げる貿易が、なにかあるか。これ(とおかしな握りこぶしを作って)なら、何度でも貿易できるとですたい。

これだけの弁舌と、これだけの手腕をもつわたしが、市のために十何年も犠牲になって、あれはパンパン屋のボスばい、としかいわれん。情なか」

要約するに、安保体制絶対支持。ことのついでに友好的雰囲気の中で米兵を裸にむしり、もって貧しい軍港都市・佐世保の市民の財布をうるおそうということであろう。

たしかに、昭和四十一年度の米軍白書によれば、基地従業員のサラリーをふくめて、年間八十六億円が市内に流れている。このうちかなりの部分が、とりあえず水兵の"慰安と休養費"として、外人バー関係者のふところに収まるわけだ。

まず、その収まり方から少々。

外人バーの利益は、水兵の飲食代と、ホステスのいわゆるドリンク、それにホステスの"自由恋愛料"のピンハネの三本立てと思えばいい。

水兵自身の飲食代は、まことに良心的である。ビール中びんが二百円。国産のウイスキーで二百五十円。それだけで何時間いようと、まず一銭もよけいにとられはしない。

ただし、それじゃ慰安にも休養にもなるはずがない。ホステスが相手になってくれないのである。そこで"ドリンク"なるものを女にサービス。

この辺から、あまり良心的でなくなってくる。ドリンクとは何ぞや。麦茶を網ごしにして小さなカクテルグラスにつぎ、表面にウイスキーを二、三滴たらして、原価せいぜい五十銭。

基地駐留の水兵さん(約五百人)だけのときなら、三百円から五百円だが、ひとたび第七艦隊が入港し、数千のベトナム帰りが巷にあふれるや、いちやく二千円にはねあがる。

「ひと晩にこれを五十杯のむ女もいますよ。トイレにいってはノドに指をつっこんで、胃袋に空き地をつくるんです。

五十杯で十万円になる。それを店と女で折半するから、女のとり分は、一晩で五万円。もっとも女は、たいてい固定給なしですがね」

と、バーテン氏はいう。

なぜ馬鹿な麦茶を女にのませるかといえば、少なくとも七千円から一万円を費消しないと、女をつれ出して自由恋愛にうつることが許されないからだ。

この自由恋愛料が、混んでいるときだと、時間で一万円。時間といっても、一時間のことではなく"一回"のこと。

「どうせ水兵は十八、九のガキでしょ。だからホテルに入ったらすぐに、手を使っちゃうのよ。ものの二、三分で怪しくなったところを、ちょっとナニさせるとアッという間。ハイ一万円。もう一度といったら、ではもう一万円。くたびれないわよ」

年輩ホステスの、作戦要務令である。

超ミニスカートの"効用"

腕がよければ、ひとりで一日五人はこなしてしまうそうだ。このうち半額は、店を留守にしたご挨拶として経営者のポケットへ。そのかわり、性病にでもかかった場合、治療費を店が出してくれるところもあるというから、私設健保と思えばくやしくもあるまい。

いちいち店を出るのも面倒というムキは、パンツすれすれの超ミニスカートをはく。相手のひざに腰かけて、ちょいとすませてしまうのである。

これをやりすぎると、

「艦隊が入っているとき、ホステスの下宿へ月賦の金とりにいったら、フトンにつっぷしたま

20年前を想像させる佐世保の外人バー街の夕方

『週刊文春』1968年(昭和43)1月22日号より

注)元会長の氏名は伏字－顔写真はモザイクに加工した。

バッテン。そのくらいの根性がなければ、日本人でなか」と述べ、米軍相手のビジネスで佐世保の街が成り立つことを強調した。『週刊文春』の記事では、元会長の主張どおり、米軍が佐世保にいるおかげで一九六六(昭和四一)年度で年間八六億円が市へと流入していることが説明されている。

ところがそれに続いて、『週刊文春』の記事は「水兵の"慰安と休養費"」の実態をこと細かく紹介していくのである。そこでは、「外人バーの利益は、水兵の飲食代と、ホステスのいわゆるドリンク、それにホステスの"自由恋愛"のピンハネの三本立て」であることが紹介された。この「自由恋愛」に持ち込むために七〇〇〇円～一万円分程度のドリンクをホステスに飲ませた後、「自由恋愛」料は混んでいる時で一回一万円が相場であったという。「どうせ水兵は十八、九のガキ」だから手を使って「ものの二、三分で怪しく

なったところを、ちょっとナニさせるとアッという間」であったというし、「いちいち店を出るのも面倒というムキは、パンツすれすれの超ミニスカートをはく。相手のひざに腰かけて、ちょいすませてしまう」者もいた。こうして「腕がよければ、ひとりで一日五人はこなし（中略）ひと船くれば五日間で五十万円稼ぐ女は少なくない」し、「一晩百万円の水あげを誇るバーはざら」であることが佐世保のみならず日本中へと喧伝されたのである。『週刊文春』が一冊六〇円の時代の話である。[55]

『週刊文春』ではこの記事の印象を強くするためと思われるが、記事と同じページの左下には東京理研株式会社の「高貴人参蜜」という商品の宣伝広告が掲載されている。そこでは、「高貴栄養食品」「強壮・美容」「スタミナ」の三つがキャッチフレーズとして使われると共に、「始皇帝の昔から、長寿と回春の秘術を求めて、山野から草根、木皮をみつけて探求しました」などという謳い文句が並べられた。

しかも、先述のA級社交場組合元会長は、当時佐世保のPTA会長をしていたことも紹介され、「温床の中で花を育てるのは馬鹿でもできる。外人バーがあるような環境の中で、すくすくとめげぬ子を育てるところに、生きた教育がある。これぞ教育者の人生、九州男子のヘンリンがそこにあるとですばい」と息巻いたのであった。[56]エネルギー革命による炭鉱業の衰退を踏まえ、エンタープライズ入港の経済的なメリットが声高に叫ばれる中、その実態は外人バーにおける米兵とホステスとの「ミニミニラブ」だったことが明らかとなった。[57]「ミニミニラブ」とは、ミニスカートがとても短い超ミニスカートであるという意味と、若い米兵相手の超短時間での性交渉という意味の、掛け言葉になっているのである。

以上のように、外人バーの元組合長がPTA会長に就いて放言している様子までもが『週刊文春』によってすっぱ抜かれてしまったのである。こうして、佐世保市民をはじめとする日本国民は、佐世保の経済的なメリットだと喧伝されてきたものの中心に外人バーがあり、その外人バーで行われている赤裸々な実態をもこと細かく知った上で、原子力空母エンタープライズの入港を待つこととなったのである。

第四節　事件拡大の要因（三）象徴的要因

一九六八年（昭和四三）の佐世保への入港で有名なエンタープライズであるが、「エンタープライズ」という名称が付けられたのはこの原子力空母が初めてではなく、アメリカ独立戦争に際して一七七五年にイギリスから鹵獲《ろかく》したスループ艦に付したのが始まりである。同年のケベックの戦いや翌年のバルカー島の戦いで活躍し、その後に多くの艦船に同名が名付けられる契機となっている。(58) またフィクションの世界では、ＳＦ作品の『宇宙大作戦』や『スタートレック』シリーズにおける宇宙艦隊の主役艦としても非常に有名である。地球は惑星連邦の一員としてクリンゴン帝国やカーデシア連合などと戦っており、アメリカ本国のみならず、日本を始めとする世界各国でマニア的な人気を誇っている。(59)

このように非常に有名な艦名を持つエンタープライズであるが、一九六八年（昭和四三）に佐世保へ入港して本章で取り上げている原子力空母は八代目のエンタープライズであり、「USS ENTERPRISE（CVN65）」が正式名称である。一九六〇年（昭和四〇）に進水式が行われ、一九六二年（昭和三七）より国際航行をはじめている。退役は二〇一二年（平成二四）のことであり、半世紀に亘ってアメリカ海軍の空母として活躍した。(60) 現在、アメリカ海軍では九代目のエンタープライズの名を冠せられる予定の原子力空母が、二〇二五年頃の就航に向けて建造中である。

さて、このようにエンタープライズというのはアメリカ海軍において何隻もの軍艦に付けられている名称であるが、八代目のエンタープライズとともに日本に非常に関係が深いのが、七代目のエンタープライズであ

表6－4　ビッグEの主な戦歴

1938年	5月	就役
1939年	4月	太平洋艦隊に編入
1941年	12月	伊号第七十潜水艦を撃沈
1942年	4月	ドーリットル空襲に際してホーネットを支援
	6月	ミッドウェー海戦
	8月	ガダルカナル島の戦い
		第二次ソロモン海戦
	11月	第三次ソロモン海戦
1943年	11月	ギルバート諸島を占領
1944年	2月	マーシャル諸島を占領
	4月	ホーランディア（ニューギニア）を占領
	7月	マリアナ諸島を占領
	9月	パラオ占領
	10月	レイテ沖海戦
1945年	2月	東京の下町への空襲
	3月	硫黄島占領
		九州・四国への空襲
	4月	沖縄戦の支援
	5月	九州・四国への空襲
	10月	退役

出典：エドワード・P・スタッフォード（井原裕司訳）『空母エンタープライズ：ビッグE』下巻（元就出版社、2007年）369～372頁より作成。

る。本節ではこの七代目のエンタープライズに着目することとしよう。正式名称は「USS ENTERPRISE（CV-6）」であり、通称の〝ビッグE〟でもよく知られている。一九三八年（昭和一三）に就役して翌年四月には太平洋艦隊に編入された。一九四一年（昭和一六）一二月七日（アメリカ現地時間）の真珠湾攻撃に際しては、帰港中であり真珠湾の近くにまで来ていたが、辛くも日本軍による攻撃を免れることとなった。そのため同年一二月一〇日には佐世保海軍工廠で建造された伊号第七十潜水艦を沈めている。こうしてエンタープライズは、アメリカ人にとっては真珠湾攻撃への報復の開始の第一歩を遂げた栄誉ある艦船としても記憶されることとなったのである。

その後のビッグEの主な戦歴をみるために表6－4を作成した。東京への初空襲を行ったドーリットル空襲の際の母艦であるホーネットを支援したのを皮切りにして、ミッドウェー海戦、ガダルカナル島の戦い、第二次・第三次のソロモン海戦、レイテ沖海戦、東京の下町への空襲、硫黄島の占領、沖縄戦の支援など、アメリカ側にしてみれば輝かしい戦歴を挙げていったのである。ちなみに、一九四二年（昭和十七）六月一一日の

『朝日新聞』などは大本営発表に基づいて「米空母二隻（エンタープライズ、ホーネット）撃沈」の大きな見出しを掲げているが、戦果は全くの虚偽であり、実際には日本側の赤城・加賀・蒼龍・飛龍という四隻の主力航空母艦が撃沈されたことは良く知られているところである。(61)

朝日新聞
東太平洋の敵根拠地を強襲
ミッドウエー沖に大海戦
アリユーシャン列島猛攻
陸軍部隊も協力要所を奪取
米空母二隻〔エンタープライズ、ホーネット〕撃沈
わが二空母、一巡艦に損害
太平洋の戦局此一戦に決す
米、攻防の戦略基點
北方侵略線遂に崩る
濠洲本土を砲撃
シドニー、ニューカスル兢々
敵空母集團殲滅
ゲリラ戦企圖全く潰ゆ
刺違へ戦法成功
敵の"虎の子"誘出殲滅

1942年（昭和17）朝日新聞朝刊１面

さて、佐世保での騒動の担い手となった三派全学連に連なった島泰三は、この点について次のように語っている。「空母の艦名がエンタープライズであった。アメリカ合衆国海軍が太平洋戦争開戦当初から保有していた七正規空母のうち、エンタープライズばかりはわずかばかりな損傷を受けただけで、ミッドウェー海戦で決定的な勝利を挙げる立役者となり、終戦まで日本攻撃の先頭に立っていた。そのうえ、この「宿

敵」エンタープライズは、加圧水式原子炉八基を推進力とし、戦闘機など七十~百機を搭載する七万五千七百tの巨大原子力空母に蘇っていた」と。[62] さらには佐世保での騒動の後、右翼青年によって御礼を伝えられた様子も述べている。[63] まさしく、このエンタープライズという艦名が、当時の日本人にとって象徴的なインパクトを持っていたことが分かるであろう。太平洋戦争中の「宿敵」エンタープライズが、原子力空母として蘇って日本へと迫って来たと多くの人々が感じたのであった。これが、エンタープライズ以前のシードラゴンやスヌークやスカルピンなどといった原子力潜水艦との大きな違いであった。

そしてこのアメリカ側にしてみれば輝かしいビッグEの戦歴の中に、一九四五年（昭和二〇）三月から五月にかけての九州・四国への空襲が含まれていることにも着目せざるを得ない。佐世保では一九四五年（昭和二〇）六月二九日に佐世保基地ではなく佐世保市街地を対象とした無差別爆撃であるいわゆる佐世保大空襲が行われて一二〇〇人ほどの死者を出しているのであるが、[64] ビッグEはこの時には既に修理のために本国アメリカ西部のワシントン州にあるピュージェット・サウンド海軍造船所に入っていた。[65] しかしながらそれに先んじて、三月から五月にかけて何度も佐世保をはじめとする九州各地へと小規模な空襲が行われた。その中の四月八日の空襲では、佐世保の海軍工廠と周辺家屋に被害が出て一〇〇人ほどの死傷者を出していた。このようなわけで、日本国民全体にとってエンタープライズという艦名が太平洋戦争の敗戦と直結していたことに加えて、佐世保や九州の人々にとってもエンタープライズという艦名は無差別爆撃を主とした空襲と直結していた艦名だったのである。

これら空襲の記憶と結びつくエンタープライズの名を持った原子力空母は、ベトナム戦争が激化していく中で佐世保へと寄港することとなった。ベトナム戦争は、一九六五年（昭和四〇）にリンドン・ジョンソン大統領の下で始まった北爆に、「バスに乗り遅れるな」のスローガンの下に参戦した韓国軍やSEATO（東南アジア条約機構）の国々も加わって泥沼化しはじめていた。一九六六年（昭和四一）から一九六七年（昭和四二）にかけて、戦争の長期化と規模の拡大に伴ってアメリカ兵の死者が増加してくると、次第にベトナム反戦運動が盛り上がりを見せるようになった。アメリカ国内では学生、市民、急進派、穏健派らが手を組む形でベトナム戦争終結動員委員会（MOBE）が結成され、一九六七年（昭和四二）四月にはニューヨークで二五万人、サンフランシスコで七万人の反戦集会が開催された。また、同年一〇月には首都ワシントンでも一〇万人規模の反戦集会が開催された(66)。

そのような中、アメリカは衝撃的な事態を迎えた。北爆の担当者であったロバート・S・マクナマラ国防長官は、一九六六（昭和四一）年度中からジョンソン大統領への北爆停止と戦線縮小を度々提言したものの拒絶され続けていたのであるが、一九六七年（昭和四二）一一月二九日には、ついに辞意を表明したのである(67)。「アメリカはベトナムでの目的を、合理的な範囲内のどのような軍事手段を使っても達成できそうもない」ため、「本来のものを下回る政治目的の達成を図るべきだ」というマクナマラ長官の主張は、この段階ではジョンソン大統領に取り入れられなかったためである。ただしマクナマラ長官の辞任は、明確にジョンソン大統領に反旗を翻す形ではなく、世界銀行総裁に就任するという理由で穏便に済まされた（正式な辞任は翌年三月にまでずれ込んだ(68)）。

後にロバート・S・マクナマラは、アメリカ軍事史陸軍センターの資料を用いて、一九六七年（昭和四二）一二月には、「米国には南ベトナムで敵軍を撃退する能力がないため、北爆によっても北ベトナムに侵略を思いとどまらせることはできそうにない、とのＣＩＡ報告」があったことと、同年末には既に一万五九七九人の米軍側の戦死者が出ていたことに言及している(69)。客観的な情勢分析では、北爆の無意味さと米軍死者数の多さが指摘される状況だったのである。

ところがジョンソン大統領は、北ベトナムに対する北爆の方針を撤回しなかった。ロバート・S・マクナマラの国防長官辞任の表明に際して、「米国のベトナム戦争政策の進路は、すでに確定されており、主要な国防政策も明確に方向づけられている」と声明を出し、アメリカのベトナム政策は不変であることを強調した[70]。これに反発するアメリカ国内の声を受け、翌一九六八年(昭和四三)の大統領選挙へ民主党内の進歩派であったユージーン・J・マッカーシー上院議員が平和候補として立候補をする表明を行った[71]。他方ジョンソン大統領は、オーストラリア訪問の帰路に南ベトナムのカムラン基地へと立ち寄って兵士達を激励し、ベトナム政策が不変であることを改めてアピールしている[72]。

以上のような状況下でベトナム戦争に参戦していたのがアメリカ第七艦隊所属の原子力空母エンタープライズであった。歴代のエンタープライズが積み上げた戦績により、アメリカ合衆国および同国民にとってエンタープライズ号は幸運の象徴でもあったといえる。第二次世界大戦における対日本戦でのような幸運を再びもたらすように期待され、ベトナム戦争のために佐世保への寄港を要望したのであった。幸運の象徴は、ベトナム戦争で苦境に立っていたアメリカ軍の士気を高めるためには不可欠な存在であった。

このようにしてアメリカ国内においても反対の声が上っていたベトナム戦争に、佐世保港が拠点基地化するのではないかという懸念が湧き上がっていたのである。占領軍による占領は終わったはずなのに、再び第二次世界大戦を象徴するエンタープライズという艦名を持った原子力空母が、賛否分かれるベトナム戦争のために多くの米兵達を乗せて佐世保へと入港したのであった。まるで第二次世界大戦で日本の多くの都市を灰燼に帰したことを忘れたかのような、対ベトナム戦争目的での佐世保寄港であった。

ここで再び、前節で取り上げた『週刊文春』の記事を見てみよう。外人バーで働く若いホステスの女性たちについて、地元記者が次のような状況を踏まえてコメントしている。

ここの外人バーの子はね、一夜あけるとお下げにカスリで、近県の親もとへ金をあずけにいったりするんですよ。ゆくゆくは田畑を手に入れ、源べエの息子の源吉のヨメになりたい。そのためには、純潔を守らねば、という折目があってね、絶対に日本人とは交渉しない。ヨメにいったとき、日本人はあなたがはじめてよ……。意識としては処女なんだ。(73)

つまり、貧しさの故に外人バーでのホステス稼業を行う女性たちの様子が紹介されているのであるが、第二次世界大戦で活躍したエンタープライズという艦名と、この佐世保の外人バーで働く女性達が合わさると、戦勝国アメリカによる敗戦国日本の女性達への陵辱という構図が浮かび上がってくるのである。戦勝国が日本の港を占拠し、そこで日本の女性を買い漁り、再び批判の声も大きいベトナム戦争へと戦いに行く。エンタープライズという非常に象徴的な艦名が、このような状況を佐世保市民を初めとする日本人の心へと強く印象付けることとなってしまったといえるであろう。

おわりに

本章で確認してきたように、一九六八年（昭和四三）の佐世保港への原子力空母エンタープライズの入港が、それまでの原子力潜水艦の入港とは異なり大騒動へと発展してしまったのは、羽田闘争で勢いづいた全学連が佐世保に乗り込んできたから、という単純な理由だけではなかった。またその学生らを、北部九州各県警の機動隊員たちが佐世保市民達の前で暴力の限りを尽くして叩き続けたというだけの理由でもなかった。佐世保の街は長らく軍港と炭鉱の両輪で栄えてきたのであるが、エネルギー革命の下で炭鉱の閉鎖が相次いでい

表6－5　佐世保を象徴する経済的な基盤

復興期まで		1960年代		現　代
軍　港	→	軍　港	→	観　光
炭　鉱				軍　港

出典：筆者作成。

き、さらには補助輪的な役割を果たしていた農林業へと自然災害が襲いかかり、佐世保の軍港都市としての側面が前面に出始めていたことが背景にある。

勿論、軍港の経済的なメリットを歓迎する声は一方にあったが、そこに『週刊文春』によるスクープ記事として、外人専用バー街における米兵とホステス達との「自由恋愛」の実態が報道されたのであった。加えて、原子力空母の名称がエンタープライズであった点も大きく影響している。一九六八年（昭和四三）に入港したエンタープライズより一世代前のエンタープライズは、太平洋戦争の主力艦隊として活躍し、ミッドウェー海戦で日本軍を壊滅させたり、九州への空襲の母艦ともなったりした艦船であった。アメリカにとっては、エンタープライズという艦名はベトナム戦争の縁起を担ぐという意味合いしかなかったであろう。しかしながらその艦名ゆえに、エンタープライズ入港は戦勝国アメリカによる敗戦国日本の女性の買い漁りというイメージを惹起させてしまったのである。

エンタープライズ入港時の佐世保では、「経済的要因」「政治的および社会的要因」「象徴的要因」の三つの要因が複雑に絡み合っていた中にあって、従来の研究史が明らかにしてきたような、各県警機動隊による人権を蹂躙した暴行沙汰が市内各所でみられた。この結果、軍港としての経済的側面を強めていた佐世保において、かえって反米感情を高まらせる事態となってしまったといえる。軍港と炭鉱を両輪とした経済から、軍港のみが主軸となる経済へと移行していく過程での出来事だったのである。

最後に、本章の分析を踏まえた上で、昨今の佐世保の街について簡単に触れることでまとめとしよう。一九八八年（昭和六三）一〇月、隣接する西彼《せいひ》町（現・西海市）の長崎オランダ村と提携する形で、針尾工業団地でのハウステンボスの開発工事が始まった。バブル経済の真っ最中に進行したテーマパークであったが、開園した一九九二年（平成四）三月二五日には、すでにバブル経済のピークは過ぎてしまっていた。開園数年間はその珍しさとバブル経済の残滓も加わったために、ハウステンボスの入場者数も順調に推移したが、一九九七年（平成九）の橋本龍太郎内閣による消費税増税とアジア通貨危機の余波によって不況が一段と進むと、経営が後退しはじめたのである。こうして、二〇〇三年（平成一五）には開園一一年目にして会社更生法を適用されることとなった。ハウステンボス事業はその後もしばらく迷走を続けたが、二〇一〇年（平成二二）にH・I・S（澤田秀雄社長）によって経営再建が図られはじめると事態は一変した。JR九州、九州電力、西部ガス、九電工、西日本鉄道も出資に加わった。バラをはじめとして一年中が花で溢れかえる花の王国、イルミネーションが街並や運河を照らす光の王国、子ども達が集うゲームの王国、様々な演奏が繰り広げられる音楽とショーの王国などのコンセプトにより、ハウステンボスは佐世保のみならず九州を代表する観光地へと返り咲いたのである(74)。

やなせたかし氏の手になる
佐世保バーガーボーイのイラスト
提供：©SASEBO佐世保観光コンベンション協会

　ハウステンボスの再生と軌を一にして、佐世保の他の観光資源も再び脚光を浴び始めた。二〇〇三年（平成一五）に、やなせたかしによってイラストを描いてもらった新規キャラクター「佐世保バーガーボーイ」をイメージに、佐世保のご当地グルメとして佐世保バーガーが売り出されていた。この「地産地消」「手づくり」などを売りにした佐世保バーガーも、佐世保の観光資源として活躍している。また、佐世保バーガーのヒットを受けて、佐世保ではご当地グルメを増やす方針を採っていくこととなる。薄切り牛肉のステーキにレモン醤油ベースのソースをかけるレモンステーキや、日本海軍にちなんだ「海軍さんのビーフシチュー」「入港ぜんざい」なども売り出し中である。漁港である相浦漁港の新鮮な魚貝類や、中田正輔市長（当時）が尽力した西海国立公園に属する九十九島の島々や牡蠣なども、観光客を惹きつけてやまない。

二〇一六年（平成二八）四月には、「鎮守府　横須賀・呉・佐世保・舞鶴～日本近代化の躍動を体感できるまち」の一つとして、佐世保の旧海軍施設が日本遺産の指定を受けた。その中には、コラムでもふれる針尾送信所や、旧佐世保鎮守府凱旋記念館であった佐世保市民文化ホール、平瀬や立神の煉瓦倉庫群など様々な施設が含まれている。海上自衛隊のセイルタワーや港に浮ぶ船影も含めて、戦前の海軍と戦後の海上自衛隊にまつわる施設は佐世保の大きな観光資源となっているのである。

炭鉱が衰退して軍港都市の側面が前面に出てしまっていた佐世保は、長らく停滞の時を数えていた。しかしながら、第四章の長志珠絵論文でみた中田正輔市長（当時）が構想した形とは少々異なった形とはなったものの、佐世保は観光都市としての側面が一躍クローズアップされてきているのである。昨今の佐世保は、観光と軍港を両輪としながら再び活気を取り戻してきている（表6-5）。軍港一本槍になってしまうのではという焦燥感の中で原子力空母エンタープライズをめぐって生じた騒乱も、いつしか観光資源の一つに加わっていくであろう懐の深さを、佐世保の街は持ち合わせているのである。

（1）例えば小熊英二《おぐまえいじ》『1968』上巻・下巻（新曜社、二〇〇九年）、西田慎《まこと》・梅崎透《とおる》編『グローバル・ヒストリーとしての「1968年」世界が揺れた転換点』（ミネルヴァ書房、二〇一五年）など。

（2）成田闘争に関しては、空港反対派の立場から描いたものとして全学連三里塚現地闘争本部編『闘いは大地とともに』（社会評論社、一九七一年）、北原鉱治『大地の乱　成田闘争の概要』（御茶の水書房、一九九六年）などが、国の立場からまとめたものとして公安調査庁編『成田闘争の概要』（公安調査庁、一九九三年）などがある。

（3）九州大学七十五年史編集委員会編『九州大学七十五年史』通史、九州大学、一九九二年。

（4）東京大学百年史編集委員会編『東京大学百年史』通史三（東京大学、一九八六年）第五章第二節、島泰三『安田講堂1968-1969』（中央公論新社、二〇〇五年）など。

（5）西川長夫『パリ五月革命私論』（平凡社、二〇一一年）など。

（6）N・フライ（下村由一訳）『1968年　反乱のグローバリズム』（みすず書房、二〇一二年）。

（7）ジャン＝ポール・サルトル（三保元ほか訳）『否認の思想』（人文書院、一九六九年）、岩田賢司「チェコ事件」（木戸蓊・伊藤孝之編『東欧現代史』有斐閣、一九八七年）など。

（8）橋爪大三郎・坪内祐三・平沢剛《ごう》「歴史の転換点としての一九六八年」（毎日新聞社編『1968年に日本と世界で起こったこと』毎日新聞社、二〇〇九年）。

（9）前掲、小熊英二『1968』上巻。

（10）事実発掘としては、佐世保市史編さん委員会編『佐世保市史』通史編下巻（佐世保市、二〇〇三年）が優れている。

（11）楢崎弥之助（一九二〇〜二〇一二）は福岡県福岡市出身の人物であり、九州帝国大学在学中に学徒出陣で佐世保海兵団に入隊した経歴を持つ政治家であった。日本社会党、社会民主連合の代議士として活躍し、「国会の爆弾男」として名を馳せた。詳しくは岩尾清治『遺言楢崎弥之助』（西日本新聞社、二〇〇五年）などを参照のこと。

（12）前掲、『佐世保市史』通史編下巻、七一四〜七一五頁。

（13）辻一三『沈黙の港』（「沈黙の港」発刊委員会、一九七二年）八四頁。

（14）志岐叡彦《えひこ》『軍港佐世保小史』（隆文社、一九九四年）八三頁。

（15）前掲、『佐世保市史』通史編下巻、七三八〜七四三頁および小熊英二前掲『1968』上巻、五〇二〜五三二頁。

（16）甲山好治『佐世保県北の戦後断面史』（長崎ジャーナル、一九八八年）一一七〜一二九頁に再録。

（17）「警棒の使用ひかえる　佐世保の原子力空母警備本部　批判で勇み足を反省」『朝日新聞』一九六八年（昭和四三）一

月一八日、朝刊一五面。

(18) 攻撃性を失った無抵抗な学生たちを、機動隊が集団で殴打・暴行する様子が、全国ネットのテレビで生中継されるという事態まで起こっていた。

(19) 警察官職務執行法の改定とそれに対する反対運動については、三沢潤生《しげお》「第二次岸内閣」(林茂・辻清明編『日本内閣史録』5、第一法規出版、一九八一年)四二二~四二八頁、河野康子『戦後と高度成長の終焉』(講談社、二〇〇二年)一九五頁など。また、岸信介『岸信介回顧録』(廣済堂出版、一九八三年)四三六~四四六頁が岸信介側の見解を表しているが、法案及び岸信介の認識は、現場の警察官が横暴でしばしば人権無視の行動をとることを考慮していない机上の空論であったことが分かる。

(20) エンタープライズの佐世保港入港に関する事実関係については、特に注を打たない限り、前掲、『佐世保市史』通史編下巻、七二五~七四三頁および佐世保地区労30年史編集委員会編『佐世保地区労運動史』(佐世保地区労働組合会議、一九八七年)四四〇~四五〇頁による。

(21) 中核派(革命的共産主義者同盟全国委員会)は反帝国主義・反スターリン主義を唱え、社青同(日本社会主義青年同盟)は日本社会党向坂派に近く、社学同(二次ブント、共産主義者同盟)は後に赤軍派の面々を輩出していくなどの特徴がある。

(22) 佐藤栄作『佐藤栄作日記』第三巻(朝日新聞社、一九九八年)一四八~一四九頁。

(23) 第二次佐藤栄作内閣で官房長官を務めた木村俊夫の回顧談による。自由民主党広報委員会出版局編『秘録戦後政治の実像』(自由民主党広報委員会出版局、一九七六年)三二一~三二二頁。

(24) 楠田実『佐藤政権・二七九七日』上巻(行政問題研究所、一九八三年)、渡辺昭夫「第二次佐藤内閣」(林茂・辻清明編『日本内閣史録』5、第一法規出版、一九八一年)一六八頁。またこのときの状況については宮地英敏「占領期沖縄における尖閣諸島沖の海底油田問題」(『エネルギー史研究』三〇号、二〇一七年)第二節も参照のこと。

(25) 前掲、『佐藤栄作日記』第三巻、一七二~一七三頁。

(26) 『長崎新聞』一九六八年一月八日。

(27) 『長崎新聞』一九六八年一月一〇日。

(28) 『長崎新聞』一九六八年一月一一日。

(29) 松尾起『平瀬橋物語』(松尾新吾、一九七〇年)一五四頁。

(30) 九州大学教養部編『九州大学教養部三十年史』(九州大学教養部、一九八四年)一六二頁。
(31)『長崎新聞』一九六八年一月一五日。
(32) 前掲、『佐藤栄作日記』第三巻、二二六頁。
(33) 前掲、小熊英二『1968』上巻、五〇七〜五〇九頁。
(34) 前掲、九州大学教養部編『九州大学教養部三十年史』一六二頁。この対応が評価されて翌一九七〇年(昭四五)には池田数好は九州大学総長に選出された。
(35)『長崎ジャーナル』一九六八年二月号。前掲、甲山好治『佐世保県北の戦後断面史』一二三頁に再掲。
(36) 前掲、『佐藤栄作日記』第三巻、二一八頁。
(37)『長崎ジャーナル』一九六八年二月号。前掲、甲山好治『佐世保県北の戦後断面史』一二四頁に再掲。
(38) 木村俊夫官房長官は、一九〇九年(明治四二)に三重県で生まれ、第三高等学校、東京帝国大学法学部を経て通信省に入省し、その後は運輸省に転じて佐藤栄作の下でも働いた。戦後の第二四回総選挙で初当選し、一九六八年(昭和四三)当時は当選六回にして佐藤栄作内閣の官房長官として初入閣を果たしていた。
(39) 前掲、『佐藤栄作日記』第三巻、二二二頁。
(40) 例えば矢田俊彦『戦後日本の石炭産業』(新評論社、一九七五年)二二頁や島西智輝《ともき》『日本石炭産業の戦後史』(慶應義塾出版会、二〇一一年)九二頁など。
(41) スクラップ・アンド・ビルドと失業者については前掲、矢田俊彦『戦後日本の石炭産業』および戸木田嘉久『九州炭鉱労働調査集成』(法律文化社、一九八九年)に詳しい。また最近では、平将志「常磐炭田茨城の終焉過程」(『日本地域政策研究』一四号、二〇一五年)などが常磐を事例として炭鉱が閉山された後の都市研究を行っている。
(42) 長崎県編『昭和41年度　失業対策事業業務概況』(長崎県、一九六七年)三頁。
(43)『長崎ジャーナル』一九六七年三月号、前掲、甲山好治『佐世保県北の戦後断面史』五五頁に再掲。
(44) 前掲、長崎県編『昭和41年度　失業対策事業業務概況』一頁。
(45)『長崎ジャーナル』一九六八年一一月号、前掲、甲山好治『佐世保県北の戦後断面史』六三頁に再録。
(46) 中本昭夫『続・佐世保の戦後史』(芸文堂、一九八五年)二二二〜二二四頁。
(47) 佐世保市議会編『佐世保市議会史　記述編』(佐世保市議会、二〇〇一年)四〇七頁。
(48) 辻一三『沈黙の港』(「沈黙の港」発刊委員会、一九七二年)一四一頁。

(49) 気象庁「昭和42年夏の高温・少雨」http://www.data.jma.go.jp/obd/stats/data/bosai/report/kanman/1967/1967.html（二〇一六年八月九日閲覧）。ちなみに、近畿地方から九州地方にかけて総額六八二億円の農産物被害を生じた。
(50) 例えば前掲、辻一三『沈黙の港』一五二頁。
(51) 一九六七年（昭和四二）一二月定例会の様子については、『佐世保市議会報』第一九三号、一九～二二頁による。
(52) 下村朝男の発言において、米軍がいることによる佐世保港の不自由さについて、現在では障害者への差別的とされる表現が用いられているため、ここでは直接的な引用は避けた。
(53) 以下、『週刊文春』の記事については文藝春秋編『週刊文春』昭和四三年一月二二日号（文藝春秋、一九六八年）一二四～一二八頁による。ただし『週刊文春』は刊行日の一週間前に発売されるため、この記事が出されたのは一月一五日、つまりはエンタープライズが佐世保に入港する四日前のことである。
(54) 『週刊文春』ではこのA級社交場組合の元組合長のフルネームも掲載されている。しかしながら、記事の内容と個人および家族のプライバシーの問題を鑑み、エンタープライズ入港から半世紀しか経っていない現在の段階で論文に個人名を出すことは、元佐世保市議会議員であって現職の議員としての発言ではなかったという点も踏まえ、歴史分析として少々時期尚早と思われるためにここでは匿名とする。
(55) ちなみに、二〇一六年（平成二八）の『週刊文春』の価格は一冊四〇〇円である。
(56) この元会長は『週刊文春』のこのスクープ記事が掲載された後、一九六八年（昭和四三）七月には長崎県ＰＴＡ連合会の会長として、第九回長崎県ＰＴＡ研究会を佐世保市で開催している。
(57) ただしこの時点ではまだ「ミニミニラブ」という表現はなされておらず、なだいなだ「その日の佐世保」『西海タイムズ』一九六八年二月一五日号で紹介された。詳しくは前掲、甲山好治『佐世保県北の戦後断面史』一三九頁。
(58) United States Navy「The Legend of ENTERPRISE」（『USS ENTERPRISE (CVN65) Official Web site』http://www.public.navy.mil/airfor/enterprise/Documents/Enterprise/the_legend.html）（二〇一六年七月二七日閲覧）。
(59) 例えば、福江純『シネマ天文学入門』（裳華房、二〇〇六年）第一二章、宝島社編『スタートレック完全ガイド』（別冊宝島、一四五五号）（宝島社、二〇〇七年）などを参照。
(60) 前掲、United States Navy「The Legend of ENTERPRISE」。
(61) 例えば、中村隆英《たかふさ》『昭和史Ⅰ』（東洋経済新報社、一九九三年）三一一頁、藤原彰『日本軍事史』上巻、戦前篇（社会批評社、二〇〇六年）三三一頁など。

(62) 前掲、島泰三『安田講堂 1968–1969』三頁。

(63) 前掲、島泰三『安田講堂 1968–1969』一二頁。

(64) 例えば、佐世保空襲の記録編集会編『火の雨：1945.6.29 佐世保空襲の記録』（ライト印刷、一九七三年）や創価学会青年部反戦出版委員会編『軍港に降る炎：佐世保空襲と海軍工廠の記録』（第三文明社、一九七八年）などを参照のこと。B29が一四一機も来襲し、佐世保市役所、海軍鎮守府司令部、玉屋百貨店をはじめとして、公的施設、初等・中等学校、寺社仏閣、娯楽施設、そして多くの民家が灰燼に帰している。

(65) E・P・スタッフォード（井原裕司《ひろし》訳）『空母エンタープライズ：ビッグE』下巻（元就出版社、二〇〇七年）三七二頁。同書では誤訳して「プジョーサウンド」と表記をしフランス語と英語が混在しているが、ピュージェット・サウンドのことである。

(66) 砂田一郎『第3版増補現代アメリカ政治』（芦書房、一九八一年）一一一～一一四頁。

(67) R・S・マクナマラ（仲晃訳）『マクナマラ回顧録』（共同通信社、一九九七年）第九章・第一〇章。

(68) 前掲、R・S・マクナマラ『マクナマラ回顧録』四一七～四二〇頁。

(69) 前掲、R・S・マクナマラ『マクナマラ回顧録』四二八頁。

(70) 「米国防長官の辞任発表　ベトナム政策不変　ジョンソン大統領声明」『朝日新聞』一九六七年（昭和四二）一一月三〇日、夕刊一面。

(71) 「反戦勢力、結集しそう　ジョンソン大統領の苦境は必至」『朝日新聞』一九六七年（昭和四二）一二月二日、朝刊三面。ユージーン・J・マッカーシー（一九一六～二〇〇五年）はミネソタ州選出の下院議員・上院議員経験者であり、テト攻勢の失敗後にジョンソン大統領を出馬辞退にまで追い込んだ人物であるが、大統領候補選ではロバート・ケネディ（兄に続き暗殺されたため、大統領選挙の民主党候補はヒューバット・ハンフリーとなった）に敗れた。赤狩りで知られるウィスコンシン州選出のジョセフ・マッカーシー上院議員（一九〇八～一九五七年）とは別人である。

(72) 「ベトナムに立寄る　米大統領カムラン基地激励」『朝日新聞』一九六七年（昭和四二）一二月二三日、夕刊一面。

(73) 前掲、文芸春秋編『週刊文春』昭和四三年一月二二日号、一二六頁。

(74) ハウステンボス「1年中楽しめる6つの王国ABOUTハウステンボスとは」（『HTBハウステンボスリゾート』http://www.huistenbosch.co.jp/about/）（二〇一六年九月二七日閲覧）。

コラム

針尾島と三川内焼

宮地英敏

佐世保市の南東部に、面積三五㎢弱の針尾島と呼ばれる島が位置している。一九四四年（昭和一九）五月には、本書第二章の西尾典子論文でも紹介されている海軍兵学校の針尾分校を併設した針尾海兵団が設置された場所としても名高い。(1) また一九四一年（昭和一六）一二月二日に広島湾にいた連合艦隊司令部より発せられた「ニイタカヤマノボレ一二〇八」の暗号文が、この針尾島にあった無線塔を中継して送られたという説もある。この説の真偽はさて置くとして、それ以外にも中国大陸や東南アジア、南太平洋方面への無線連絡体制の要所として、佐世保海軍にとっても極めて重要な役割を果たした島である。(2)

一九一八年（大正七）の大風によって弓張岳の木製の無線電信塔が吹き倒されたため、同年の官房達第一一二二号によって針尾島の南西部に位置する針尾中免（現・針尾中町）が無線塔の建設地として定められた。一九二二年（大正一一）に工事が九割方完成して通信事務を開始し、一九二三年（大正一二）三月に針尾通信所として竣工している。(3) しかしながら針尾島と軍部との結びつき

写真1　針尾島無線塔
提供：佐世保市教育委員会

は、それを二十年ほど遡ることとなる。

一八九八年（明治三一）五月三日付けで、石本新六築城部本部長から桂太郎陸軍大臣宛に「定数外備附品購入之義ニ付申進」が提出されている[4]。これには、長崎支部において新たに購入した備付品のリストが記入されているが、その中に「模範用」として、天草石、五島石、香焼石、徳山花崗岩などと並んで針尾石がみられる。軍部が針尾島で着目したのは、なんとまずは建築資材用の石であり、しかもその担い手は陸軍側だったのである。

この針尾島の石の品質がなかなか良かったとみえ、海軍側も利用を企図することとなる。一九〇六年（明治三九）三月六日には有島新一佐世保鎮守府司令長官から斎藤実海軍大臣宛に

「国有林管理換ノ件上申」が出されており[5]、針尾村字大崎の国有林を農商務省から海軍省へと移管させたい旨の要望が伝えられた。字大崎は針尾島西部の大崎鼻の辺り（旧針尾北免）であり、後の無線塔よりも五㎞ほど北に位置している。この起案は、「船渠築造工事用割栗石採収ノ為メ」であった。割栗石とは岩石を打ち割って作る小塊状の石材のことであり、それを敷き込んで合い間を砂利で突き固めて基礎工事や地盤の固めに用いた[6]。ところが、この佐世保鎮守府からの要請は、同年二月二四日付で国有林の管轄をしていた熊本大林区署の許可も得ていたのであるが、残念ながら廃案となっている。

再び海軍が針尾島に着目したのは、一九一四年（大正三）一一月のことであった。官房機密第二二五ノ一六訓令により、佐世保工廠赤崎貯炭場の海岸石垣における改築工事用の石材の採取場敷地が買収されることとされた。翌年五月六日付で、藤井較一佐世保鎮守府司令長官から八代六郎海軍大臣宛に「土地買収ノ件」として、針尾村北免の民有地（山口武七および松永義三郎の所有地）を買収した旨の報告が行われている[7]。

写真２　海軍大臣時代の八代六郎
出典：国立国会図書館デジタルコレクション
小笠原長生著『侠将八代六郎』（政教社）

さて以上のように、海軍にとって針尾島はまずそこに埋まっている石に着目された場所であったが、実は針尾島にはもう一つ重要な石、より正確には粘土がある。網代土（または網代石、網代陶石）という。佐世保地区は江戸時代には平戸藩の支配を受けていたが、平戸藩の初代藩主となる松浦鎮信（一五四九～一六一四年）が文禄・慶長の役に出陣した際、百余名の朝鮮人を日本に連れて帰ってきた。その中に全羅南道熊川出身の陶工の巨関《こせき》らがいた。当初は朝鮮半島から輸入した粘土を用いて平戸島中野村紙漉（中野窯）で製陶を行っていた。しかし粘土輸入のコストに悩んだ三代藩主の松浦隆信（一五九二～一六三七年）は、巨関に対して領内での粘土の探索を命じた。

　巨関は息子の三之丞や家臣の久兵衛と共に藩内を踏破し、早岐《はいき》村の権常寺、日宇《ひう》村の東の浦（現・東浜）、折尾瀬村の吉の田と相木場（現・三川内）の四か所に陶器の製造可能な粘土を発見し、中野窯から折尾瀬村へと移転した。しかしながら隣接する有田では磁器が製造されている。息子の三之丞は有田などで技術習得をし、再び陶器ではなく磁器を製造できる原料粘土の探索に向った。そうして一六三三年（寛永一〇）、針尾島北西部の三ツ岳（現・江上町）で長石・石英分の多い網代土を発見したのである。現在陸路では接近が困難であるが海路で運搬できる[8]。この網代土の発見と御用窯の開窯の功績によって、三之丞は松浦家より今村の姓が与えられた。

　この網代土を使った平戸藩御用窯は、三之丞の息子である今村正名（弥治兵衛、後の如猿）が網代土と天草陶石と混ぜ合わせたことにより、近世を代表する名高い磁器を産出することとなった。幕府や朝廷へも献上され、一八三〇年代には長崎の出島よりいち早く海外に珈琲碗を輸出している[9]。

　平戸焼は近代に入ると、産地の名前をとって三川内焼と呼ばれるようになっていく[10]。近代はじめの三川内焼は、生産高からみれば有田や瀬戸のような急成長は出来なかったものの、多くの他産地

写真３　染付七人唐子文小皿（明治）
提供：佐世保市教育委員会

と同じような漸進的な成長を見せるのであるが、一転してその評価・名声は落としていくこととなる。切っ掛けは塩田真という人物による審査報告書であった。塩田は、陶磁器についての学識も知識もない素人ながら、ウィーン万国博覧会を始めとする内外の博覧会に関与し、後には「日本の博覧会博士」として知られることとなる当時の権威であった[11]。

塩田真は、対馬藩江戸藩邸の御典医であった塩田揚庵の長男として生まれ、当初は塩田良三と名乗っていた[12]。一方、弟で四男の塩田升積は幕臣平山省斎の嫡男（ただし彼も養子）が病弱だということで、平山家に養子に入って平山英三と名乗るようになっていた。ところが病弱だった平山家の嫡男は長じて順調に成長していき明治政府の左院に出仕し、ウィーン万国博覧会にも三級事務官として渡欧した。後に勅撰議員や枢密顧問官として活躍し、男爵に叙された平山成信である。平山家の次男となった平山英三も、外務省翻訳掛として明治政府に出仕しており、ウィーン万国博覧会に際しては随行員となっていた。このように、弟および弟の養子先の兄がウィーン万国博覧会に参加した縁もあり、塩田真もまた「雇」という肩書きでウィーン万国博覧会に付いて行くことができたのである。兄弟が官僚をしていたという閨閥がものを言ったといえよう。[13]

以上のような塩田真が一八八五年（明治一八）の繭糸織物陶漆器共進会において、三川内焼を「一モ製品ノ改新ヲ企図セサリシ」「観ルニ倦《う》ミタルモノ多キ」「陳腐ノ品」「退歩ヲ大方ニ広告スルニ均シ」などなどと散々な評論をしたのである。しかもこの塩田真の作り上げた言説は、山崎楽と白石修太郎という二人の農商務官僚によって書かれた一八九二年（明治二五）の『陶磁器調査書』で盗用される。さらに、東京職工学校（現・東京工業大学）でG・ワグネルに学んだ平野耕輔は、塩田真の論旨に引っ張られた報告書を一八九七年（明治三〇）に作成する。また後に窯業技術の第一人者となる北村弥一郎は、一九〇〇年（明治三三）には先輩である平野耕輔の報告書を盗用した。[14]こうして、塩田真の作り

写真４　染付三段重ね内透彫紋入香炉（大正）
提供：佐世保市教育委員会

写真５　三川内焼の製作光景
提供：三川内陶磁器工業協同組合

上げた言説は、農商務官僚と研究者達によって拡散していくこととなったのである。

しかし塩田真は、当時の文芸批評雑誌『新声社』の記者であった奥村梅皐から手厳しい評価が下されている人物でもある。塩田真は、根拠不明確にあれは古いから駄目だとか、あれは新しいから良いなどと、「殆んど無学の骨董家が露店をあさり廻は」っているような論評をしているだけであるというのである。言うなれば、閨閥だけで世渡りを始めた審美眼の怪しい人物に、万国博覧会の事務官等を歴任したという経歴や肩書きが絶対的な権威として付与されることとなり、適当な話を垂れ流して有り難がられていただけだったのである。そして、官僚や研究者達も、その何だか仰々しそうな権威に

写真6　三川内焼の石炭窯の煙突近辺
提供：三川内陶磁器工業協同組合

従っておけば良いと判断して言説が再生産されていたのであった。

それでは三川内焼の状況は如何であったであろうか。先述したように、今村正名により網代土と天草陶石を混ぜ合わせる手法が導入されていたが、これは網代土の珪酸（SiO_2）の割合が七割ほどであるのに対し、天草陶石は八割ほどであり、天草陶石を混ぜるほうが堅牢になったからであった。しかし、珪酸の割合の高さはもう一つ、器の白さという点でも重要であった。網代土はアルミナ（Al_2O_3）や酸化鉄（Fe_2O_3）などの含有率が高く、酸化炎では黄色から赤色へと変化するし、還元炎では褐色から黒褐色となる。また酸化マグネシウム（MgO）の含有率も高く、絵の具の青色の発色を黒くしてしまうのである。

平戸藩の御用窯時代には、酸化鉄や酸化マグネシウムによって少々白磁が青く濁った方が日本的な美しさを感じられたのであるが、近代における西洋的な美的感覚では純白が要求された。この純白を出すために適合的であったのは天草陶石なのであるが、三川内焼では天草陶石よりも二～三割も高い代金を支払って針尾島から先祖伝来の網代土を取り寄せて混ぜ合わせていたのである。塩田真の報告書に引きずられた近代の三川内焼では、官僚も、技術者も、地元生産者も売れ筋商品の変化とそれに求められる粘土の違いに気付くのが遅れてしまうのである。二〇世紀に入った頃から、次第に網代土を用いない磁器製造は増えていくこととなる。三川内焼が近代に入ってもっと早い時点で針尾島の網代土を捨て去っていれば、有田焼のような成長を遂げていたことであろう。

こうして、近世期には富をもたらした針尾島の網代土は、近代には少々悩ましい存在となっていたのであるが、かわって針尾島の石材が注目されて海軍との所縁が出来ていったのである。三川内焼から海軍へ、そして海軍からハウステンボスへと、近代に入ってからの針尾島の利用は目まぐるしく変わり続けているのである。

（1）佐世保市史編さん委員会編『佐世保市史　軍港史編　上巻』（佐世保市、二〇〇二年）三三一頁。針尾海兵団跡は、現在はハウステンボスの敷地となっている。

（2）海上自衛隊「佐世保地方隊【西海の護り】佐世保資料館（セイルタワー）【針尾無線塔～針尾送信所】」。ただし昨今では、この説は分が悪く、船橋送信所説が主流である。http://www.mod.go.jp/msdf/sasebo/5_museum/02_60thanniversary/index35_hariomusentou.html（二〇一六年八月二十一日閲覧）

（3）前掲、『佐世保市史　軍港史編　上巻』四二五頁。

（4）JACAR（アジア歴史資料センター）Ref. C10061885300、明治31年、官房5号編冊、砲兵工廠・兵器本

廠、築城部、2冊の1（防衛省防衛研究所）。

（5）JACAR（アジア歴史資料センター）Ref. C06091803600、明治39年、公文備考、巻52土木1（防衛省防衛研究所）。

（6）「割栗石」（『世界大百科事典』第2版ベーシック版、平凡社、一九九八年）。

（7）JACAR（アジア歴史資料センター）Ref. C08020677400、大正4年、公文備考、巻88土木1（防衛省防衛研究所）。

（8）武内浩一・大串邦男・都築宏「P2. 長崎県針尾島の網代陶石」『粘土科学』第三九巻第二号、一九九九年、九七頁および同『粘土科学討論会講演要旨集』第四三号、一九九九年、一二八～一二九頁による。

（9）松下久子「三川内焼の歴史と魅力」（長崎県立大学編集委員会編『長崎の陶磁器』長崎文献社、二〇一五年、所収）二一頁など。

（10）近代における三川内焼については、特に注記のない限り宮地英敏「近代における三川内焼の評判と生産状況」（『地球社会統合科学』第二三巻第一号、二〇一六年）による。

（11）嬌溢生『名士奇聞録』（実業之日本社、一九一一年）四五三頁。ただし塩田真は博士の学位を取得していた訳ではなく、単なる通称である。

（12）塩田真とその閨閥については緒方康二《こうじ》「明治とデザイン：平山英三をめぐって」（『デザイン理論』二一号、一九八二年）および、秦郁彦編『日本近現代人物履歴事典』（東京大学出版会、二〇〇二年）四三三～四三四頁による。

（13）中央官庁の官僚の兄弟ということで特別待遇を得られる点については、二〇二〇年の東京オリンピックのエンブレム作成で話題となった佐野研二郎（多摩美術大学出身、博報堂を経て多摩美術大学教授）のケースで、兄の佐野究一郎が経済産業省のキャリア官僚であったことも参考になる。

（14）鹿児島県編『九州沖縄八県連合共進会事務報告』第一〇回（鹿児島県、一九〇〇年）一九二頁。

あとがき

本書は、軍港都市史研究会佐世保グループによる共同研究の成果である。そもそも佐世保グループが結成されたのは、二〇〇九年（平成二一）に、研究会全体の幹事である坂根嘉弘氏（広島修道大学）に、北澤が声をかけていただいたことによる。現在に至るまで、北澤は軍事史も、都市史も専門的に研究したことがなく、何より当時は佐世保に行ったことすらなかった。であるのに声がかかったのは、ひとえに「九州に住んでいる」ということが理由だったのだろうと推測している。このような状況であったので即答することはためらわれたが、それでも引き受けることにしたのは、坂根氏の熱意に心打たれたということと、結局のところ資料さえあればなんとかなるだろう、という甘い見積もりと、からであった（後者については、深く後悔することになる）。

資料収集を開始しつつ、研究会メンバーを募り、本書執筆メンバーのほか、鷲崎俊太郎氏（九州大学）、山本理佳氏（愛知淑徳大学）に加わっていただいた。鷲崎氏は北澤の同僚であり、山本氏は軍港都市史研究会にて坂根氏に紹介していただいた。よんどころない事情により、二人に執筆していただけなかったのは残念なことであったが、研究会などでは種々議論を重ねた。また、本書執筆メンバーとは別に、軍港都市としての佐世保に関する著作もある谷澤毅氏（長崎県立大学）にも研究会に参加していただき、有益なコメントを賜った。

他方で、第五章（筒井一伸執筆）については、本来景観編に収録される予定だったものが「紙幅の都合」により本巻に回ってきたものである（上杉和央編『軍港都市史研究Ⅱ　景観編』清文堂出版、二〇一二年、「あとがき」を参照)。どちらかというと、メンバー構成から経済史・産業史分野に偏り気味であったものが、この章の存在によって「幅」をもつことができるようになった。この点については、「棚からぼた餅」的な僥倖であった。

佐世保グループとしての研究会は、以下の通りである。

☆二〇一一年九月二五日~二七日　於：佐世保空襲資料室他
一日目　佐世保空襲資料室見学、佐世保史談会の方々によるレクチャー
二日目　米海軍佐世保基地内、海上自衛隊史料館見学
三日目　佐世保海軍工廠史に関するレクチャー(加藤泰弘氏)、佐世保重工業株式会社構内見学
☆二〇一三年九月一三日　於：九州大学経済学部
北澤満「軍港都市佐世保における石炭需給」
執筆予定者による研究予定テーマの報告
☆二〇一六年九月二〇日　於：九州大学経済学部
宮地英敏「針尾島と三川内焼」
西尾典子「佐世保の東郷平八郎」
長志珠絵「占領期の『佐世保』」
木庭俊彦「佐世保の『商港』機能」

ほかに、二〇一三年(平成二五)七月の軍港都市史研究会では北澤が、二〇一五年(平成二七)七月の研究会では木庭が、二〇一五年一二月の研究会では北澤が、そして二〇一六年(平成二八)七月の研究会では木庭、北澤の二名が報告し、他グループのメンバーと議論を交わしている。

なかでも、二〇一一年(平成二三)九月の佐世保での研究会、および佐世保巡見は印象深いものであった。

山本氏より、山口日都志・佐世保史談会会長、中島眞澄・同副会長（いずれも当時）をはじめとする郷土史家の皆様をご紹介いただき、佐世保の旧軍港関連施設について解説していただいた。また、佐世保重工業株式会社顧問（当時）の加藤泰弘氏には、佐世保重工業株式会社の諸施設をご案内いただいた。さらに、この機会に知遇を得た故鶴田清人氏からは『させぼ外史・佐世保近代化建築の源流を訪ねて』という著作を賜り、激励を受けた。いずれも容易に得られる機会ではなく、手探りで佐世保軍港都市史像をつくり上げていく上で、非常に大きな指針を得ることができた。本書において、こうして得られた知見のうち、どれだけのものが反映されているかは心許ないが、関係諸氏に深く御礼申し上げる次第である。

佐世保に関する歴史的研究を進めていくうえで、とにかく資料が残っていないということは、執筆メンバーの間で大きな問題となった。例えば戦前期に関して、佐世保の地元新聞がほぼ残存していないということなどは、当初まったく想定していなかった事態であった。こうしたなかで、郷土史家の方々の著作を目にし、さらにお話しをうかがう機会を得た。上述のような資料の残存状況にもかかわらず、聞き取りなどによって史実を掘り起こされている姿に、素直に頭が下がる思いがした。と同時に、本書の刊行にあたっては、市史類、およびそうした先行諸研究が積み上げてきたものとは異なる側面を明らかにすることができなければ意味がないとも考えるようになった。この点は、メンバー間の共通認識となっているのではないかと思う。軍港設立以前の佐世保、佐世保海軍工廠の内実、敗戦後の引き揚げなど、取り上げて然るべきテーマは所収論文のほかにも数多いが、資料上の制約や、紙幅の都合などもあり、果たすことはできなかった。これらについては、今後の課題として残すほかない。それでも所期の目的の通り、多少なりとも軍港都市・佐世保の新たな側面に光を当てることはできたものと自負している。読者諸賢の厳しい批判を心より期待したい。

末尾になるが、本書の刊行にいたるまでお世話をいただいた、清文堂出版の松田良弘氏に感謝を申し上げたい。

北澤　満

や行

ら行

わ行

ま行

は行

な行

た行

さ行

か行

事項索引

あ行

ま行

や行

ら行

わ行

な行

は行

さ行

た行

人名索引

〈編　者〉
北澤《きたざわ》　満《みつる》
1972年長野県生まれ　九州大学大学院経済学研究院准教授　近現代日本経済史
主要業績は「両大戦間における三菱の石炭販売」（『三菱史料館論集』第15号、2014年）等。

〈執筆者〉
木庭《こば》 俊彦《としひこ》　1978年生まれ　公益財団法人三井文庫主任研究員
日本経済史・日本経営史
西尾《にしお》 典子《のりこ》　1983年生まれ　九州大学大学院比較社会文化学府博士後期課程
日本経済史・危機管理論
長《おさ》 志珠絵《しずえ》　1962年生まれ　神戸大学大学院国際文化学研究科教授
日本近現代史・文化史
筒井《つつい》 一伸《かずのぶ》　1974年生まれ　鳥取大学地域学部教授
農村地理学・地域経済論
宮地《みやち》 英敏《ひでとし》　1974年生まれ　九州大学附属図書館付設記録資料館准教授
日本経済史・日本経済論

（各章・コラム掲載順）

軍港都市史研究Ⅴ　佐世保編

2018年２月26日　初版発行

編　者　北澤　満
発行者　前田 博雄
発行所　清文堂出版株式会社

〒542-0082　大阪市中央区島之内2―8―5
電話06-6211-6265　FAX06-6211-6492
http://www.seibundo-pb.co.jp
メール：seibundo@triton.ocn.ne.jp

印刷　亜細亜印刷株式会社
製本　株式会社渋谷文泉閣
ISBN978-4-7924-1051-3　C3321

軍港都市史研究Ⅱ　景観編　上杉和央編

新進気鋭の地理学者が、最新地理学の視座から「景観」を軸に、横須賀、呉、佐世保、舞鶴、大湊といった軍港都市の過去・現在・未来を展望する。　八八〇〇円

軍港都市史研究Ⅲ　呉編　河西英通編

近世の呉、資産家、和鉄、地域医療、住宅、米騒動鎮圧時の武器使用基準、漁業や海面利用、戦後復興等、多彩な観点から大和を生んだ軍港呉を照射する。　七八〇〇円

軍港都市史研究Ⅳ　横須賀編　上山和雄編

日中戦争前までの横須賀市財政、選挙、海軍助成金、人的構成、飛行機と航空廠、米海軍艦船修理廠、戦後の変遷等、横須賀を通じた海軍・社会史を語る。　八五〇〇円

軍港都市史研究Ⅵ　要港部編　坂根嘉弘編

大湊、竹敷、旅順、鎮海、馬公…。帝国日本の各地に展開し、鎮守府都市以上に海軍に命運を支配された要港部都市の紡ぎ出すもう一つの軍港都市史。　七八〇〇円

軍港都市史研究Ⅶ　国内・海外軍港編　大豆生田稔編

海軍工廠、災害対応、海軍志願兵制度改革に加え、フランスの各軍港、ドイツのキール、ロシアのセヴァストポリ軍港の有為転変にも着目していく。　八二〇〇円

価格は税別

清　文　堂
URL=http://seibundo-pb.co.jp E-MAIL=seibundo@triton.ocn.ne.jp